地域労働市場の今日的地域性と農業構造

曲木 若葉 著

筑波書房

はじめに

本書は筆者が東京農工大学連合農学研究科にて2016年３月に執筆した博士論文（学位論文名：地域労働市場の構造転換と農業システム―長野県宮田村と秋田県雄物川町の比較分析―）に加え，これまで発表した地域労働市場・農業構造研究に関わる論文について加筆・修正を行い再構成したものである．

本書の核となるデータの大半は2016年時点で既に出揃っていたが，本書の出版に至るまで９年の歳月を要したのは，ひとえに筆者の怠慢によるものである．一方で，この間に発展した内容もある．すなわち，農村工業化地域における地域労働市場構造の展開の地域性を，発展段階差として捉えるのではなく類型差として捉えた点である．

博論執筆当時は，地域労働市場の発展に類型差が存在したという認識に乏しく，その主たる関心は農業と結びついた低賃金である「切り売り労賃」層が検出される「東北型地域労働市場」から，「切り売り労賃」層が検出できず，青壮年男子に複雑労働賃金が一般化する「近畿型地域労働市場」へと地域労働市場構造が移行した実態を実証すること，ならびにこのことが地域の農業構造，地域農業システムに与える影響の解明にあった．本書の第２部で展開する，長野県上伊那郡宮田村を対象とした地域労働市場構造の動態的な分析と，宮田村で独自に取り組まれてきたユニークな地域農業システム，「宮田方式」を分析した一連の研究がこれに該当する．

一方で，博士課程在学中の2014年に秋田県横手市雄物川町O集落の農家調査を実施する機会に恵まれたものの，率直に言えば，東北農業に対しては明確なテーマを据えることができないでいた．というのも，対象地域の農家世帯員からは，もはや「切り売り労賃」のような農業との決定的な結びつきがある賃金層を見いだすことができず，「東北型」の規定が適応できなくなった一方で，少なくない農家が農業への強い関心を示し，また彼らの存在が対象地域における地代水準を引き上げていると言わざるを得ない状況が検出されたためである．しかし当時は，このような農業構造が地域労働市場構造の地域差によるものなのか，それ以外の要因によってもたらされるものなのか，判別できないでいた．

筆者が地域労働市場の地域類型を主張する必要性を自覚するに至ったのは，博士課程修了後，2016年４月から2024年３月まで勤務した，農林水産政策研究所における全国を対象とした調査研究の経験によるものである．政策研での調査研究は必ずしも農業構造問題と関わるものだけではなかったが，ゆえに様々な地域を見て回る機会に恵まれ，今日もなお地域労働市場および農業構造の地域差が色濃く存在すること，従来の地域労働市場類型とは異なる新たな地域労働市場類型を提起する必要性があるとの問題意識を固めるに至った．本書の第３部では，対象は北東北に絞られるが，その独特な地域労働市場構造と農業構造の展開について分析を試みている．

そして第１部では，本書の主題である地域労働市場の新たな地域類型を，従来の地域労働市場論を再検討する中から提起している．この作業にあたっては，地域労働市場構造の地域性を提起し，地域労働市場構造の移行と「収斂化」，つまりはその地域性の解消というテーマを掘り下げて展開した山崎亮一・東京農工大学名誉教授の一連の論考に対し，批判的検討を加えなければならなかった．浅学の身にもかかわらず，学部から博士課程，そして修了後に至るまで文字通り懇切丁寧にご指導いただいた指導教官へのこのような振る舞いは全くもっておこがましいことは重々承知している．しかしながら，常に先行研究への批判的まなざしを絶やさず，実態調査から新たに得た知見を取り入れ，日々理論の体系化に励み続ける先生の背中を見て育った身としては，師から受けた教えを批判的に継承する試みも弟子に課された責務の一つであると考えている．もっともこの試みが成功しているかは，読者の見解に任せなければならない．

本書の執筆にあたっては，数多くの方々に暖かいご支援，ご指導を賜った．

まず，本書の元となった博士論文を執筆するにあたり，東京農工大学の山崎亮一名誉教授には，終始的確なご指導と激励をいただいた．古典から始まる基礎的な経済学理論体系の重要性と，実態調査からそれを批判的に精査しかつ発展的なものへと展開させる楽しさと難しさを，ある時はゼミの場で，ある時は昼休み中の雑談や現地調査の中で懇切丁寧にご指導いただいた学生生活は，私にとって大変貴重かつ充実した時間であった．また新井祥穂教授からは，在学中より私を貴重な調査の場に連れ出していただき，博士課程進学を考える機会を与えていただいた．幸運なことに，2024年度より母校に戻る機会を賜ったが，変わらぬ現場へのフットワークの軽さと，常に新しい現象を理論に取り入れる意欲を欠かさないそのエネルギッシュな姿勢に勝手ながら鼓舞されつつ，しかし常に暖かいご配慮を賜り，感謝に堪えない．また，地域労働市場と農業構造の研究に尽力し，優れた業績と研究への刺激を与えつづけてくれる氷見理助教（新潟大学），澁谷仁詩氏（農研機構），ならびに農業経済学研究室の学生の皆様に感謝申し上げる．

農林水産政策研究所での日々では，多くの研究者ならびに行政官の皆様からご厚意を賜った．とりわけ平林光幸総括上席研究官，橋詰登大臣官房政策課企画官には，学生時代には到底訪れることのないほど多くの地域で調査に参加する機会を頂き，都度，世間知らずの著者にその地域の日本農業における位置づけや農業経済学における論争，論文執筆にあたっての見解を的確にご教示いただいた．政策研の最後の一年間は調査官として調整官室に配属された．調整官，調査官，非常勤職員の皆様には，行政の仕事を全く心得ておらず，事務作業の適性も欠いた私を暖かく迎え入れていただいた．とりわけ阿部哲首席調整官からは，都度寛大かつ懇切丁寧なご指導を賜った．また，林岳総括上席研究官，大橋めぐみ主任研究官，飯田恭子主任研究官，農業・農村領域の研究員の皆様，政策研時代の同期である伊藤紀子准教授（拓殖大学），池川真理亜准教授（麗澤大学），菊島良介准教授（東京農業大学）には，研究生活にあたり，多大なるご支援とご厚意を頂いた．ひとえに人と環境に恵まれた研究所生活であった．

現地調査に際しては，松山大学の山本昌弘教授から，過去の雄物川町調査データのご提供から調査対象地域のご紹介，実態調査へのご協力など，多方面にわたるご支援を頂いた．また長野県宮田村の動態的な分析に着手することができたのは，中央農業総合研究センター故平野信之氏が大変貴重な長期的なデータを東京農工大学農業経済学研究室に託して頂いたことにほかならない．そしてここでお名前をあげることは叶わないが，長時間の調査に大変丁寧にご協力いただいた農家の皆様，農業生産組織の皆様，兼業就業先企業の皆様，および調査にご協力いただいた関係諸機関の皆様に厚く感謝申し上げる．

本論文の多くの章は学会への投稿論文および口頭報告を基に構成されている．論文の審査を通じ研究をご指導頂いた査読者の皆様，貴重なご助言を頂きました座長やコメンテーターの皆様，学会関係者の皆様に心から御礼申し上げる．

また，これまで研究活動を続けられたのも，ひとえに家族の理解と支えがあってこそである．雇用劣化が家計を直撃し，非常に厳しい経済状況に置かれていたにも関わらず，一貫して博士課程進学を応援してくれた父母，いつも研究への理解を示してくれる夫に深く感謝したい．

最後になるが，出版事情の厳しい中，本書の刊行をご快諾いただいた筑波書房の鶴見治彦社長に厚く感謝申し上げる．

2025年3月3日

曲木 若葉

目次

地域労働市場の今日的地域性と農業構造

序章

本書の課題と構成

1．本書の課題

地域労働市場とは，山崎（2021）によれば，「実態的には在宅通勤兼業農家が包摂されている，農村の，重層的格差構造を伴う農外労働市場」（pp.5-6）のことを指す．農業経済学において地域労働市場論が盛んに議論されたのは，1970年代以降の製造業の農村部への進出，すなわち農村工業化の本格化以降であるが，これは当時，農村部における農外労働市場の発展が農業構造に与える影響の解明が課題となったためである．

田代（1981）は1970年代当時の農村部の実態調査を通じ，青壮年男子農家世帯員から農業所得との合算なしには成り立たない，農村部に特異な低賃金＝「切り売り労賃」を層として検出した．そして，これを基底部とした重層的格差構造を形成する農村部に特殊な労働市場を「地域労働市場」と規定した上で，当時，このような重層的格差構造が全国各地の農村部で形成されていると主張した．また磯辺（1985）は，「切り売り労賃」での農外就業を余儀なくされる農家世帯員の多くは，生活費確保のために農業所得が不可欠であることから自営農業を継続する必要があり，これが急速な兼業化にも関わらず農業構造変動（農民層分解）が停滞的に推移する兼業滞留構造を引き起こすと主張した．

しかしこうした地域労働市場の全国一般化を批判し，その地域性の存在を主張したのが山崎（1996）である．山崎は1980年代以降，青壮年男子農家世帯員から「切り売り労賃」を層として検出できず，年功賃金に代表される複雑労働賃金が一般化した[1)]農村労働市場の存在を明らかにした上で，この新たな地域労働市場構造を「近畿型地域労働市場」と規定し，従来の青壮年男子農家世帯員に「切り売り労賃」層が検出される地域労働市場構造を「東北型地域労働市場」と再規定している．

地域労働市場構造の「型」の違いは農業構造に対し次のように作用するとされる．すなわち「東北型」においては，磯辺がいうところの兼業滞留構造を呈するか，あるいは農業構造変動が進展したとしても，なお農地市場は貸し手市場にあるとともに，上向展開を図る上層農家の自家労賃評価も「切り売り労賃」水準にあることから，これを農業における低賃金構造の打破を志向する動きとして捉えることは困難とするものである（山崎1996）．他方，「近畿型」では農家層から上向展開する農業生産の担い手を見い出すことができない形で農業構造変動が進展する落層的分化の様相を呈する一方で，農家に代わる農業生産の担い手として法人組織を展望した上で，そこでは他産業並みの労働条件の整備が一個の社会的強制法則として促されるとした（山崎1996）．つまり，「東北型」と「近畿型」の違いは，農業構造変動のあり方に留まらず，農業生産の担い手が要求する賃金水準ないしは自家労賃評価の質的な差異，すなわち青壮年男子について，前者はなお農業と結びついた低賃金を，後者は一般的な労働者が要求する賃金水準，つまり「近畿型」においては複雑労働賃金を要求するという違いに現れているとした．そして後者では，確かに地域農業の後退的・解体的な側面が目につくが，一方で「男子に限ったことではあったが，農業労働力における『切り売り労賃』水準とそれにまつわる劣悪な労働条件の揚棄が，基本的な課題」（山崎1996，p.226）とされている点にその積極性を認めていた．

以上のように整理すると，田代・磯辺と山崎の地域労働市場と農業構造を巡る議論は一見対立して展開してきたように見えるが，ここで田代のいう「地域労働市場」の中には，のちに「東北型」から「近畿型」へ地域労働市場構造が移行した地域が存在する可能性を想定すれば，両者の地域労働市場の認識は地理的な相違だけではなく，対象とした時期の相違も含むことになる．もっとも，この移行という視点は山崎（1996）の議論にも組み込まれており，北陸，北関東，東山，山陰，四国，北九州，南九州の農村工業化地域については，1990年代にかけ「東北型」から「近畿型」へと地域労働市場構造が移行した可能性に言及している．また当時なお「東北型」にあった東北地域も，いずれ「近畿型」へと移行することを展望し，両者の関係を農家が包摂される農外資本の発展段階の違いとして捉えていた．しかしながら，このような地域労働市場構造の移行の認識それ自体は存在したものの，この移行を実証する研究は従来の地域労働市場研究では十分に行われていなかった[2)]．

また，「東北型」から「近畿型」への移行は地域農業構造に質的変化をもたらすことになるが，このことは地域農業政策の取り組みにも影響を与えざるを得ない．本書では地域で独自に取り組まれる農業政策や，あるいは農家同士の組織的な取り組みを総称して「地域農業システム」と呼称するが，1980年代には「地域労働市場」の形成を前提とした地域農業システム，すなわち「集団的自作農」制の構築が盛んに議論されていた．その代表的な論者である磯辺（1985）は，零細分散錯圃制を前提とした土地所有形態の下で「集団的土地利用秩序＝集団的自作農制」（p.578）を提唱した．これは，兼業農家の多くが「切り売り労賃」で就業する兼業滞留構造の中で農地の流動化が進まない状況を前提としながら，「個別経営の自立が，零細分散の私的所有に依拠してではなくて，一定の集団性に支えられたものとして実現する」（p.578）ことを目的に，自作兼業農家の集団化による生産力の向上を意図したものであった．ただし，集団的自作農制は田代（1981）のいう「地域労働市場」，つまり山崎（1996）のいう「東北型」のもとでの兼業滞留構造を前提としており，地域労働市場構造が「近畿型」へと移行すればその前提は失われることになる．しかしながら，地域労働市場構造と農業構造の変化が地域農業システムのあり方にいかに作用したのか，という論点については，十分に省みられることのないまま今日に至っている．

さて，地域労働市場構造の移行という問題を考えた際，山崎（1996）が展望したように，東北地域含め農村工業化地域に「近畿型」があまねく普及すれば，地域労働市場構造の地域性はいずれ失われることになる．また，地域労働市場論は農業から他産業への在宅通勤兼業を通じた労働力移動とそこで形成される特殊な低賃金形成メカニズムの解明に着目した議論であったが，2000年代以降，東北においても青壮年男子農家世帯員から「切り売り労賃」層が検出しがたくなりつつある（野中2009）．そうであれば，地域労働市場構造の地域性や，農村部における低賃金労働力層の検出といった地域労働市場論のかつての主題は今日もはや「解消」したかのように思える．しかしながら，近年，以下に見るような新たな課題が顕在化している．

まず，雇用劣化に代表される新たな不安定・単純労働力層の形成である．雇用劣化とは，1990年代以降の非正規雇用の増加に代表される就業条件の不安定化に特徴づけられるが（伍賀2014），氷見（2020）は「雇用形態問わず企業が複雑労働と単純労働とに分けて労働条件に差をつける労働力峻別の動き」（p.1）と規定している．もっとも，女子は1980年代以前より農村部・都市部に関わらずパート等の低位な賃金水準で雇用されていたため（友田1996），本書ではこれを青壮年男子に限定しながら用いる．この雇用劣化現象は2010年代以降，かつて「近畿型」であることが確認された地域でさえも顕在化しており（山崎2021），農村部における低賃金労働力層の形成とその検出というテーマを再び想起させるものである．しかし従来の研究では，低賃金労働力層の検出と農家就業構造，農業構造との関係について実証的に明らかにした研究は行われていない．また，2000年代に入り高齢者の農外での労働力化が政策的にも進められ，新たな不安定・単純労働力として位置づいているが，このことが農業構造に与える影響やその地域性についても解明がまたれる．

今ひとつに，そもそも青壮年男子に複雑労働賃金の一般化が見られなかった地域労働市場の存在が明らかになりつつある点である．というのも，これまでの東北地域を対象とした地域労働市場研究では，複雑労働賃金が一般化した地域労働市場構造を検出したとする研究成果が存在しないのである（野中2009，曲木2016，野中2018，曲木2024）[3]．であるならば，東北における地域労働市場構造の展開は，単純な「東北型」から「近畿型」への移行として捉えることは困難となる．この仮説が正しいとすれば，第一に，移行後の地域労働市場構造の地域差は山崎（1996）が展望したような発展段階論的関係として捉えるべきか，あるいは類型差として捉えるべきかを明らかにすることが求められる．第二に，地域労働市場論は地域労働市場構造が農業構造に与える影響の解明を目的としている以上，「東北型」から「近畿型」への移行が認められなかった地域における農業構造のあり方を解明することが求められる．当然そこでは，複雑労働賃金の一般化が認められなかったことで農業生産の担い手が農業に求める自家労賃評価や賃金水準も変わってくるものと考えられる．

以上から，本書の課題は，地域労働市場構造の「東北型」からの移行の実証と，移行後の地域労働市場構造に今日も地域差が存在することを明らかにすること，及びこのことが農業構造，地域農業システム等のあり方とその地域性に与える影響の解明にある．

2．各章の構成

本書は３部から構成される．

第１部は，地域労働市場構造の移行と移行後の地域性の実証を主題としている．加えて，この地域性が生じる要因の解明と農業構造の展開に与える影響について考察を試みている．

第１章では，山崎（1996）による地域労働市場構造の「型」に対する発展段階論的視点を批判的に検討した上で，特殊農村的低賃金が検出されなくなった後の地域労働市場構造に類型差が存在することを実証するとともに，この類型差を把握する視点として「中心－周辺」論を地域労働市場論に導入することを試みている．その上で，新たな地域労働市場類型として「周辺型地域労働市場」（「東北型地域労働市場」），「中心＝近畿型地域労働市場」（「近畿型地域労働市場」を経た地域労働市場），「半周辺＝東北型地域労働市場」（「近畿型」を経ない地域労働市場）の３つを提起した上で，その地帯類型を提示している．

第２章では，第１章の分析を踏まえ，元々は「周辺型」であったが，「中心＝近畿型」へと移行した長野県上伊那地域と，「周辺型」から「半周辺＝東北型」へ移行した秋田県横手市雄物川町の農外資本，とりわけ製造業を対象とした比較分析から，両地域で展開した下請企業の質的な違いを明らかにした上で，このことが地域労働市場構造の地域性に及ぼす影響を考察した．もとより農外資本の分析は筆者の専門外であり力不足が否めないが，本書で主張する地域労働市場の地域類型を語る上で農外資本が重要な役割を果たすことから，その分析を試みたものである．

第３章は，第１章で示した地域労働市場の地帯類型が農業構造の展開に及ぼす影響について，2010～2020年にかけ農林業センサスの個票を用いた分析を試みた．とはいえその全般的動向についての分析には至らなかったが，ここでは2015年にかけ急増した，水田作に取り組む常雇を有する法人組織の展開に主として着目し，彼らの田の受け手としての今日的位置づけを，地域差を踏まえながら明らかにすることを課題としている．

第２部は，「中心＝近畿型」移行地域である長野県上伊那郡宮田村N集落の農家約40戸を対象に，過去４回，1975年から2009年の約35年間にわたり継続的に実施された集落悉皆調査データを主として用いながら，地域労働市場構造の移行の実証，これに伴う農家就業構造の変化，地域農業システムの展開を分析している．なお，当該地域においても2010年代後半に至り雇用劣化の進展が明らかにされているが[4)]，第２部における対象時期は1975年から2000年代後半にかけてであるため，その主題は雇用劣化ではなく地域労働市場構造の移行の実証とこれが農業構造ならびに地域農業システムに与える影響の解明に置かれている点に注意されたい．

第４章では，上記の長期的な集落悉皆調査データの分析から，当該地域における地域労働市場構造が「東北型」から「近畿型」（「周辺型」から「中心＝近畿型」）へ移行した実態を実証するとともに，この移行が生じるメカニズムを明らかにした．また，地域労働市場構造の移行が地域の農外産業の展開に及ぼす影響についても考察を行っている．

第５章では，第４章で明らかにした地域労働市場構造の移行を踏まえ，

「切り売り」的就業形態を取る世代と，複雑労働賃金が一般化した世代とでいかに農家就業構造が異なるのかを分析した．ただし，全ての農家を対象に農家就業構造の長期的変化を分析することは困難であることから，ここでは農外就業をリタイアし，農業に基幹的に従事するようになった高齢帰農者の展開に着目した．高齢帰農者に着目する意義は，落層的分化が進展した「中心＝近畿型」移行地域においては水田保全に果たす高齢帰農者の役割が非常に大きいことにある．ここでは彼らが地域の水田保全に果たす役割が世代によっていかに変化してきたかを明らかにするとともに，高齢者の農外での労働力化が進む今日におけるその限界性についても言及を行った．

第６章では，宮田村で独自に取り組まれてきた地域農業システム「宮田方式」を対象としながら，これがいかなる地域労働市場構造及びその下での農業構造を前提に構想されたシステムであるか，また地域労働市場構造の移行に伴う農業構造変動に対し，システムがいかに対応しながら展開したかを，特に複合経営（リンゴ農家および酪農家）の展開に焦点を当てながら明らかにした．宮田方式は集団的自作農制に実践的に取り組んだ点で非常に有名かつユニークな地域農業システムであり，かつて多くの農業経済学研究者の注目を集めたが，その知名度にもかかわらず，地域労働市場構造の移行に伴う農業構造変動と地域農業システムとの連関を問う研究はこれまで十分に行われていなかった．集団的自作農制を実践した地域農業システムの今日的到達点を改めて問う必要があるといえよう．

第３部は，青壮年男子について複雑労働賃金の一般化を経ることがなかった「半周辺＝東北型」移行地域である北東北を対象に，その地域労働市場構造の実態解明と，そこでの農業構造のあり方を明らかにすることを課題とした．実態調査の対象時期は2010年代である．

第７章は，北東北に位置する秋田県横手市雄物川町O集落を事例としながら，2014年当時の対象地域においてなお高地代が存立する要因を，地域労働市場ならびに農業構造分析から明らかにすることを課題とした．また補論では，雄物川町で展開する組織経営体の特徴について分析した．総じて，雄物川町における高齢者を取り巻く農外就業機会の乏しさが，対象地域の農業構造と組織経営体の展開を規定していることが浮き彫りとなっている．

第８章では，2018年に実施した北東北の平場水田地帯に位置する青森県五所川原市T集落の集落悉皆調査から，当該地域でもやはり青壮年男子農家世帯員に複雑労働賃金の一般化が見られなかった実態を実証するとともに，対象地域では農業と結びつかない，雇用劣化の進展とともに形成された新たな低賃金層の検出を試みている．その上で，このような地域労働市場構造が対象地域の農業構造や農地市場に与える影響を分析している．

終章では，各章の分析結果を要約した上で，総括的な考察を行う．

注

１）複雑労働賃金の一般化を「近畿型」の規定として明言したのは山崎・氷見(2019)．

２）山本（2004）は中間的諸地域の一つである北関東に位置する群馬県玉村町の実態調査研究を通じ，昭和10年生まれを境とした就業条件差を検出したうえで，世代交代に伴う地域労働市場構造の移行が1980年代後半から90年代前半にかけて生じたものと推察しているが，実証には至っていない．

３）もっとも，曲木（2024，本書第８章収録）は一部世代の青壮年男子については複雑労働賃金の一般化が見られたことを明らかにしている．

４）直近の状況については，山崎ほか編（2024）．

【引用文献】

磯辺俊彦（1985）『日本農業の土地問題―土地経済学の構成―』東京大学出版会．

伍賀一道（2014）『「非正規大国」日本の雇用と労働』新日本出版社．

田代洋一（1981）「総括と提言」農村工業地域工業導入促進センター『農村地域工業導入実施計画市町村における農用地の利用集積等に関する調査報告書』，pp.7-20.

友田滋夫（1996）「直系家族制農業は日本の賃金構造を規定しているか？：吉田義明著『日本型低賃金の基礎構造　直系家族制農業と農家女性労働力』を読んで」『農業問題研究』42，pp.61-70.

野中章久（2009）「東北地域における低水準の男子常勤賃金の成立条件」『農業経済研究』81（1），pp.1-13.

野中章久（2018）「南東北における農外賃金の特徴と兼業滞留構造の後退」『農業経済研究』90（1），pp.1-15.
曲木若葉（2016）「東北水田地帯における高地代の存立構造」『農業問題研究』47（2），pp.1-12.
曲木若葉（2024）「「北東北」における今日的低賃金層の形成と農業構造：青森県五所川原市を事例に」『歴史と経済』66（2），pp.21-40.
氷見理（2020）「雇用劣化地域における農業構造と雇用型法人経営」『農業経済研究』92（1），pp.1-15.
山崎亮一（1996）『労働市場の地域特性と農業構造』農林統計協会.
山崎亮一（2021）『地域労働市場－農業構造論の展開』筑波書房.
山崎亮一・新井祥穂・氷見理編（2024）『伊那谷研究の半世紀：労働市場から紐解く農業構造』筑波書房.
山崎亮一・氷見理（2019）「地域労働市場構造の収斂化傾向について」『農業問題研究』51（1），pp.12-23.
山本昌弘（2004）「1990年代の離農構造」『農業問題研究』55，pp.32-41.

第1部

地域労働市場論の再検討：
地域労働市場構造と農業構造

第1章

地域労働市場論再考：
「中心－周辺」論との接合

1．課題と方法

本章の目的は，従来の地域労働市場論を批判的に検討する中から，新たな地域労働市場類型を提起することにある．

序章で述べたように，地域労働市場論は1970年代以降本格化した製造業の農村部への進出＝農村工業化以降に登場した．日本の農村工業化は，都市部の地価高騰や過密及び相対的高賃金を嫌った農外資本が，農村部に出向き，地理的移動性に乏しい農家労働力を在宅通勤兼業形態で利用することを目的に進展した（山崎2010）．言い換えれば，進出した農外資本は，より低位な賃金水準の労働力を利用することを目的に進出した訳だが，当時の日本の農村部からは，範疇的な意味でも低賃金な労働力層が検出されていた．

低賃金とは，山崎（2021）によれば，資本が労働者に対して正常な労働力再生産費を支払っていない状態[1)]である．労働力再生産費は，労働力養成費，即時的労働力再生産費（労働者本人の衣食住費），失業期間中の生活費，引退後の生活費からなる．労働力再生産は世帯単位で行われるため，賃金は価値分割的に複数家族員によって稼得される場合や，単独の世帯員によって稼得される場合などがあるが，ともかく賃金や失業手当等の間接給付の形で受け取る賃金によって正常な労働力再生産費が充足されていない場合，その賃金は低賃金となる．初めて地域労働市場論を唱えた田代（1981）は，1970年代に行った全国の農村部各地の実態調査から，当時，青壮年男子農家世帯員の多くが農業所得との合算なしには家計費を充足できない低賃金で就業していたことを明らかにした．この低賃金は特殊農村的低賃金，あるいは後述のように農家労働力が自身の労働力の一部を農外に「切り売り」することにより生じることから，「切り売り労賃」と呼ばれた．地域労働市場を対象とした研究は1970年代以降盛んに行われたが，これはのちに見るように，特殊農村的低賃金の成立が農業構造（農民層分解）の展開に大きく影響するとされたためである．

一方，山崎（1996）は1980年代以降，近畿地方を中心に青壮年男子農家世帯員から「切り売り労賃」が層として検出されず，年功賃金に代表される複雑労働賃金（意味は後述）が一般化した[2)]農村労働市場の存在を明らかにした上で，このような地域労働市場構造を「近畿型地域労働市場」と規定した．他方，当時なお東北を典型に「切り売り労賃」層が検出される地域が存在するとしながら，このような地域労働市場構造を「東北型地域労働市場」と再規定した．

山崎が地域労働市場構造の「型」を提起した背景には，氏が当時の地域労働市場論の課題を，「地域労働市場構造の地域性の解明と，それをさらに地帯構成的視点から整理することでなくてはならない」(p.22) と定めていたことにある．前者の「地域労働市場構造の地域性の解明」については，地域労働市場論を唱えた田代氏が，徐々に地域労働市場構造の地域限定性を曖昧にしていったことに対する批判に対応する[3)]．対して後者の「地帯構成論的視点から整理」とは，地帯構成論と地域労働市場構造の「型」との連関を明確にすることにあった．

地帯構成論とは，農業構造（農民層分解）の形態の地域性とその規定要因を巡る議論である．地帯構成の規定要因として，戦前は農業生産構造視点（土地所有の性格の地域的な違いが持つ地帯構成的規定性）が重視されていたが[4)]，1970年代以降，農業と農外資本との再生産的連関を重視する議論が登場する[5)]．農業と農外資本の再生産的連関は市場を通じて行われるが，とりわけ労働力部面においては，農家労働力がいかに労働市場を通じ農外資本の再生産構造に組み込まれるのか，それによって農家就業構造はいかに変化するのか，さらにこの変化が農業構造にいかに作用するかを解明することが課題となる[6)]．もっとも，再生産的連関の中で農業側が一方的に農外資本側にその展開を規定されるわけではなく，農外資本側もまた農業と結びついた低賃金労働力を利用できるか否かによってその展開が規定されるという，相互規定的な関係にある[7)]．

そして地域労働市場構造の「型」を示すことは，農業の，地域労働市場を通じた農外資本の再生産構造への組み込まれ方に地域差が存在することを主張するものといえよう．では，この地域差は何をによって生じるのか．山崎（1996）は東北を典型とした「東北型」地帯では，農村工業化が遅れたことから1990年代前半時点でも「東北型」にあったが，いずれここでも特殊農村的低賃金が消滅し，「近畿型」へと移行することを展望していた．つまり，地域差を農外資本の発展程度の差（資本蓄積度の差）によるものと主張していたのである．

要約すると，山崎は①地域労働市場の地域差を明らかにした上で，②地域労働市場構造の地域差を発展段階差（タイムラグ）として捉え，ゆえにその地域差は，いずれ「東北型」が「近畿型」に移行することをもってして解消することを展望していたといえよう．

では，山崎が展望した地域労働市場構造の移行は実際に生じたのか．まず，筆者は長野県上伊那郡宮田村を対象とした過去40年間にわたる地域労働市場構造分析から，対象地域では1980年代後半～90年代前半に「東北型」から「近畿型」への移行が生じたことを実証している（曲木2016a，本書第４章収録）．また山崎（2021）では，後述のように，2010年代に至り，山崎（1996）が展望した形とは異なるものの，東北を含め地域労働市場構造の地域性が縮小＝「収斂化」しつつあることを指摘している．しかしながらこれらの議論で見過ごされているのは，2000年代後半以降の東北を対象とした地域労働市場研究では，青壮年男子について，確かに「切り売り労賃」はマイナー化している一方で，複雑労働賃金からなる地域労働市場構造への移行を経たことを実証したものが存在しない，ということである（野中2009，曲木2016b，野中2018，曲木2024）[8)]．このことは，確かに東北でも「東北型」は脱しているものの，「近畿型」に移行したとも言い難い状況にあることを示唆するものである．

また，地域労働市場構造の「型」は地帯構成論を踏まえたものである以上，その地域差の縮小は農業構造の地域差の縮小を意味することになるが，一概にそうとも言いがたい状況にある．詳細は本書の第３部に譲るが，筆者は2010年代以降の東北を対象とした集落悉皆調査から，東北では，農家の離農自体は進展しているものの，専業農家層が形成されていることに加え，農外就業リタイア後の帰農が盛んなことから農地の受け手が多く，結果的に地代水準も高地代にあること，大規模化を志向する農家であっても規模拡大が容易ではない点を明らかにしてきた（曲木2016b，2024）．よって，東北においても「切り売り労賃」層と結びついた兼業滞留構造こそ解消し農業構造変動自体は進展しているものの，全般的落層傾向をたどっているとは言いがたく，現在も農家が農業生産の担い手として根強く位置付く両極分化・分解傾向にあると言わざるをえない[9)]．

以上の点は，山崎（1996）で展望された，地域労働市場構造の地域性を発展段階差として捉える従来の地域労働市場論に疑問を投げかけるものである．であれば，地域労働市場構造の展開に地域差が生じていた点の実証と，この差が生じる要因について明らかにする必要がある．本章では，従来の地域労働市場論を批判的に検討するとともに，地域労働市場構造の展開に地域差が生じた実態ならびにその要因を考案した上で，新たな地域労働市場類型を提起することを課題とする．

２．では，主に山崎氏による一連の地域労働市場研究，とりわけ地域労働市場構造の移行問題を批判的に検討するとともに地域労働市場構造の展開に地域差が生じた実態を明らかにする．そしてこのことを通じ，地域労働市場構造を地域労働市場圏内の農業と農外資本との再生産的連関からのみ捉えることの限界性を示し，地域労働市場圏外との再生産的連関含め把握する必要性を示す．３．では，他地域をまたいだ再生産的連関を把握する視点として，「中心－周辺」論を地域労働市場論に導入し，４．で新たな地域労働市場類型と地帯類型を提起した上で結論を述べる．

２．地域労働市場論の検討

まずは，地域労働市場構造の移行問題について論じた山崎（2021）の論考を検討する．ここでは，2010年代に実施された集落調査の結果から得られた，秋田県横手市雄物川町O集落と長野県上伊那郡中川村Y集落の賃金構造の比較から，2010年代に至り地域労働市場構造の地域性が縮小しつつあることを主張している．すなわち，①「青壮年男子の「切り売り」的な農外就業形態が雄物川町でも今日例外的なものとなり，そのためそこでも常勤化が進んでいることは，「近畿型」への移行を示している」（pp.166-167）．ただし雄物川町においては，青壮年男子常勤賃金の加齢に伴う伸びが弱いことを指摘している．他方，②中川村は1990年代以降「近畿型」であった地域と位置づけられるが[10)]，ここでも雇用劣化の影響で男子常勤者から賃金の伸びが弱い層が新たに形成されていることを指摘しており，こうした現象を「近畿型の崩れ」と表現している．なお，山崎（2024）においては，「近畿型の崩れ」の定義を青壮年男子から単純労働賃金層が検出される地域労働市場構造と規定している．③そして，①と②の結果，両地域の地域労働市場構造は似通ったものとなり，このような現象を「収斂化」と表現している．

以上の議論は，かつて山崎（1996）で展望されていた「東北型」から「近畿型」への移行という発展段階論的視点が，雇用劣化の影響で複雑労働賃金の一般化という形からは崩れつつも貫徹していることを主張するものといえよう．筆者もまた，両地域の賃金構造が「収斂化」している点については同意している．しかしながら問題となるのは，一連の議論の中で「近畿型」の概念にぶれが生じている点である．上述のように，山崎（2021）は雄物川町においても青壮年男子の常勤化が進んでいることをもってして「近畿型」への移行を主張しているが，同時に「近畿型」の定義を，青壮年男子から「切り売り労賃」層が検出されないことのみならず，複雑労働賃金の一般化が見られることと明言している[11)]．複雑労働とは，「社会平均的労働に比べてより高度な，より複雑な労働」であり，「単純な労働力と比べて，より高い養成費がかかり，その生産により多くの労働時間を要し，それゆえより高い価値を持つ労働力の発揮」（マルクス1982，p.337）である．戦後日本の複雑労働は，一般に正規雇用者として新規学卒就職したのち，同一企業内で年功を積む中で養成され，ゆえに賃金も年功賃金に対応し，雇用も安定的・長期的となる．日本における年功賃金制は，高度経済成長期にブルーカラー労働者を含めて広く実現したが（木下1997），日本における複雑労働賃金からなる賃金構造とは，年功賃金の一般化として現象することになる．

ところで筆者は，この2014年雄物川町の調査を主導したことから[12)]，そのデータが手元にある．そこで雄物川町O集落の男子賃金構造を示したのが**図1-1**である．山崎の示した図と異なるのは，公務員，私企業正規雇用者，

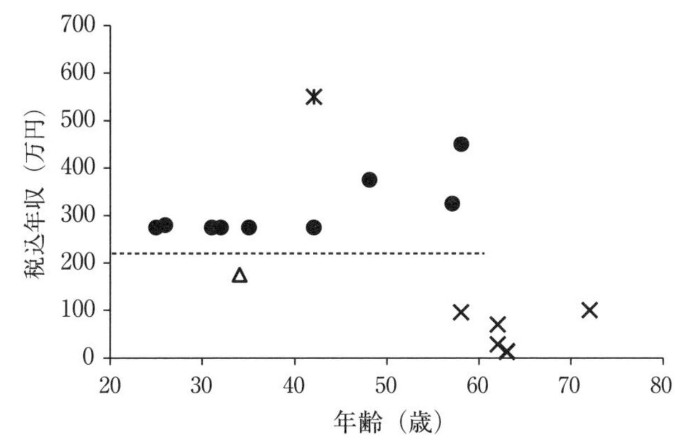

図1-1　雄物川町O集落男子賃金構造図（2014年）

資料：雄物川町O集落聞き取り調査結果より作成.

注：1）各人の税込年間賃金を13階層の中から選択させたうえで，各階層の中央値を図示した．最低階層は100万円未満であるが，臨時就業者については日給と就業日数の積を算出した.

2）凡例は次の通り．＊…公務員，●…私企業正規雇用者，△…非正規常勤者，×…常勤以外の非正規雇用者.

3）一部に，調査対象世帯員から聞き取った情報に基づいて，県，就業先企業業種，就業先企業規模，性，年齢階層を考慮しながら『平成28年賃金構造基本統計調査』より援用したデータを含む．具体的には，①31歳275万円，②32歳275万円，③35歳275万円，④48歳375万円.

非正規雇用者に分けて図示した点である．なお，対象地域における男子単純労働賃金の年収換算額は238万円とし[13)]，図中に破線で示した．

これをみると，まず，40歳代前半以下の私企業正規雇用者からは年収300万円以下の者しか検出されない，また年功的な賃金上昇を期待できる30歳代後半～40歳代前半の年齢層においても，私企業正規雇用者からは300万円以上の賃金水準を得る者が検出されない．もっとも40歳代前半の公務員１名は400万円台であるが，公務員は地域横断的な賃金体系にある点を踏まえるならば，対象地域の地域労働市場の状況を強く反映しているのは私企業正規雇用者の動向であろう．よって，この図をもってして複雑労働賃金が一般化した地域労働市場構造にあると主張することには無理がある．

もっとも，このO集落も一度は複雑労働賃金の一般化がみられたが，雇用劣化によって現在の形に至った可能性もある．ところで雄物川町O集落は1995年に山本昌広氏（現松山大学教授）によって調査が行われた地域であ

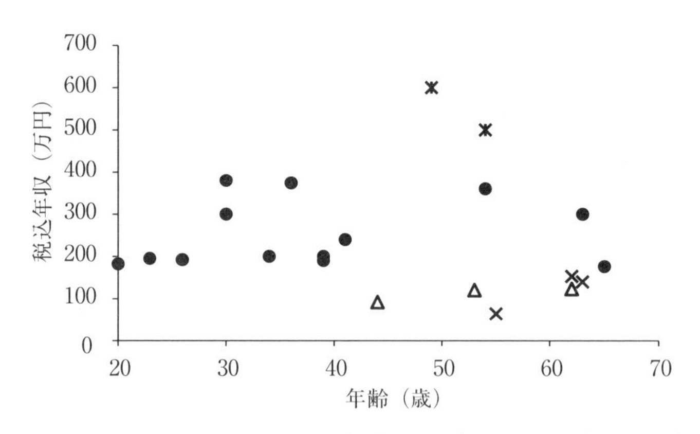

図 1-2　雄物川町 O 集落男子賃金構造図（1995 年）

資料：山本昌弘氏が実施した雄物川町 O 集落聞き取り調査結果より作成．

注：１）公務員，正社員については年収，それ以外は日当を聞き取った上で，年間就業日数を掛けた額を年収として算出した．なお，正規雇用者以外は賞与を想定していない．

２）凡例は次の通り．＊…公務員，●…私企業正規雇用者，△…出稼ぎ者，×…臨時就業者．

り[14)]，当時の男子賃金構造を図示したものが**図1-2**である．なお，この賃金構造には出稼ぎ者も示している．出稼ぎ者は地域労働市場には登場しないが，ここでは農家の就業行動についても分析する意図から，あえて表記した．ここからまず明らかなのは，50歳以上（1945年以前生まれ）から出稼ぎ者や臨時就業者といった，いわゆる「切り売り」的就業形態をとる者が検出されるが，一方で，40歳代前半以前（1950年以降に生まれた世代）はそのほとんどが私企業正規雇用者で構成されている点である．

このような世代による就業条件の差や，「切り売り」的就業形態をとる者の高齢化と以降の世代の正規雇用化といった傾向は，「近畿型」への移行が見られた地域でも同様にみられたものであり（曲木2016a，本書第４章収録），当該地域の地域労働市場構造が「東北型」からの移行過程にあることを意味している．しかしながら「近畿型」へと移行した地域と異なるのは．40歳以下の男子正規雇用者から，年功的な賃金上昇が見られる層と200万円前後の水準にとどまる単純労働賃金層が検出される点である．つまりこの地域では，「切り売り」的就業形態をとる者が地域労働市場から退出する以前より，既に青壮年男子正規雇用者であっても複雑労働者と単純労働者に分化しているのである．なお，この分化が雇用劣化によって生じたものか否かは判断を保留するが[15)]，ともかく1995年時点で男子正規雇用者から単純労働賃金層が検出される状況から複雑労働賃金の一般化を経たとは考えにくい．

以上から，今日確かに東北においても青壮年男子の農外での正規雇用者としての常勤化が認められる一方で，複雑労働賃金の一般化を経たとは想定し難いことが明らかとなった．図式的に地域労働市場構造の動態を示せば，中川村は「東北型」→「近畿型」→「近畿型の崩れ」という過程を経たが，雄物川町は「東北型」→「近畿型の崩れ」という過程を経た，ということになる．であれば，両者の関係をいかに把握すべきか．ここで筆者は，青壮年男子について，「切り売り労賃」層の動向は発展段階差として見るが，常勤者の賃金水準の動向は類型差として捉える視点を提起したい．つまり，青壮年男子常勤者に複雑労働賃金が一時的にせよ一般化した地域と，そうでない地域がある，ということである．ではなぜ類型差が生じるのかといえば，これは農外資本の展開に地域差が生じたためと言わざるを得ない．というのも，先述のように日本において複雑労働者を養成するのは農外資本にほかならないためである．しかも「近畿型」へと転換した地域の農外資本は，その地域に在住の一般的な新規学卒者の青壮年男子であれば複雑労働者として就業可能な就業機会を彼らに設けるほどの経営展開が面的に見られたのであるから，これは個別具体的な事象としてではなく，経済的客観的諸条件のもとで展開したことを想定しなければならない．逆に，東北はこの条件を欠いていたことになる．

では，農外資本の発展に類型差が生じた要因をどこに求めることができるのか．あるいは，「近畿型」への移行を可能とする経済的客観的諸条件をどこに求めることができるのか．ここで山崎（1996）の議論に立ち帰ると，氏は「東北型」地帯の地域労働市場構造が「近畿型」へ移行するに際して次のような留保条件を付している．「『東北型』地帯の農家は，我が国における青壮年男子の不安定・低賃金労働力の主要な給源をなしていると考えられる．ところでこのような不安定・低賃金労働力の存在は，資本制的生産にとっては不可欠の必要条件をなす．というのも，資本制社会の産業の生活経路には，…景気循環が不可避的に存在するからである．そして，不況と好況の交替は，不安定・低賃金労働力の資本への吸収とそこからの反発を伴うからである．また，この不安定部分には一定数の青壮年男子を含まざるをえないからである．…したがって，仮に『東北型』地帯の農家が青壮年男子の不安定・低賃金労働力給源としての機能を今日弱めつつあることが事実であるとしたならば，わが国における資本にとってのこの労働力の新たな給源が，どのような形で展開しているかが，実証的に解明されるべき問題として新たに提起されてこざるをえない．そこでは，国内生産拠点への外国人労働力導入の実態とその意義，生産拠点の海外移転（対外直接投資：曲木）の実態とその意義といった問題が検討されなくてはならないであろう」(p.53)．

しかし，この指摘は，「東北型」地帯が「近畿型」へ移行する際の条件としては一見して奇妙である．というのも，当時（1980年代後半）の「東北型」地帯は地域労働市場内に不安定・低賃金労働力（青壮年男子であれば「切り売り労賃」層）を抱えているにもかかわらず，「近畿型」への移行の条件として国外からの不安定・低賃金労働力供給の必要性に言及しているためである．言い換えれば，「近畿型」への移行は，不安定・低賃金労働力が，直接雇用にせよ工場が出向くことで現地の労働力を調達するにせよ，他地域から供給されることを前提としており，ゆえにその農業と農外資本の再生産的連関は，本質的に地域労働市場圏内で完結するものではない．しかしながら，山崎氏による地域労働市場構造の把握は，主として賃金構造をその指標としており，地域労働市場圏内の再生産的連関のみを示すものにとどまっている．であれば，たとえ賃金構造が「収斂化」していたとしても，他地域との関係も含めた再生産的連関からみれば今なお地域差が存在し，このことが青壮年男子常勤者の賃金水準の展開の地域性に結びついている可能性も想定しなければならない．

なお，山崎はのちに上記の議論の不安定・低賃金労働力には1990年代以降の雇用劣化の進展と外国人労働力の増加が含まれていないこと，そして2010年代に至り，「近畿型」地帯の地域労働市場圏内からこのような不安定・低賃金労働力層が新たに形成されていることに言及している（山崎2021）．もっとも，雇用劣化および外国人労働力の存在は必ずしも本章で定義したところの低賃金の概念を含有していないが，今日，全国的に非正規雇用者を中心に労働力再生産費に相当する賃金水準を確保できていない労働者階級（アンダークラス）の存在が指摘されており（橋本2019），範疇的低賃金と規定すべき労働者層が農業と結びつかない形で形成されているのは確かである．しかし「近畿型」への移行で問題となるのは，単なる資本蓄積ではなく，青壮年男子に複雑労働賃金の一般化をもたらすほどに地域経済への波及効果をもたらすほどの蓄積か否か，という点である．この観点から考えると，雇用劣化や外国人労働力の導入は，一度は「近畿型」へと移行した地域が「崩れた」中で特徴付けられる現象であり，「近畿型」への移行をもたらすだけの資本蓄積を可能とするものとは位置づけられない.

以上, 従来の地域労働市場論を検討する中から, 地域労働市場構造の展開について,「切り売り労賃」層の変遷は発展段階差として見るが, 男子常勤者の賃金水準の変遷は類型差としてみる視点を提起した. また「近畿型」への移行に際しては, 地域労働市場圏外から青壮年男子含めた不安定・低賃金労働力給源を見いださざるを得ない, つまりは他地域との再生産的連関を事実上前提としている一方で, 山崎の地域労働市場構造の規定にはこの点が十分に位置づけられていないことを指摘した. よって, 次に行うべきことは, 地域をまたいだ農業と農外資本の再生産的連関に基づきながら地域労働市場の地域性を把握することにある.

3.「中心－周辺」論と新たな地域労働市場類型

1）新国際分業論

農外資本の, 地域をまたいだ再生産的連関を論じた先行研究としてまず挙げるのが新国際分業論である. 新国際分業論とは, 先進国（資本制工業国）＝「中心」国を本拠地とする多国籍企業による, 第二次大戦後から1970年代中頃までの世界市場を舞台とした資本蓄積メカニズムの解明, およびこれと発展途上国＝「周辺」国における工業化との連関の解明を課題とした議論である. とりわけ注目されるのが, フレーベル（1982）の1970年代中頃を対象とした先進国＝「中心」国から, 途上国＝「周辺」国への「生産の部分的移転」と, 後者における「工業化突入」国の登場に着目した議論である.

「中心」から「周辺」に向けての分業体制は, アミンやフランクなどの従属学派やウォーラーステインによる世界システム論においても語られてきた[16]. この際,「中心－周辺」の関係性を強く特徴づけているのは, 国家間の分業体制とこれに基づいた不等価交換によって,「周辺」地域で形成された価値あるいは余剰が「中心」へと流出する構造にある（以下, このような流出を「価値移転」と呼称する）[17]. ただし, 従属学派や世界システム論では,「中心」による「周辺」への抑圧面を強調するあまり,「周辺」における経済発展の契機を十分に視野に入れていなかったとされている．すなわち，国際分業において工業製品を提供する先進地域を「中心（中核)」，原料や一次産品を提供する発展途上地域を「周辺（辺境)」と位置づけており，「周辺」部社会構成体においては「中心」部におけるように前資本主義的生産様式を掘り崩しながら専一化していく傾向を持たないとされ，結果，その発展は「低開発」にとどまるとともに，「中心部」への従属を深めるとされた．

これに対し，新国際分業論は「周辺」の発展可能性を示している点で異なる．その代表的論者であるフレーベル（1982）によれば，1960年代中頃，先進資本制工業国において産業予備軍の規模がはっきりと縮小するようになるとともに，それまで「中心」で見られた生産性上昇とリンクした賃金上昇によるコスト高により資本蓄積の危機に直面するようになった．こうした中，資本蓄積を継続する方法として，「中心」国から「周辺」国への生産の部分移転が行われ，その移転先の国を「工業化突入」国と呼称している．ここで新国際分業論と従属理論，世界システム論とで大きく異なるのは，価値移転が「周辺」における原料生産や一次産品などの主として農産物（原料）市場を通じて行われるのではなく，「周辺」に生産工程を部分的に移転することを通じて生じている点にある．

フレーベルは，この移転を可能とした客観的諸条件として，次の３点を挙げている．第一に，移転先の途上国において膨大な産業予備軍が存在している点である．その共通の特徴は，非資本制的「後進」セクターと結びついた低賃金・長時間労働，さらには過剰人口を背後に持つ解雇の自由と労働者選別の弾力性，そして熟練度と生産性の低さ，総じて途上国における労働力の低労働条件と無権利状態である．ここでいう非資本制的後進セクターは種々の自営業等で構成されるが，その典型は農業である．つまりは，移転先の途上国には，農業から供給される膨大な産業予備軍が過剰人口圧を形成し，これが労働力再生産費の低位性，すなわち生活水準の低位性と，低賃金に代表される劣悪な労働条件に結びついているということだろう．第二に，途上国に向けた生産の部分的移転を可能とする労働過程の技術的性格の変化，すなわち労働過程の分解と単純化の進展である[18]．第三に，運輸・通信革命が進行した結果として生じた，工業生産の地理的配置の普遍化である[19]．

これらの客観的諸条件のうち，特に資本蓄積面で重要となるのは第一の点であるが，一方でフレーベル（1982）は，「非資本主義的な生産及び生産様式による資本の価値増殖への大量援助の可能性は，これらの『工業化突入』国でなくなってしまったか，間もなくなくなってしまうかのどちらかである．その発展にそって工業賃金は必然的に上昇せざるをえなくなる（もしくはすでに上昇してしまっている）」（p.145）としている．フレーベルの議論でユニークな点は，「工業化突入」国における産業予備軍が枯渇した後の発展シナリオとして，２つの類型を提示している点である．

第一のシナリオは，「労働力の再生産にかかるコストの増加を埋め合わせ，さらに生産性の上昇，インフラストラクチャーや訓練の改善，産業連関の形成，適切な専門化による製品の品質向上，適切な時期における新生産分野のシフトなどによって，その他のコスト（非資本制セクターから供給される資本の価値増殖への大量援助の可能性の消失：曲木）を埋め合わせるのに成功した場合」，「賃金が上昇過程にありおそらくは相対的に高いにもかかわらず，工業生産が競争力を持ち続けるような仕方で，発展する」（p.146）ケースである．以下，これを便宜的にAシナリオと呼称する．第二に，なんらかの理由により労働力再生産費上昇＝資本の価値増殖条件悪化の埋め合わせに成功しない場合には，「工業資本は他の立地へと流出するか，少なくともそうした特定の立地で拡大するのをやめるであろう．こうした工業の放浪形態は，地球全体にまたがり，とりわけ途上国間にまたがっている」（pp.146-147）としている．以下，これをBシナリオと呼称する．

フレーベルは，Aシナリオにおける労働力再生産費上昇，すなわち賃金上昇によるコスト増加の埋め合わせの手段について詳細は語っていないが，これを自国内にせよ他国からにせよ，他のより発展の遅れた「周辺」から供給される産業予備軍を確保することにより埋め合わせることと読み替えるならば，Aシナリオの国は少なくともその一部地域については事実上「中心」化したといって差し支えないだろう．すなわち，Aシナリオをたどった国は，「周辺」国から「工業化突入」国へと移行したのち，「中心」国への移行を経たのに対し，Bシナリオの国は何らかの理由でこの埋め合わせができず，「中心」への移行をなしえなかったことになる．

そして，Aシナリオの「周辺」から「中心」への移行は，青壮年男子農家世帯員から「切り売り労賃」層が検出される「東北型」から，他地域から青壮年男子含む不安定・低賃金労働力を確保することを前提に，青壮年男子についてのみだが複雑労働賃金が一般化した「近畿型」への移行，という姿と大いに重なるのである．

2）日本における「中心－周辺」論

以上が新国際分業論の議論であるが，日本の製造業で対外直接投資の増加に象徴される新国際分業論的展開が顕在化したのは1990年代以降である．では新国際分業が進展した1970年代当時，日本では「中心」から「周辺」への「生産の部分移転」が進まなかったのかと言えば，そうではない．というのも，1970年代から本格化した日本の農村工業化は，冒頭で述べたように，まさに農村部の，農業と結びついた不安定・低賃金労働力の利用を目的として進展したためである．言い換えれば，日本は当時なお農村部に大量の農家労働力を抱えていたことから，生産の部分移転を途上国に対してではなく，国内の「周辺」たる東北をはじめとした農村部に対し実施したことになる．

もとより，1970年代以降の日本の農村工業化現象を「中心－周辺」概念で捉える試みは，経済地理学を中心に盛んに取り組まれてきた．たとえば末吉（1999）は，1970年代以降の日本工業の地方分散の進展と，それに伴う「中心－周辺」構造の形成メカニズムを「企業内地域間分業」の視角から捉えており，さらに「周辺」＝山形県最上地方の事例研究から，進出地域における農家の就業構造の変化にまで立ち入った分析を行っている．また友澤（1999）は，九州中南部におけるIC工業と衣服工業を事例としながら，中・南九州は元々太平洋ベルト地帯に労働力を供給する周辺的地位にあったこと，進出企業はここから得られる豊富な低賃金労働力を確保することを第一の目的として進出したこと，進出した生産工場は，企業内部の階層では最底辺に位置づけられ，生産・管理などの面を外部よりコントロールされていること，このような生産構造が特化する地域は「分工場経済」を形成し，その経済自体が「域外支配」下にあるとしている．分工場をベースとした製造業の発展は外来型開発とも呼ばれ，その特徴を中村（2008）は以下のように述べている．

「外来型開発の場合，分工場は，どこか遠くの本社が統合する企業内空間分業のもとにあるので，地域に意思決定機能を持たない．結果として，地域経済の運命がどこか遠くから外部コントロールを受ける他律的な構造をもつ地域経済に変貌する．経済余剰の多くは本社に流出し，また，本社によって他の地域での投資に向けられたりする．分工場には低熟練低賃金の職場が多く，企業活動に必要な研究開発やマーケティング，財務・法務など多様な知識労働の職場がない場合が多い．競争環境の変化に対し，地域からイノベーションを起こし，発展を持続させる仕組みが地域に生まれない．企業の他の工場から原材料が持ち込まれ，地域の工場で低賃金労働や大量の廉価な土地や水が使われるだけで，中小企業をはじめ地域の他の企業に関連・供給産業として仕事を分け，イノベーション能力の強化など学習の機会を広げることがない場合が多い．同じ地域に同種産業が集積していても，資本系列や取引系列の違う事業所間に交流は生まれない．分工場は企業内分業と結びついているので，地域内分業には関心がないためである」(p.6)．つまり，東北や中・南九州では，農村工業化は進んだものの，本社が位置する他地域＝「中心」への従属を強めざるを得ない分工場を中核とした経済構造が形成されたことになる．

さらに，友澤（1999）は1980年代時点における「周辺」地域を規定することを試みている．ここでいう「周辺」の定義は「中核－周辺という一対の構造として考える必要」があり，「中核によって統合された経済システムの中で後進状態が現れた地域」(p.139）と規定している．また，友澤はこの後進程度（開発程度）を測る指標として，1980年時点の一人あたり所得水準の地域格差と，この格差を補う公的手段として政府の財政による所得移転率を基準に挙げている．その上で，一人当たりの所得水準が全国比を100とした場合85未満であり，かつ所得移転率が150を上回る，つまりは所得水準が低い一方で格差が公的に補われている地域である北東北（青森，岩手，秋田），南東北（宮城，山形，福島），山陰，南四国（徳島，高知），西九州（佐賀，長崎），中・南九州（熊本，大分，宮崎，鹿児島），沖縄を周辺地域として定義している．

これらの先行研究は，農村工業化地域における農外資本側の動向を，地域労働市場圏内のみならず，他地域の資本との構造的連関の中から捉えている点で示唆に富んでいる．また分工場経済下における農外資本の展開についても，その実態について豊富な研究蓄積が存在する．しかしながら，以下二点で議論が不十分である．

第一に，これらの議論では，1970年代以降の農村工業化現象しか説明できない，つまり農村工業化地域の発展類型という視点は希薄という点である．農村工業化政策の本格化は1970年代以降であるが，日本における農村工業化現象自体は高度経済成長期から既に見られた．先にみた「近畿型」への移行，つまりAシナリオへの展開が認められた宮田村や中川村が位置する長野県上伊那地域は，戦時中から航空関連企業や機械金属関連産業といった機械工業の大企業が疎開し，戦後の高度経済成長期以降，上記の疎開企業を中心とした機械工業が展開した先発農村工業化地域である．一方で東北のような後発農村工業化地域では青壮年男子について複雑労働賃金の一般化は認められなかったのであるから，農村工業化地域と一口にいってもその発展には類型差が存在することが明白であるが，経済地理学における「中心－周辺」論はいわゆる従属学派的な見解[20]，つまりは総じてBシナリオを歩むものに主眼が置かれており，農村工業化地域の発展類型を論じたものとしては展開していない．

第二に，農村工業化地域における農業と結びついた低賃金労働力の存在それ自体は認識されつつも，これが農外資本の展開に与える影響への視点が希薄な点である．ゆえに，農村工業化地域における地域経済の発展については，分工場経済や企業内地域間分業といった農外資本側の性格からしか説明がなされていない[21)]．もっとも，農業経済学においてもこの点を説明する試みは十分に行われていないのであるから，その論証が求められることになる．

３）日本的低賃金と高蓄積

ところで先ほど，Bシナリオを歩んだ地域の農外資本は他地域への従属性が強いと述べたが，逆に言えばAシナリオを歩んだ，つまりは「近畿型」への移行が見られた地域の農外資本は他地域への従属性が低く，自立的な発展を経たことになる．では，この差が生じたのはなぜか，といえば，これは「東北型」から「近畿型」への移行の源泉となる，農業から供給される地域労働市場圏内外からの利用可能な不安定・低賃金労働力に地域差があり，このことが農外資本の資本蓄積のあり方に影響を与えた可能性を想定せざるを得ない．

農業から供給される不安定・低賃金労働力が農外資本の蓄積に地域差を及ぼす要因としてまず考えられるのが，農業生産構造の地域性である．戦後，東北は近畿と比較し，農家の所有地面積や平均経営耕地面積が大きかったことから（磯辺1985），農業から労働力が放出されにくく，ゆえに東北では農業から供給される不安定・低賃金労働力を十分に用いることができなかった，ということは考えられるだろう．ただし，東北で農村工業化が進んだ1970年代前半は，農業からの労働力供給が多分に意図された農業政策が行われた時期に当たる．1971年に制定された「農村地域工業導入促進法」は，1970年前後に始まる米生産調整＝減反政策に伴う農業における余剰労働力の生成，および農家労働力の農外流出を強く志向した「総合農政」と時期が重なっており，実際に同法を契機として，工場進出地の農家では自宅から通勤する在宅通勤形態による農外就業者が急増した（山崎2021，p.177）．1970年代はあたかも農業生産構造の地域性による農業からの労働力供給力の地域差を解消するような農業政策がとられた時期であることを踏まえると，これを農業からの不安定・低賃金労働力供給力に大きな差が生じる要因として据えるのはやや難がある．

次に考えられるのが，農村工業化の時期によって農業から供給される利用可能な不安定・低賃金労働力に差がある可能性である．ここで，農業から農外資本への労働力供給形態を整理すると，山崎（2021）によれば次の３つが存在する．

第一に，向都離村形態である．これは1960年代前半までの農業からの主要な労働力供給形態であり[22]，そこでは当時農村に滞留していた家を継がない二三男女や，新規学卒者を中心とする若年労働力が主であった（並木1960）．1950年代は農家から供給される労働力が年々の農外新規雇用者の中で大半を占めており，彼らが形成する過剰人口圧が日本全体の賃金を押し下げ，これが当時の前近代的ともされる低賃金構造に結びついていたとされた（氏原1966）．

第二に，通勤兼業形態である．これは農村部への企業進出，つまりは農村工業化によって通勤兼業形態の農家労働力を利用することを意図したものであり，これにより，地理的移動性に乏しい基幹的な農業従事者も農外資本に包摂されることになった．

第三に，出稼ぎ形態である．出稼ぎは一定期間居住地を離れて働き，就労時間経過後は居住地に環流する就業形態である．特に農家の場合は農閑期となる冬季の出稼ぎが盛んに行われた（大川1979）．出稼ぎも農業所得を不可欠とし，また農家労働力の一部を農外に振り向けるという意味では一種の「切り売り」的就業形態であるが，在宅通勤兼業とは異なり，彼らは日々の労働力ではなく季節的に労働力を「切り売り」し，またその投下先も地域労働市場ではなく都心部を中心とした域外の単純労働市場に投下される．彼らが居住地の地域労働市場圏内で単純労働に従事しないのは，地域内に単純労働者としての就業機会が乏しいか，就業機会があったとしても，単純労働賃金の地域間格差が著しい場合である．

さて，日本では1955年以降の高度経済成長期を通じ，農業・農村からの労働力供給が向都離村形態で旺盛に行われていたが，1960年代後半には，農家から供給される労働力は農外新規雇用者の4割程度を占めるに過ぎなくなり，日本の労働者全体の低賃金を維持するうえで，農家からの労働力供給にはかつてあったほどの意義はもはやなくなった，との主張が労働問題研究者の間でなされるようになった（高木1974）．つまり，東北や九州で農村工業化が進んだ1970年代という時期は，日本全体としてみると，既に農業からの労働力供給が相当程度進んだ段階で進展したものであり，ゆえに全国レベルで見た場合，日本全体の低賃金構造も解消しつつある時期に相当することになる．もっとも，日本全体で低賃金構造が解消過程に向かいつつあるからこそ，特殊農村的低賃金を求めて農村部への農外資本の進出が進んだ，ということでもあるが．

この点を統計から確認しよう．**図1-3**は『屋外労働者職種別賃金調査報告』（厚生労働省）から得た男子軽作業賃金の推移を示したものである．男子軽作業賃金は青壮年男子の単純労働賃金の指標としてしばしば用いられるが，この統計は残念ながら2004年までしかない．なお，物価の影響を排除するため，消費者物価指数でデフレートしている．まず1961年時点の男子軽作業賃金（日当）を確認すると，東北で2,535円，先に見た中川村が位置する長野県で2,780円であるのに対し，10年後の1971年になると東北は4,802円に対し長野は5,631円である．よって，両時期とも東北の単純労働賃金は長野県よりも低いのであるが，一方で1971年の東北の単純労働賃金は1961年の長野県よりも約1.7倍高い水準にある．なお，これは消費者物価指数でデフレートした値のため，名目賃金の場合，その開きは3倍にもなる．農村工業化が本格化していないにもかかわらず1960年代にかけ東北で単純労働賃金が上昇しているのは，向都離村形態で農家の次三男女や新規学卒者が都市部に流入することで，彼らが形成していた農村部の過剰人口圧が低減されたことによるものであろう．ともあれ，1960年代前半までの戦後の早い時期に本格的な資本蓄積を開始した場合，この時期は日本全体が低賃金構造にあったことから，

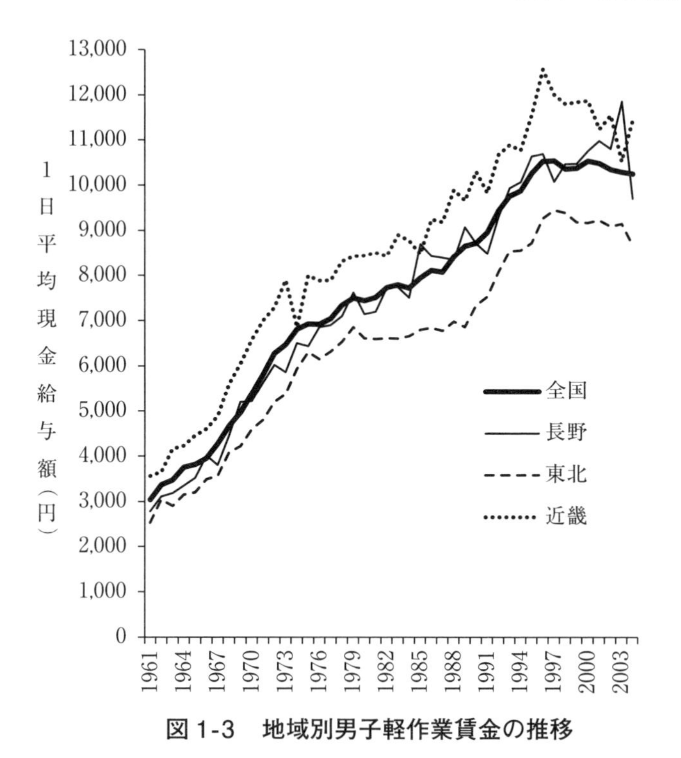

図1-3　地域別男子軽作業賃金の推移

資料：『屋外労働者職種別賃金調査報告』（厚生労働省）より作成.
注：消費者物価指数でデフレート（2000年＝100）した値を用いた.

農外資本は1970年代前半時点の農村工業化が進んでいない東北よりもより低位な賃金水準の労働力を利用することが可能であった，ということはできる.

そして1960年代前半までの日本における低賃金構造が農外資本にもたらしたものは，他の先進資本主義諸国（ヨーロッパ，アメリカ）と比較した有機的構成の低位性と高利潤であった．山本（1967）は戦後の日本機械工業における特徴を，「賃金水準の低さと生産規模の狭小性のゆえの，単位資本当り労働力需要量がきわめて大きい」（p.54）点にあるとしている．**表1-1**は1960年当時のルノー・ドーフィンのシリンダー・ブロック生産方法と必要投資額の関係を示したものであるが，当時の日本の労務費はヨーロッパの1/3で

表 1-1　ルノー・ドーフィンのシリンダー・ブロック生産方法の選択（1960 年）

（万円）

必要投資額 ＼ 生産方法		(Ⅰ) 万能機	(Ⅱ) 多軸万能機	(Ⅲ) 専用機と小規模のトランスファー・マシン	(Ⅳ) 相当な規模のトランスファー・マシン	(Ⅴ) 完全自動トランスファー・マシン
設備投資額	機械	16,800	15,100	19,350	19,350	23,300
	据付	130	130	73	88	110
	工具	66	80	100	100	100
	建物	34	26	26	24	26
	合計	17,030	15,336	19,549	19,562	23,536
一交替の作業員数（人）		109	76	41	16	8
償却費	耐用年数（年）	15	15	10	6	6
	償却率（半年）	0.074%	0.074%	0.109%	0.175%	0.175%
	最初の6ヶ月の償却費（a）	1,260	1,130	2,130	3,420	4,120
半年間の労務費	日本（40 万円/年）（b）	2,180	1,520	820	320	160
	ヨーロッパ（120 万円/年）（c）	6,550	4,565	2,460	960	480
最初の半年間の費用	日本（a）＋（b）	3,440	2,650	2,950	3,740	4,280
	ヨーロッパ（a）＋（c）	7,810	5,695	4,590	4,380	4,600

資料：山本（1967）第3表による．元データは『自動車工業における設備の近代化と雇用への影響』（いすず自動車株式会社技術部作業標準課，1960 年2月）．
注：月産 2,000 台の場合である．

あった．最初の半年間の費用の欄をみると，日本では(Ⅱ)が最も安価で2,650万円（うち償却費1,130万円），ヨーロッパは(Ⅳ)の3,740万円（うち償却費3,420万円）となり，前者は後者よりも３割ほど低コストで済む．ただしここには原材料費は含まれていないが，原材料費も国ごとの格差がないものと仮定してこれを除外する場合，費用のうち(Ⅱ)を採用する日本は費用に占める償却費が42.6%，(Ⅳ)を採用するヨーロッパは91.4%となる．もっとも，日本でも1957年までは(Ⅱ)が典型的な生産方法だったが，1960年中盤には(Ⅲ)へシフトしつつあるとしている．それでも(Ⅳ)よりも約３倍の労働力を必要としており，これをして有機的構成の低位性を主張していたのである．

そして，上記の生産方法のもとで生産された商品が同一の価格で販売され，また各国間で労働力の質にも大きな差がないと仮定した場合，1960年当時の日本では，低位な資本構成であっても，否むしろ，人海戦術を駆使した(Ⅱ)や(Ⅲ)といった低位な資本構成のもとでこそ，より他の先進本主義諸国よりも安価な費用での生産，つまりはより高い利潤を実現することが可能になる．フレーベルのいうところの「資本の価値増殖への大量援助」が認められる時代である．

であれば，次のような仮説を立てることも許されるだろう．すなわち，日本全体として低賃金構造が成立していた1960年代前半までに農外資本の資本蓄積が本格化した地域では，有機的構成が低位な小資本であっても高い利潤率を実現する可能性があった，というものである（以下，戦後から1960年代前半までの低賃金構造に支えられた資本蓄積を「高蓄積」と呼称）．加えて農村部では特殊農村的低賃金も成立するとともに，農家からの労働力調達と不況期の投げ返しも比較的容易である．ゆえに，1960年代前半までに農村工業化を果たした農村部では，大企業からの下請を担う小資本が地域内に面的に形成されるとともに，その中から高蓄積を前提に主体的に資本と技術を蓄積し，地域労働市場内に複雑労働賃金の一般化をもたらすだけの農外資本が登場する，という状況も想定可能であろう[23)]．一方，1970年代以降は，いかに地域労働市場内に特殊農村的低賃金が形成されようとも，東北含め日本全体で単純労働賃金水準は戦後と比較し相当程度上昇していることから，有機的構成の低位な小資本の利潤率は低下せざるをえない．

前掲**図1-3**に戻ると，さらに以下の点が読み取れる．第一に，東北の農外資本は一般に他地域から単純労働力を仰ぐことができない．というのも，就業地域を問わない単純労働者が就業先を選択する状況を想定した際，賃金以外の労働条件が同等であると仮定すれば，特段の理由がない限り，より賃金水準の高い地域，つまりは東北以外の地域を選択するためである．第二に，東北では「切り売り」的な就業形態を取る単純労働力さえも部分的に他地域に流出する．戦後，出稼ぎ者が急増したのは1963年であり，一度減少傾向をたどるが，減反政策後の1970～1972年に第二のピークを迎え，当時は1～12ヶ月以内の出稼ぎ者が33～34万人前後いたとされる（大川1979，p.237）．先述のようにその過半数以上が東北地方からの出稼ぎ者で構成されていたが，1973年のオイルショック後，出稼ぎ労働者は1975年には19万人まで減少する一方で，東北の占める比重は1970年以前の50％台から1975年には65.2％にまで上昇している（大川1979，p.244）.

以上，東北をはじめとした1970年代以降農村工業化が進展した後発農村工業化地域では，日本全体として低賃金構造が解消に向かっていた時期に農外資本が資本蓄積を開始したことから，有機的構成が低位な小資本がむしろ高い利潤率を実現しながら発展する，という経済的条件を欠いていたことに言及した．さらに，東北は一貫して単純労働賃金水準が他地域よりも低位なことから，他地域から単純労働力を仰ぐことができないどころか，逆に地域労働市場内の「切り売り」的な単純労働力が出稼ぎ形態で他地域に流出せざるをえないことを指摘した．よって，後発農村工業化地域では，先発地域と比較し，不安定・低賃金労働力をベースとした高蓄積という条件を著しく欠いており，ゆえに小資本の面的展開やそこから複雑労働者を有する農外資本が自生的に発展する余地が狭いものと考えられるのである．

なお，先述のように山崎（1996）は「東北型」地帯が「近畿型」へと移行するためには，国内生産拠点への外国人労働力導入，いわゆる対外直接投資を通じ，農業と結びついた不安定・低賃金労働力を国外へ求めざるを得ないと述べていた．では，東北の農外資本は国外（「周辺」国）への対外直接投資に高蓄積の活路を見いだせなかったのかが疑問として残る．ここで問題となるのは，フレーベル（1982）が新国際分業の第二の条件として挙げた，「途上国に向けた生産の部分的移転を可能とする労働過程の技術的性格の変化，すなわち労働過程の分解と単純化の進展」を「東北型」地帯の農外資本が主体性を持ちながら実現できたか否かであろう．これを東北の農外資本が実行するには，まずもって自立的に一定の資本と技術を蓄積し，その上で労働過程を複雑労働と単純労働に分け，後者に該当する生産工程を他地域に部分移転させる，という経営の発展段階を経る必要がある．しかし東北は先述した理由により高蓄積の条件を欠いているのであるから，これが可能なほどの資本と技術を主体的に蓄積できた農外資本は面的には展開しえなかったのであろう．逆に，農村工業化の遅れた東北や九州に立地する農外資本は他地域への従属性が高い，いわゆる分工場が主となるが，1990年代以降，これらの地域では工場の撤退と海外（中国や東アジア諸国）への移転，それに伴う失業の発生といった現象が確認されている（菅原2007）．このことは，後発農村工業化地域においては複雑労働者を有する農外資本が面的に発展する条件を欠いたまま，Bシナリオを歩まざるを得なかったことを示唆しているのである．

４）新たな地域労働市場類型の提示

以上，ここまでの分析から，日本の農村工業化現象はその発展シナリオに類型差が生じていたことを示した．またその類型差が生じる要因として，農村工業化の開始時期が肝要であることを主張した．すなわち，1960年代前半までに資本蓄積を開始した先発農村工業化地域においては，日本全体としての低賃金構造をベースに有機的構成の低位な小資本が広く展開する余地があり，また他地域から不安定・低賃金労働力の供給を仰げることから，地域労働市場内の青壮年男子に複雑労働賃金の一般化をもたらすほどの高蓄積が可能な経済的諸条件があると主張した．一方で1970年代以降に農村工業化が本格化した後発農村工業化地域はこのような条件を欠いており，ここに立地する農外資本は他地域への従属性が高い分工場が主となるとした．

以上を踏まえ，農村工業化地域を対象としながら，地域労働市場圏内の再生産的連関を示す賃金構造のみならず，他地域との関係から再生産的連関を把握する「中心－周辺」構造概念も導入した地域労働市場類型として，以下３つの「型」を新たに提起する．

第一に，「周辺型地域労働市場」である．ここでは，地域労働市場圏内に農業と結びついた不安定・低賃金労働力層が存在しており，賃金構造としては，青壮年男子農家世帯員から「切り売り労賃」層が検出されるものとする．つまり山崎（1996）の規定した「東北型地域労働市場」と同様である．そして「切り売り労賃」層の消滅に伴い，次の二つのいずれかにシフトする．

第二に，「中心＝近畿型地域労働市場」である．これはフレーベルのAシナリオをたどった地域労働市場である．賃金構造としては，「近畿型地域労働市場」の規定と同様，青壮年男子から「切り売り労賃」層を検出できず，複雑労働賃金の一般化を一時的にせよ経るものとする（ただし2010年代以降，雇用劣化に伴い単純労働賃金層が再現している）．また，日本全体として低賃金構造が解消されていない1960年代前半までに農外資本が資本蓄積を本格化させた地域であり，複雑労働者を有する農外資本が面的に展開するだけの高蓄積が可能な経済的条件に恵まれた地域である．ゆえに，農外資本は地域労働市場圏内の青壮年男子に対しては複雑労働賃金の一般化をもたらす一方で，国内外の他地域から不安定・低賃金労働力の供給を仰ぐ「中心」的な振る舞いをするようになる．

第三に，「半周辺＝東北型地域労働市場」[24)]で，Bシナリオをたどった地域労働市場とする．賃金構造としては，青壮年男子について，「切り売り労賃」層は消滅し，農外での常勤的就業が一般化する一方，複雑労働賃金の一般化を経ることはなく，単純労働賃金層と複雑労働賃金層の重層構造が一貫して検出されるものとする．農外資本の特徴としては，農村工業化＝資本蓄積の本格化が1970年代以降と遅れた結果，高蓄積の条件を欠くことになり，結果，複雑労働者を有する農外資本の自生的展開は面的には見られず，その多くは他地域の親資本への従属性が強い，いわゆる分工場が主となり，1990年代以降，より賃金水準が低位な海外へ工場が「放浪」する展開をたどることになる．

最後に，この新たな地域労働市場類型に基づいた地帯構成について言及する．まず筆者は，野中（2009）や先述した秋田県横手市雄物川町の調査結果から，2000年代～2010年代にかけ「東北型地域労働市場」，つまり本章の類型で言えば「周辺型地域労働市場」は，少なくとも農村工業化地域については全国的に消滅したものと認識している．そして農外資本が資本蓄積を本格的に開始した時期によってその後の地域労働市場の展開が異なるという仮説が正しいとするならば，後発農村工業化地域は基本的には「半周辺＝東北型」に移行したことになるだろう．よって，友澤（1999）が挙げた，開発の遅れた東北，山陰，四国，九州は「半周辺＝東北型」へ，そしてこれ以外の北関東，南関東，北陸，東山，東海，近畿，山陽の先発農村工業化地域では，近畿を典型としながら「中心＝近畿型」へ移行したものとする[25]．そして前者を「半周辺＝東北型」地帯（あるいは「半周辺＝東北型」移行地域），後者を「中心＝近畿型」地帯（「中心＝近畿型」移行地域）と規定する．

なお，そもそも国同士の「中心－周辺」構造を論じる新国際分業論の議論を一国内の「中心－周辺」構造に当てはめることは適切なのか，という指摘もあるだろう．というのも，「中心」国と「周辺」国は国境で画されているため，両国間での労働力移動は容易ではない一方で，一国内では国境による隔てはなく労働力移動は自由であることから，「中心」と「周辺」との関係は曖昧とならざるをえないためである．

この点について，日本の青壮年男子に限って描写すると，確かに一国内での労働力移動は自由に行われるが，これは単純労働力に限ったことであり，いわゆる日本型雇用慣行の下では，複雑労働者としての労働力の自由な移動は，新規学卒者として労働市場に登場するタイミングに限られてきた，という点を指摘する必要がある（もっともこれに学歴等の条件も加味する必要があるが）．また農家の次三男女を除いた新規学卒以外の単純労働者にしても，単純労働賃金水準が全国的に見ても労働力再生産費確保に至らない水準にあるとすれば（山崎（2021）によれば1980年代まで），出稼ぎ等の一時的な遊離はあるにせよ，自営農業の維持が必要となることから，やはり労働力移動は妨げられるであろう．以上の点が「壁」となり，一国内においても「周辺」の労働力が「中心」に移動するという現象は容易には行われないことになる．

一方で，これまで見てきたように，東北でも「周辺」性は徐々に失われていくことになるが，「半周辺＝東北型」に移行後も，地域労働市場内に複雑労働者としての就業機会が見通せない中にあっては，新規学卒者の一部は複雑労働者としての就業機会（あるいはその可能性）を求め絶えず域外，つまり「中心」（都市部，「中心＝近畿型」移行地域）へ流出せざるをえない．他方，「切り売り」的就業形態を取る世代の高齢化と地域労働市場からの退出に伴い，単純労働賃金は底上げされ，地域労働市場内外で複雑労働者としての就業機会に預かれない者は，地域労働市場内で農業と結びつかない単純労働者層を形成することになる．

以上のことが意味するところは，確かに「中心」と「周辺」の関係は固定的ではないものの，一方で「半周辺＝東北型」移行地域は複雑労働者としての就業機会の乏しさから，「中心」地域に対し，今日もなお労働力供給源として位置付いており，その点でなお地域性が維持されている，ということである．ただしこれは，「周辺型」のように地域労働市場内に農家出身者が多いことによるものではない．労働者階級内の格差構造が地域差を帯びながら形成されたことによるものである．

４．結論

本章では，従来の地域労働市場論を批判的に検討する中から，新たな地域労働市場類型を提起することを課題とした．

第２節では，地域労働市場構造は「東北型」からの移行後の形態に地域差，すなわち青壮年男子農家世帯員に複雑労働賃金が一般化した地域とこれを経ない地域が存在することを明らかにし，そもそも「近畿型」への移行が他地域を含めた農業と農外資本の再生産的連関を前提としたものであることを指摘した．その上で，地域労働市場の地域類型把握にあたっては，地域労働市場圏内の再生産的連関のみならず，地域労働市場圏外も含めた農業と農外資本との再生産的連関からこれを把握する必要性を提起した．

第３節では，この地域労働市場圏外含めた再生産的連関を把握する視点として，「中心－周辺」概念を地域労働市場類型に導入することを試みた上で，新たな地域労働市場類型として「周辺型地域労働市場」，「中心＝近畿型地域労働市場」，「半周辺＝東北型地域労働市場」の３つを提起した．またこのような発展類型差が生じる要因として，農村工業化の開始時期によって高蓄積が可能か否かが決まることが影響していることを主張した上で，これに基づいた地域労働市場の地帯類型を提示した．

表 1-2　地域労働市場構造の展開と地域性

		1980 年代	1990 年代	2000 年代	2010 年代
「半周辺=東北型」移行地域	「中心－周辺」構造	周辺型			半周辺＝東北型
	賃金構造				北東北型
「中心＝近畿型」移行地域	「中心－周辺」構造	周辺型	中心＝近畿型		
	賃金構造		近畿型		近畿型の崩れ

資料：筆者作成.

さて，本章で新たに提起した地域労働市場類型は地域労働市場圏内と圏外の再生産的連関を統一的に示した概念である（「中心－周辺」構造規定）．しかしながら，先行研究で明らかにされているように，地域労働市場圏内の再生産的連関を示す賃金構造は「中心＝近畿型」の中でも変化している．そこで「中心－周辺」構造を踏まえた類型と地域労働市場圏内に限定した規定（賃金構造類型）の関係性を図示したものが**表1-2**である．本書では「中心＝近畿型」移行地域において，青壮年男子に複雑労働賃金が一般化した賃金構造類型を指す場合は「近畿型地域労働市場」，単純労働賃金層が検出されるようになった雇用劣化以降のそれを「近畿型の崩れ」と呼称する．また「半周辺＝東北型」移行地域においても，賃金構造類型として，農業と結びつかない低賃金労働力層が検出される「北東北型地域労働市場」を第８章で提起している．もっとも東北でも「北東北型」とは異なる賃金構造類型の存在が示唆されているが，この点は終章で言及する．なお，本稿では「中心－周辺」構造と雇用劣化現象との関係については十分に論じることはできなかった．今後の課題としたい．

補論　地域労働市場の地帯類型と農業からの労働力供給

1）はじめに

第１章では「周辺型地域労働市場」，「中心＝近畿型地域労働市場」，「半周辺＝東北型地域労働市場」の３つの新たな地域労働市場類型を提起し，また2000年代後半以降，農村工業化地域から「周辺型」は基本的に消滅した一方，

「中心＝近畿型」ないしは「半周辺＝東北型」へと移行したことを主張した．また，この類型差は，その地域の農外資本の資本蓄積開始時期によって規定されるものとしながら，近畿を典型とした「中心＝近畿型」地帯として北関東，南関東，北陸，東山，東海，近畿，山陽を，東北を典型とした「半周辺＝東北型」地帯として東北，山陰，四国，九州を規定した．

ところで，筆者が示した地域労働市場の地帯類型は山崎（1996）によって示されたそれとは異なる．すなわち山崎は，①「東北型」地帯として東北，②「近畿型」地帯として南関東，東海，近畿，山陽，③中間的諸地域（「東北型」から「近畿型」への移行途上にある地域）として北関東，北陸，東山，山陰，四国，九州を提示している．山崎と筆者の行った地帯類型で異なるのは，第一に，山崎の地帯類型は「東北型」から「近畿型」への発展段階の地域差を示すものであるのに対し，筆者の地帯類型は「周辺型」からの移行後の類型差を示すものであること，第二に，③の中間的諸地域に挙げられた地帯類型の中でも「中心＝近畿型」へと展開した地域と「半周辺＝東北型」へと展開した地域に分化している点である．これは，山崎の地帯類型の指標は各地域の単純労働賃金が特殊農村的低賃金の水準にあるか否かにあり，そこには青壮年男子常勤者の賃金水準の如何は含まれていないことによるものである．

ゆえに，第１章で示した地域労働市場構造の地帯類型を統計から把握しようとするならば，各地域の動態的な賃金構造分析より，青壮年男子に複雑労働賃金が一般化した地域労働市場構造が一時的にせよ検出されるか否かを実証する必要がある．しかしながら，賃金構造は集落悉皆調査を経て把握されるものであり，公表されている統計からこれを実証することは困難である．他方，このような地域差が生じるのは，その地域の農外資本の資本蓄積開始時期によって，つまりは農村工業化の時期によって農業から供給される利用可能な不安定・低賃金労働力に差があることによるものであると主張した．であれば，当然ながら農村部からの労働力供給量や供給形態は地帯類型によって異なるものと考えられる．

そこでここでは，農業から他産業（主に製造業）への労働力供給の地域性を，統計を用いながら概観することを課題とする．

2）農村工業化政策の展開

分析に先立ち，日本の農村工業化政策の展開について整理する．というのも，戦後の農村工業化は多分に政策的に取り組まれた側面が強いためである．

第１章の冒頭で述べたように，日本の農村工業化政策の本格化は1970年代以降であるが，農村工業化現象自体は1960年代から見られた．山崎（2010）によれば，1960年の「国民所得倍増計画」は10年間の非第一次産業による雇用労働力需要のうち266万人の不足を見通していた．この不足分のうち，第一次産業からの移動243万人と非１次産業の家族労働力の転用23万人で充足する計画であった．つまり主として農家の分解でこの不足を補う計画であったが，その際には「生産費および所得補償方式」による生産者米価の算定，土地基盤整備，農業機械化による農業構造の改善といった，分解促進政策が行われた．ただし当時の農業基本法ではいわゆる挙家離村型の労働力流出が想定されていた（山崎2010）．

この「国民所得倍増計画」で打ち出された開発構想においては，いわゆる太平洋ベルトに位置する11地帯（県にすると，茨城，千葉，埼玉，東京，神奈川，静岡，愛知，岐阜，三重，大阪，兵庫，岡山，広島，山口，香川，愛媛，福岡，大分）の整備計画が上がった[26]．他方，これ以外の「後進性の強い地域」，すなわち北海道，東北，北陸，山陰，南四国，西九州，南九州などから地域格差是正に対する配慮が希薄であるという強い反対が起こった．これをうけ，1962年からはこうした地域間格差是正を目的とした「第一次全国総合開発計画」が開始され，11地帯以外の農村地域においても工業団地化および交通網の整備が取り組まれるようになる．ただし，当初は労働力移動を円滑化する交通網の整備が重視されていた（中村1987）．これは農業基本法が挙家離村型の労働力移動を想定していたことを踏まえれば，当時は農村内に存在する農業と結びついた農家の世帯主やその妻といった労働力を通勤兼業形態で積極的に利用しようとする意図は希薄であったことがうかがえる．

一方で，1970年の総合農政の開始と1971年に制定された「農村地域工業導入促進法」の成立は，明確に農業と結びついた労働力を農外資本が直接農村部に出向くことにより，在宅通勤兼業形態でもって利用しようとする意図が含まれていたとされている（山崎2010）．そしてこれ以降，東北や中・南九州地域を中心に縫製業や機械製造業（電子部品製造，半導体関連産業等）の進出が進むようになった．しかしながら，1990年代以降，農村工業の「衰退」が指摘されるようになり（友田2006），これらの地域では1990年代以降，工場の撤退と海外への移転，これに伴う青壮年男子含めた雇用調整といった動きが確認されるようになる（友澤1999，菅原2007）．他方，本書第２章で詳述するが，「近畿型」への移行が見られた長野県上伊那地域では，1990年代～2000年代後半にかけ，不況期にあっても地元在住の青壮年男子に対して雇用調整はほとんど行われず，その「衰退」は地域差を伴うものであった．

３）農業からの労働力供給とその地域性

続いて，農業から農外への労働力供給を，供給形態ごとに統計から明らかにする．なお，分析の煩雑さをさけるため，データによっては①山崎（1996）によって「近畿型」地帯に分類された南関東・東海・近畿・山陽グループ，②「東北型」地帯に分類された東北グループ，③中間的諸地域でのうち「半周辺＝東北型」地帯に分類した山陰・四国・九州グループ，④中間的諸地域のうち「中心＝近畿型」地帯に分類した北関東・北陸・東山グループの４グループに分けて分析を行う．

図1-4は1950年から2020年にかけての製造業事業所数（従業員４人以上）の推移を示したものである．まず全ての地域に共通するのが，事業所数の急速な伸びは1975年までであり，農村工業の「衰退」が指摘されるようになる1990年代を境に事業所数が減少に転じている点である．また事業所数でみると，南関東・東海・近畿・山陽が一貫して圧倒的に多く，1950年から1970年までその伸びも著しい一方で，1970年代以降，その伸びは停滞している．他

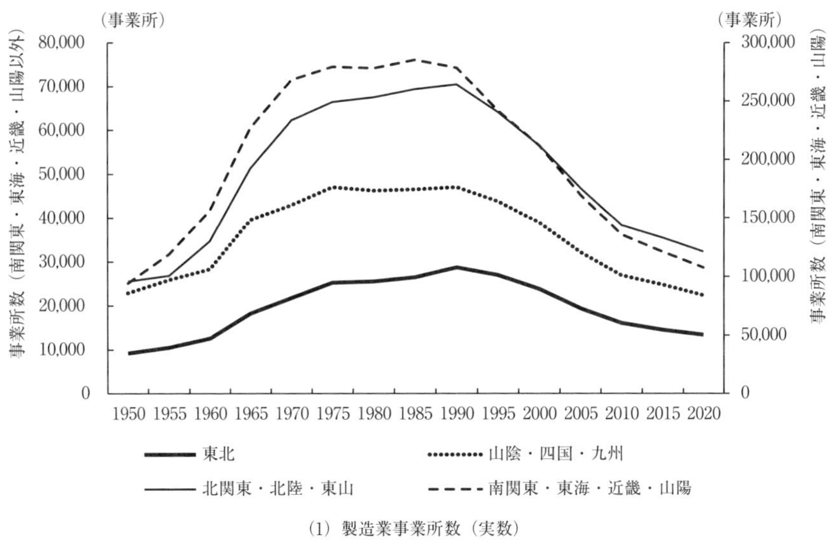

（1）製造業事業所数（実数）

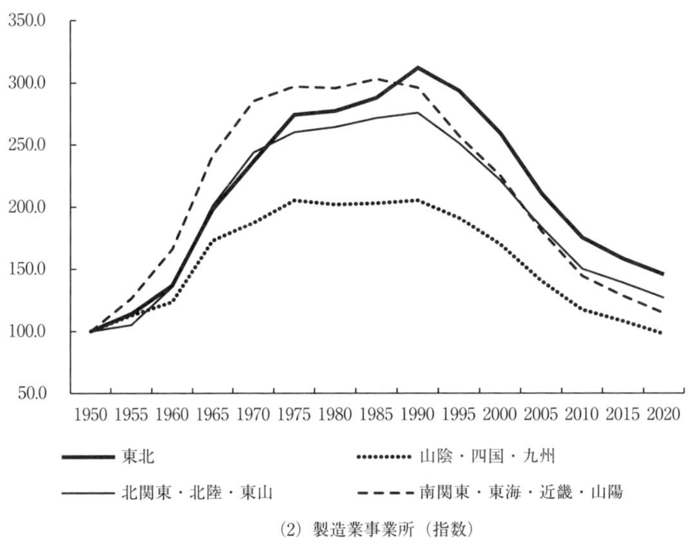

（2）製造業事業所（指数）

図 1-4　製造業事業所数の推移（4 人以上）

資料：『工業統計調査』（経産省）より作成.

注：（2）の指数は 1950 年＝100 とした.

表 1-3　地域別製造業事業所数と就業者の状況（1960 年）

	製造業事業所数（4人以上）（事業所）	労働力人口（人）	農業就業人口（人）	製造業就業者数（人）	製造業1事業所あたり農業就業人口（人/事業所）	農業就業人口率	製造業就業者率
全国	238,320	44,027,870	14,541,624	9,544,850	61.0	33.0%	21.7%
北海道	6,412	2,201,598	608,852	229,460	95.0	27.7%	10.4%
東北	12,601	4,310,355	2,158,606	376,730	171.3	50.1%	8.7%
北陸	15,443	2,628,207	1,077,772	491,260	69.8	41.0%	18.7%
北関東	12,324	2,498,243	1,250,973	414,220	101.5	50.1%	16.6%
南関東	53,556	8,403,561	1,204,580	2,623,720	22.5	14.3%	31.2%
東山	6,901	1,408,572	699,605	226,440	101.4	49.7%	16.1%
東海	41,278	5,019,465	1,497,136	1,524,640	36.3	29.8%	30.4%
近畿	49,871	6,558,935	1,293,258	2,160,390	25.9	19.7%	32.9%
山陰	2,637	746,836	387,025	70,360	146.8	51.8%	9.4%
山陽	11,611	2,653,989	1,040,980	518,650	89.7	39.2%	19.5%
四国	8,079	1,929,573	892,764	277,450	110.5	46.3%	14.4%
北九州	13,362	4,224,303	1,599,819	520,610	119.7	37.9%	12.3%
南九州	4,245	1,444,174	830,254	108,960	195.6	57.5%	7.5%

資料：製造業事業所数は『工業統計調査』（経済産業省），農業就業人口は『農林業センサス』（農林水産省），労働力人口は『労働力調査』（総務省），製造業就業者数は『国勢調査』（総務省）より作成.
注：農業就業人口率＝（農業就業人口率/労働力人口），製造業就業者率＝（製造業就業者数/労働力人口）で算出.

方，これ以降の伸びを牽引しているのは東北であり，1995年まで急速な増加傾向が見て取れる．また北関東・北陸・東山も東北には劣るが，1990年まで堅調な伸びを見て取れる．対して，山陰・四国・九州は1960年代に入った時点で他地域と比較し製造業の伸びが見られず，1975年にはこれが停滞する傾向を示している.

また，1960年当時の製造業事業所数，農業就業人口，労働力人口を地域ブロック別に示したものが**表1-3**である．いずれも出典となる統計データが異なるので単純な比較はできないが，地域ごとの傾向を読み取ることは許されるだろう．最も傾向が明確なのは南関東，東海，近畿と東北，南九州である．製造業1事業所あたり農業就業人口は，農業就業者を地域の製造業にとっての産業予備軍と仮定した場合，これが地域ブロック内にどの程度存在するかを示す指標となる．これを見ると，南関東，東海，近畿は製造業1事業所あたり40名未満しかいないのに対し，東北と南九州は170名以上と前者の4倍

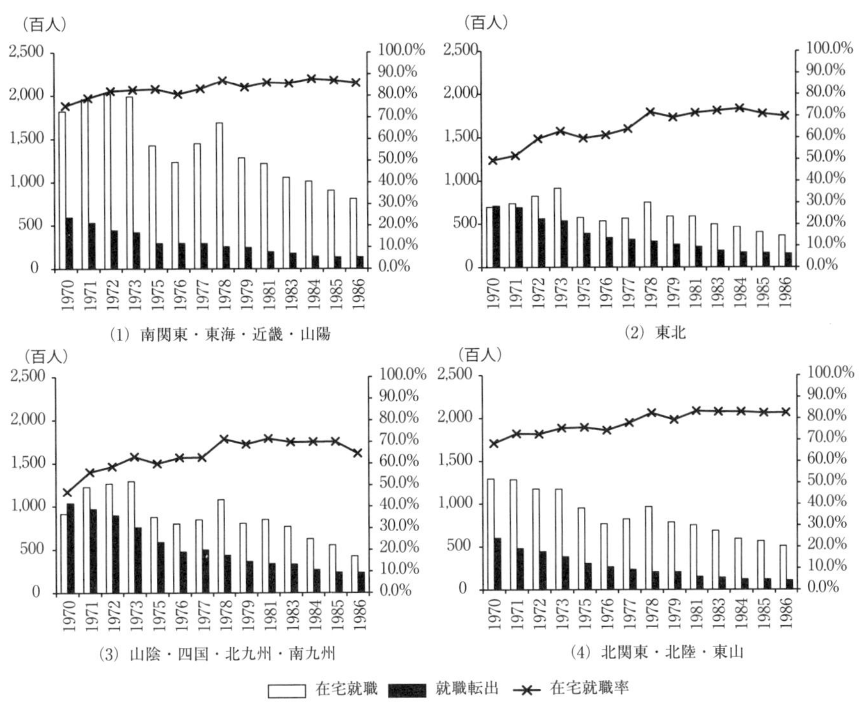

図 1-5　農家世帯員の在宅・転出別就職状態の推移

資料：『農家就業動向統計調査』（農林水産省）より作成..

以上となる．また前者の地域で農業就業人口率が低く，製造業就業者率も高いのに対し，後者は逆であることもこの図から読み取れる．つまり，前者の地域では1960年時点で製造業がかなりの程度展開しており，これに応じて農業から供給される可能性のある労働力はかなり少なくなっているのに対し，後者は製造業の展開に乏しく，なお農業に産業予備軍を多く抱えていることが読み取れる．

では，農業内の労働力はその後どの程度農外へと移転したのか．**図1-5**は『農家就業動向統計調査』（農林水産省）より，農家世帯員のうち就職者の在宅・転出別就職状況の推移を示したものである．この統計では地域別の動向は1970年から1986年までしか把握できないが，ともかくこれを見ると，南関東・東海・近畿・山陽は1970年時点で8割近くが在宅通勤兼業に従事しており，その後も在宅通勤兼業率は9割近い水準で推移している．このことは，これらの地域では1970年代から1980年代後半にかけ，在宅通勤兼業エリア内に大都市等への他出先と比較しても条件の良い農外就業機会が展開していたことによるものと考えられる．また，北関東・北陸・東山も上記グループほどではないが1970年時点で在宅通勤兼業率が7割程度あり，1978年にはその率が8割を超えている．他方，東北ならびに山陰・四国・北九州・南九州は1970年時点では在宅通勤兼業よりも就職転出者が多い．もっとも，1970年代前半にかけその比率は逆転するが，それでも在宅通勤兼業率は7割程度で頭打ちしている．なお，いずれの地域も通勤兼業・就職転出いずれの形態であっても農家世帯員の就職者数は時代が下るにつれて減少傾向にあり，表示していないが全国では1970年時点は819万人であったのに対し，1990年には170万人と1970年の20％程度の水準にまでにまで減少している．

次に，**図1-6**は第二次産業の就業先に限るものであるが，地域別在宅勤務者の勤務先業種別就業者数の推移を示したものである．製造業のみではなく建設業も示したのは，かつて農家の在宅通勤兼業先として建設業は少なくない位置を占めていたためである．なお，この図は男女別に示したものではないが，それでも地域差は明瞭である．すなわち，東北と山陰・四国・北九州・南九州については，1970年から1975年にかけ在宅通勤兼業者が倍程度に増大しているが，その就業先としては建設業が多い．より詳しく見ると，1970年から1986年にかけ，東北は建設業就業者が150％，山陰・四国・北九州・南九州は106％増加している．また両地域とも製造業就業者数も増加しているが，東北は123％増加しているのに対し，山陰・四国・北九州・南九州は33％の増加に過ぎない．ただし1986年時点で第二次産業に就業する在宅通勤兼業者に占める製造業就業者の割合は，前者で55％，後者で54％と大きく変わらない．つまり，山陰・四国・北九州・南九州は1970年時点では東北よりも製造業へ従事する在宅通勤兼業者が多かったものの，以降この増加は

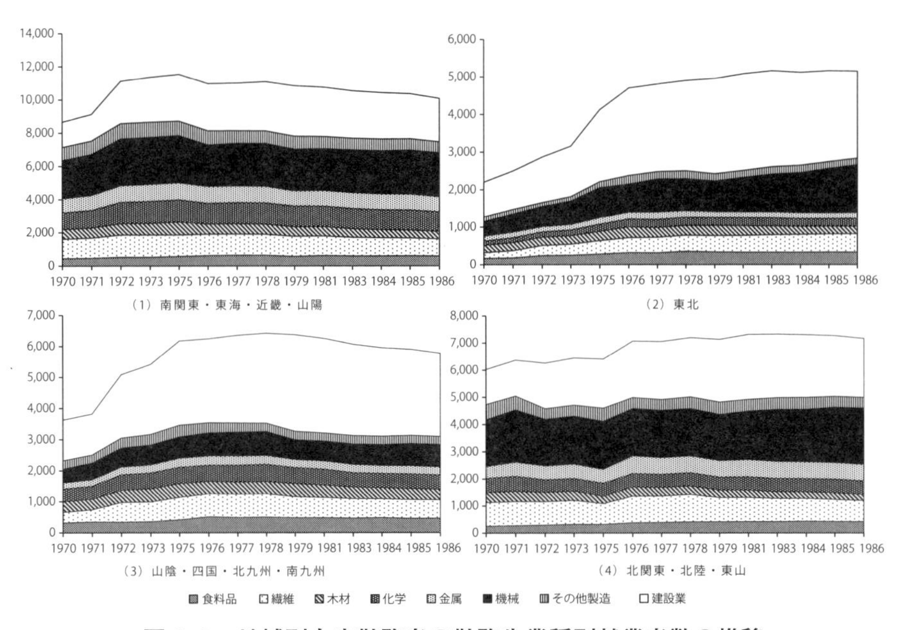

図 1-6　地域別在宅勤務者の勤務先業種別就業者数の推移

資料：『農家就業動向統計調査』（農林水産省）より作成.
注：縦軸は就業者数（100 人），横軸は年．縦軸のスケールは図ごとに異なる.

伸び悩み，むしろ建設業就業者の増加が在宅通勤兼業の増加をけん引していることがわかる．なお，東北では製造業でも特に機械製造業が製造業就業者数の増加を牽引しているが，山陰・四国・北九州・南九州では機械製造業以外の増加が目立つ点も特徴的である．

他方，南関東・東海・近畿・山陽ならびに北関東・北陸・東山は，1970年から1986年にかけ，製造業就業者の増加率はそれぞれ５％，４％に過ぎず，また建設業就業者もそれぞれ41％，42％増加しているが，その増加率は先の２ブロックの半分以下である．また1986年時点で第二次産業に就業する在宅通勤兼業者に占める製造業就業者の割合はそれぞれ70％，74％と先の２ブロックよりも明確に大である．これらの地域は先発農村工業化地域に位置づけられるが，ここからも1970年代までに既に相当程度農村工業化と農家労働

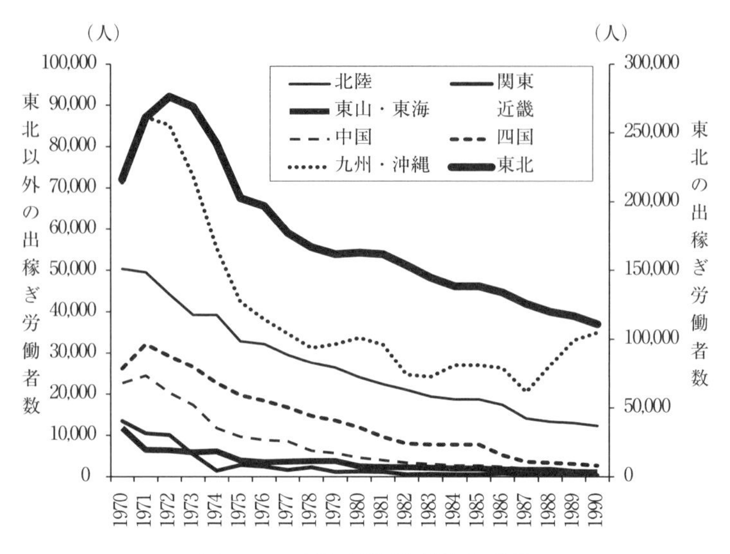

図1-7　出稼ぎ労働者数の推移

資料：神代（1992）付表6，7より作成．元資料は『職業安定局』（厚生労働省）．
注：「出稼労働者」とは，1か月以上1年未満居住地を離れて他に雇用される就労者であって，その就労期間経過後は居住地に帰る者をいう．

力の在宅通勤兼業化が進展していること，また機械製造業を中心とした製造業従事者が多いことを読み取ることができる．

最後に，農業からの労働力供給形態として第三に挙げられる出稼ぎの動向について示したものが**図1-7**である．このデータには出稼ぎ労働者の中に農家世帯員以外の者も含まれているが，地域的な傾向を見る上では差し支えないだろう．まず1970年の時点で出稼ぎが多いのは東北，北陸，九州・沖縄で５万人を超えているが，突出して多いのが東北で，1970年時点で20万人もの出稼ぎ労働者が存在する．また東北，九州・沖縄，中国，四国は1970年から1971年にかけ出稼ぎ労働者の数が増加しているが，1973年からはいずれの地域も減少に転じている．1973年はオイルショックの時期に当たるが，この時期はその直前の好況期に出稼ぎが増加し，不況期に転じるとこれが減少するという，景気循環に応じた出稼ぎ労働者の増減傾向が見て取れる．しかしこれ以降，出稼ぎは全国的に減少傾向に転じることになる．他方，1987年から1990年はバブルの好況期にあたるが，ここで出稼ぎ者が増加しているのは九州・沖縄のみで，もはや景気循環に応じて出稼ぎが増減する現象は例外的にしか見ることができない．第１章で見たように，農家の就業条件には世代間格差が存在していたことを踏まえれば，このことは大半の地域で農業＋出稼ぎといった就業形態を取る農家世帯員が世代を超えて再生産されておらず，減少の一途をたどっていることを意味するものと考えられる．

4）まとめ

以上，ここまでの分析からは，「中心＝近畿型」地帯に類型した南関東・東海・近畿グループと北陸・北関東・東山グループは，早期に開発計画が進められ，1960年時点から既に製造業の展開が一定見られたこと，また農業からの労働力供給形態としては製造業を中心とした在宅通勤兼業が多く，向都離村と出稼ぎは北陸を除き少ない傾向にあることが明らかとなった．

対して「半周辺＝東北型」に類型した東北グループと山陰・四国・北九州・南九州グループは，1960年時点で製造業の展開に乏しく，1970年時点で農業からの労働力供給形態は就職転出が在宅通勤兼業を上回っており，また東北と九州については出稼ぎが多く，四国と中国地方もオイルショックまでは景気循環に応じて出稼ぎが増減する，出稼ぎ供給地帯として位置付いていた．ただし出稼ぎは年々減少し，このような傾向も1980年代後半にはもはやみられなくなった．

ところで，出稼ぎが景気循環に応じて増減する地域では，農家世帯員は好況期は農業ではなく出稼ぎを重要視し，不況期には農業に戻るという行動をとることになる．よって，景気循環に応じて出稼ぎが増減するケースが層として検出される地域では，まだその時点で「切り売り」的就業形態をとる者が検出される地域であることを意味している．この点から考えると，北陸は「中心＝近畿型」地帯に分類したものの，1970年代前半時点でなお景気循環に対応して増減する出稼ぎを層として検出できる地域として位置付けられることになる．このことは，北陸と一口にいっても地域によっては「半周辺＝東北型」移行地域を抱えているか，あるいは「中心＝近畿型」と「半周辺＝東北型」の中間的性格を示す地域である可能性を示しているが，この点はより詳細な分析が必要である．今後の課題としたい．

注

1）ただし山崎は上記の規定に加え，資本から受け取る賃金所得のみでは不足する労働力再生産費を「非資本制部門に対し外部化している状態」(p.5) であることを付け加えている．つまり，低賃金の概念に不足する労働力再生産費が農業等の自営部門によって充足されることが含まれている．ただし，今日，労働力再生産費が充足されない労働者層の形成が指摘されていることから，本書においては低賃金の概念に非資本制部門への外部化を含まないものとする．この今日的な低賃金を巡る議論については，第８章で詳細に扱う．

2）複雑労働賃金の一般化を「近畿型」の規定として明言したのは山崎・氷見(2019)．

3）田代氏の議論の変遷については山崎（1996）pp.9-13参照．

4）地帯構成論を初めて唱えた山田（1934）は，戦前の状況から，当時の農業生産構造，すなわち地主的土地所有の性格を農民層分解の規定要因として挙げ，隷農的定雇をもつ半隷農主的農耕の東北型と，半隷農的小作料に寄食する高利貸的寄生地主の近畿型を措定した．

5）保志（1975）は，戦後の農業について，「農業の再生産構造は，国民経済全体の再生産構造に規定されており，これはまた，権力構造によって枠づけられているので，その規定性は極めて大きい」(p.6) と述べている．つまり，戦前を対象とした山田（1934）とは異なり，農業内部の農業生産構造のみから農業構造を理解することは困難であるとの立場から，農業外の農外資本との再生産構造との連関から農業構造の地域性を把握する必要性を主張した．磯辺（1985）は，1980年代を対象としながら，農業と農外資本との間の再生産的連関に重点を置き，「農業の低賃金構造の地域格差」を主張している．すなわち，「高賃金・低単収・低地代・農業後退」の近畿型と「低賃金・高単収・高地代・農業進展」の東北型である．

6）この再生産的連関が農業構造変動の規定要因となるメカニズムとしては，磯辺（1985）の議論を整理した山崎（1996）によれば，「誤解を恐れずに図式的に整理するならば，農外資本蓄積度の地域格差→地域労働市場展開度の地域差→農業構造の地域差という規定関係が主に念頭におかれているものと考えられる」（p.59）としている．

７）「労働市場の重層構造のもとで（農家労働力が：曲木）プロパーの労働者として純化しえない事情が，他方でその農業生産の継続を不可欠ならしめ，逆に農業生産活動の継続が労働市場の重層構造の底辺への包摂をもたらすという関係である」（田代1980，p.7）．

８）なお，氷見（2020）は厚生労働省の『賃金構造基本統計調査』（厚生労働省）を用いた分析から，青壮年男子を対象に，年功賃金制の確立に注目した地域労働市場構造の長期的変遷を分析し，1980年代後半に年功賃金制の全国的な普及が見られたこと，また2010年以降に年功賃金の後退が見られることを明らかにしている．この結果は東北において年功賃金制が普及したことを明らかにしているが，東北の地域労働市場構造に年功賃金制が一般化したか否かは別の問題である．

９）もっとも東北においても2000年代後半以降，品目横断的経営安定対策に伴う規模要件に対応するため，集落営農組織が急増するなど，農家以外の経営主体の展開が見られた．ただしその内実は，組織化自体はしたものの，組織の内部では個々の農家の経営が維持される，「枝番管理型」，「政策対応型」集落営農であるとの性格規定がされていた（たとえば安藤2013）．

10）なお，中川村と同じく上伊那郡に位置する宮田村N集落は，山崎（1996，2013）によって2000年代後半までは「近畿型」であることが実証されていたが，2019年に調査を行った澁谷（2022）によってここでも「近畿型の崩れ」が見られることが実証されている．

11）山崎（1996）における「近畿型地域労働市場」の規定としては，青壮年男子農家世帯員に「切り売り労賃」層が検出されない点のみ言及されている．

12）その成果は曲木（2016b，本書第７章収録）参照．

13）算出方法については本書第７章参照．

14）その成果は山本（1997）．

15）当該地域も一部世代に限っていえば青壮年男子常勤者に年功賃金の一般化が認められた世代が存在する可能性がある．ここで1995年賃金構造図を改めてみると，40～50歳の私企業常勤者が少ないが，これは以下の事情によるものである．O集落は1980年にも故宇佐美繁氏による悉皆調査が行われているが，この際にはこの世代（1945～1955年生まれ）からは男子が11名検出され，うち公務員が3名，私企業常勤者6名，出稼ぎ2名であった．これに対し，1995年の調査対象は農家のみであり，非農家化した世帯員の私企業常勤者4名は調査対象から外れている．結果，1995年の調査対象は7名で，うち公務員3名，私企業常勤3名（うち1名は出稼ぎから転職），出稼ぎ1名という構成へと変化している．さらにこのうち，賃金が判明しているのは公務員1名，私企業常勤者1名，出稼ぎ1名のみであるので，賃金が不明な私企業常勤者の賃金水準は賃金構造に表れていないことから，この世代のデータが，とりわけ私企業常勤者について大きく欠けていることになる．この世代は，出稼ぎ者が1名検出されるものの，調査対象から外れた私企業常勤者については年功的な賃金上昇が一般化していた可能性もあるだろう．

16）ここに挙げた論者による主要な論考は，ウォーラーステイン編（1991）に収録されている．

17）山田（2012）によれば，不等価交換を引き起こすメカニズムとしては，「生産性が等しいにもかかわらず，周辺における労働者の賃金が（「中心」で：曲木）必要とされるよりも低くなっている」（p.21）ことが重要である．「周辺」において労働者の賃金が低い要因としては，「賃金は労働力の再生産費に等しいから，賃金が低いということは再生産費が低いということを意味している．…その費用が安いということは，…市場に依存することなく自給自足的な生活が広範に営まれていることを意味する」（p.21）．

18）「複雑な労働過程を基本的な諸部分に分解するための労働過程の技術と編成が，ある程度仕上げられた（時にはかなり完成された）おかげで，短期間に訓練を受けた半熟練の労働者は，断片的なルーティン―それが集まって一つの生産過程全体をなす―をほとんど実行できた」（p.133）．

19）「運輸・通信・データ処理の技術によって工業生産はますます地理的距離の大小にかかわらず配置され経営されるようになっている（コンテナ，荷物を積んだまま乗り物が船を乗降すること，空輸貨物，テレックス，他のエレクトロニクス装置等々）」（p.135）．

20）この点は経済地理学においても言及されている．「いくつかの系譜がみられる中心・周辺論の中で，世界レベルで組み立てられてきた従属論の立場からのそれは，とくにこうした国内の地域構造理解に多くの示唆を与える」（岡橋1990，p.38）．

21）一方で経済地理学側からは，地域労働市場論について，「そこでの主たる関心は労働力供給側の農家世帯と農業経営に置かれ，工業や建設業など産業側・需要側の条件は十分に捉えられていなかった．国民経済と具体的にどのような接点を持つのかという観点に欠けていたのである」（友澤1999，p.21）といった批判がある．なお，農業経済学と経済地理学の地域労働市場論を結節点とした議論については，新井ほか（2022）．

22）1961年に制定された農業基本法は家（世帯）自体が移動する挙家離村形態を想定していたが，北海道以外の地域の農家は農村部に居を構えながら農外に労働力を供給した（山崎2021）．

23）山本（1967）は1960年当時，「日本における低賃金水準と生産規模の狭小性は自動車部品工業を巨大シャーシー・メーカーの下請け企業として，存立せしめている」（p.244）と述べるように，巨大資本の下に従業員規模10～20人の下請企業＝小資本が大量に設立されている実態について，大手自動車メーカーが登場したT地域を事例に明らかにしている．

24）なお，「半周辺」の規定については様々な議論があるが（山田1999），ウォーラースティン（1995）は世界システムを特徴づける国家間の分業体制と不等価交換において，「半周辺」は価値あるいは余剰が「中核（中心）」へと流出するとともに，「周辺」からはそれらが流入してくるものと位置づけている．つまり，「半周辺」は「周辺」と「中心」の中間的形態，あるいは両者の中継地点としての役割を示す用語として用いられている．他方，本書で用いる「半周辺＝東北型」には，「周辺」性を特徴付ける後進セクターは既に層としては存在しない．しかしながら，第２章や第３部でみるように，「半周辺＝東北型」移行地域は今日もなお「中心」（大都市部や「中心＝近畿型」移行地域）に対し，新規学卒労働力（未熟練労働力）の供給や，進出企業の撤退による失業等を通じた雇用調節弁として機能しており，機能面では「周辺」的役割を担わされている．さらに北東北では，近年農業と結びつかない今日的低賃金層も検出されており（曲木2024，本書第８章収録），農業と結びつかない低賃金労働力をベースとした新たな形での価値移転が生じていると主張することもあるいは可能であろう．一方で，日本という国単位で見れば，途上国＝「周辺」国に対し「中心」として振舞っているため，途上国の後進セクターから価値移転が生じており，国家を通じ様々な形で，今日では，典型的には社会保障制度等の形で東北等の地域にも移転されている．以上のように，国内ではなお「周辺」的な役割を担わされつつも，対外的には「中心」の恩恵も受けているというその中間的性格という意味を込め「半周辺＝東北型」

と規定した.

25）北海道，沖縄は農村工業化の進展がマイナーだったため地帯類型からは除外した.

26）なお，整備計画の対象に長野県は含まれていないが，鹿嶋（2016）によれば，長野県は電気機械工業従事者の対全国特化係数が1973年以降一貫して高い（p.22，図1-3参照）.

【引用文献】

新井　祥穂・山崎亮一・山本昌弘・中澤高志（2022）「農業経済学と経済地理学の対話」『経済地理学年報』68（3），pp.216-227.

安藤光義編著（2013）『日本農業の構造変動　2010年農業センサス分析』農林統計協会.

磯辺俊彦（1985）『日本農業の土地問題―土地経済学の構成―』東京大学出版会，1985.

ウォーラーステイン I. 責任編集，山田鋭夫（他）訳（1991）『叢書世界システム　1 ワールド・エコノミー新装版』藤原書店，pp.97-153.

ウォーラーステイン I. （1995），Historical capitalism with capitalist civilization, Verso, London. ［日本語版：ウォーラーステイン I.，川北稔訳（1997）『新版史的システムとしての資本主義』岩波書店］

氏原正治郎（1966）『日本労働問題研究』東京大学出版会.

大川健嗣（1979）『戦後日本資本主義と農業』御茶の水書房.

岡橋秀典（1990）「「周辺地域」論と経済地理学」『経済地理学年報』36（1），pp.23-39.

鹿嶋洋（2016）『産業地域の形成・再編と大企業』原書房.

木下武男（1997）「日本的労使関係の現段階と年功賃金」渡辺治・後藤道夫編『講座現代日本3　日本社会の再編と矛盾』，大月書店，pp.125-219.

神代和俊（1992）「季節出稼労働者の地域別移動」『エコノミア』43（3），pp.33-61.

澁谷仁詩（2022）「雇用劣化下における「近畿型地域労働市場」の賃金構造」『農業経済研究』93（4），pp.373-376.

末吉健治（1999）『企業内地域間分業と農村工業化』大明堂.

菅原正昭（2007）「東北地域における製造業の概況と今後の方向性」『東北学院大学東北産業経済研究所紀要』26，pp.5-14.

高木督夫（1974）『日本資本主義と賃金問題』法政大学出版会.

田代洋一（1980）「兼業農家論をめぐる諸問題」『農林金融』，pp.296-305.

田代洋一（1981）「総括と提言」農村工業地域工業導入促進センター『農村地域工

業導入実施計画市町村における農用地の利用集積等に関する調査報告書』，pp.7-20.
友澤和夫（1999）『工業空間の形成と構造』大明堂.
友田滋夫（2006）「農村労働力基盤の枯渇と就業形態の多様性」『農林統計協会』，pp.19-108.
中村攻（1987）「農業・農村からみる地域開発政策」『農林統計調査』37（12），pp.17-20.
中村剛治郎編著（2008）『基本ケースで学ぶ地域経済学』有斐閣.
並木正吉（1960）『農村は変わる』岩波新書.
野中章久（2009）「東北地域における低水準の男子常勤賃金の成立条件」『農業経済研究』81（1），pp.1-13.
野中章久（2018）「福島県・原子力被災地における急速な離農傾向と就業構造」『農業経済研究』90（1），pp.1-15.
橋本健二（2019）「現代日本における階級構造の変容」『季刊経済理論』56（1），pp.15-27.
氷見理（2020）「雇用劣化地域における農業構造と雇用型法人経営」『農業経済研究』92（1），pp.1-15.
フレーベル F.（1982），“The Current Development of the World-Economy: Reproduction of Labor and Accumulation of Capital on a World Scale”, Review, V-4, pp.507. ［日本語版：I. ウォーラーステイン責任編集，山田鋭夫（他）訳（1991）『叢書世界システム１　ワールド・エコノミー新装版』藤原書店，pp.97-153］
保志恂（1975）『戦後日本資本主義と農業危機の構造』御茶の水書房.
曲木若葉（2016a）「地域労働市場の構造転換と農家労働力の展開―長野県宮田村35年間の事例分析―」『農業経済研究』88（1），pp.1-15
曲木若葉（2016b）「東北水田地帯における高地代の存立構造」『農業問題研究』47（2），pp.1-12.
曲木若葉（2024）「「北東北」における今日的低賃金層の形成と農業構造：青森県五所川原市を事例に」『歴史と経済』66（2），pp.21-40.
マルクス K.（1982）『資本論：第１巻』資本論翻訳委員会，新日本出版社.
山崎亮一（1996）『労働市場の地域特性と農業構造』農林統計協会.
山崎亮一（2010）「戦後日本経済の蓄積構造と農業」山崎亮一編『現代「農業構造問題」の経済学的考察』農林統計協会，pp.18-60.
山崎亮一（2013）「失業と農業構造：長野県宮田村の事例から」『農業経済研究』84（4），pp.203-218.
山崎亮一・氷見理（2019）「地域労働市場構造の収斂化傾向について」『農業問題研究』51（1），pp.12-23.

山崎亮一（2021）『地域労働市場―農業構造論の展開』筑波書房.
山崎亮一（2024）「本書の課題と方法」山崎亮一・新井祥穂・氷見理編『伊那谷研究の半世紀：労働市場から紐解く農業構造』筑波書房，pp.1-33.
山田信行（1999）「「ポスト新国際分業」とジャパナイゼーション―国際分業の転換と労使関係のグローバルな編成―」『日本労働社会学会年報』10，pp.11-31.
山田信行（2012）『世界システムという考え方－批判的入門』世界思想社.
山田盛太郎（1934）『日本資本主義分析』岩波文庫.
山本潔（1967）『日本労働市場の構造：「技術革新」と労働市場の構造的変化』東京大学出版会.
山本昌弘（1997）「労働市場再編下の農業構造―秋田県の水田地帯を事例として―」『鯉淵研報』13，pp.10-25.

第2章

地域労働市場の発展類型：長野県と秋田県の比較分析

1．課題と方法

第1章では，地域労働市場構造を地域労働市場内の農業と農外資本の再生産的連関としてのみ捉えるのではなく，地域労働市場圏外を含めた再生産的連関の中で捉える必要性を主張した上で，新たな地域労働市場類型として「周辺型地域労働市場」，「中心＝近畿型地域労働市場」，「半周辺＝東北型地域労働市場」の3つを提起した．そして「周辺型」からの移行後の類型差，すなわち地域労働市場内の青壮年男子に複雑労働賃金が（一時的にせよ）一般化するか否かは，その地域の農外資本の展開によって規定されるとした．

では，いかなる性格の農外資本が青壮年男子労働者に対し複雑労働者としての就業機会を広く提供するのか．ここで三重県北部に位置する亀山市の事例について見てみよう．亀山市は山崎（1996）によって1989年には「近畿型地域労働市場」にあることが実証された地域である．また鹿嶋（2016）は1997年に実施した三重県を対象とした企業調査から，三重県県内に本社を置く企業（その大半が亀山市を含む三重県北部に立地）では，製造業の中国や東南アジア諸国への海外進出が進んでいることを明らかにしている．このことから，亀山市は1980年代後半時点で既に青壮年男子に複雑労働賃金の一般化が見られる「近畿型地域労働市場」であるとともに，地元に本社を置く企業も「周辺」国への海外進出といった「中心」としての展開が見られる点で，「中心＝近畿型」への移行が認められた典型的な地域と位置づけられる．他方，亀山市は2000年代初頭，シャープの工場の誘致に成功し一躍脚光を浴びた地域でもある．大阪府に本社のあるシャープは，当時，液晶テレビ市場の成長を見込み，県や市による巨額の補助金のもと亀山市に新工場を設立した．これにより，確かに雇用や税収などが増加するといった地域経済への波及効果は認められたものの，「就業面でいえば，非正規雇用の比重の高さ，地元採用の少なさ，市内定住者の少なさなど，当初の地元の期待とはかけ離れて」（鹿嶋2016，p.145）いたものであった．

以上から明らかなのは，いかに「中心＝近畿型」移行地域であろうとも，2000年以降に進出した地域労働市場圏外に本社を置く農外資本は，それがたとえ大企業の工場でも，地域労働市場内の青壮年男子に対し複雑労働賃金の一般化をもたらす主体とは必ずしもなり得ない，ということである．そしてむしろ亀山市で複雑労働者としての就業機会を広く提供してきたのは，地域労働市場内に本社を置き，他地域への従属性が薄い企業（以下，地元企業）であるとするならば，「周辺型」から「中心＝近畿型」への移行にあたっては，複雑労働者を有する地元企業が面的に展開したか否かが重要となる．

ところで，農村工業化という文脈においては，この地元企業も大企業やその子会社からの下請を出自としたものが多数であり，今日も下請を担うという立ち位置は同様であると考えられるが，江口（1976）によれば下請企業の性格にも次の二つが提示されている．第一に，「独占・大会社のいわゆる「系列」的支配関係の中で実現」（p.3）されるそれであり，一社専属的下請形態，そのさらにその高次の形としての「分工場」化がある．第二に，「いわゆる『専門メーカー』などと言う形として，『独立的中小企業』を形成していく可能性」（p.4）が強調されるものである（以下，独立下請中小企業）．複雑労働者を広く養成しうるのは他地域の農外資本への従属性が薄い後者であると考えられるが，こうした下請企業の質的違いと地域労働市場構造の地域性がいかなる対応関係にあるのか，その解明が求められる．

そこで本章では，「中心＝近畿型」移行地域と「半周辺＝東北型」移行地域の農外資本，とりわけ製造業の展開を比較分析する中から，両地域で展開した下請企業の質的な違いを明らかにした上で，このことが「周辺型」からの移行後の地域労働市場の展開に及ぼす影響を考察することを課題とする．

対象地域は長野県上伊那地域と秋田県横手市雄物川町である．両地域を対象とするのは，第一に，既に地域労働市場構造が明らかにされているためである．すなわち前者は上伊那郡宮田村が「中心＝近畿型」移行地域であることが実証されており（本書第４章参照），後者は第１章で明らかにしたように「半周辺＝東北型」移行地域である．第二に，両地域ともに農村工業化の時期から2010年代に至るまで，長期的な地域労働市場研究及び製造業を中心とした農外資本を対象とした調査研究が行われていることから，本章の課題である農外資本の動態的分析に耐えうるためである．第三に，両地域ともにいずれも農業面では水田作中心の地域であり，かつ機械製造業を中心とした農村工業化地域である点で，比較分析に適した地域と位置づけられるためである．また，集落調査の対象となった宮田村N集落と雄物川町O集落は，いずれも中山間地域である（ただし雄物川町全体としては平場水田地帯）．対象時期は農村工業化時点（宮田村が1950年代，雄物川町が1970年代）～2010年代前半までとする．

研究方法は，2010年代の秋田県横手市については筆者による農外資本および関係機関への調査結果を用い，それ以外の時期については過去の調査研究の成果をレビューする形で分析を行う．また，必要に応じ各種統計や機関調査から得たデータを用いる．

２．では両地域の概況を示したのち，３．では農村工業化開始時点から農外資本の外延的拡大が見られる1990年代頃までの農外資本の動向について比較分析を行う．４．では，農村工業の「衰退」（友田2006）とも呼ばれる縮小が顕著となるバブル崩壊以降の不況期における農外資本の対応を，とりわけ雇用調節面に着目しながら分析する．不況期を対象とするのは，過去の調査研究の多くが不況期を対象としていることもあるが，それ以上に，雇用労働力の質的な差異が明確になる，すなわち雇用が比較的安定的と思われる複雑労働者と，その不安定さが露呈する不安定・単純労働力の差異が浮き彫りになるのが不況期にあたるためである．そして５．で考察を行い，６．で結論を述べる．

２．対象地域の概況

１）対象地域の概要

長野県上伊那郡は長野県の郡部の一つで，総面積514.6㎢，辰野町，箕輪町，飯島町，南箕輪町，中川村，宮田村の３町３村を含む．2015年５月時点での推計人口は83,374人である．天竜川に沿った伊那盆地の北部に位置し，東に南アルプス，西に中央アルプスといずれも3,000m級の峰を有する峻険な山脈が南北方向に走っている．古くは養蚕業と結びついた「稲作＋養蚕」の農業が成立しており，養蚕と関係した製糸業が戦前より展開していた．また戦時中には繊維工場またはその跡地での軍事工場の設立がすすめられ，航空関連企業や機械金属関連産業の疎開企業を中心に地域の工業化がすすめられた（粂野2024）．そして戦後，高度経済成長期に入ると，電子部品，精密機械工業が進出した農村工業化の“先進地域”でもあり，さらには1970年代中盤以降の中央自動車道開通に伴い，都心部へのアクセスの良さを生かした高度技術産業地帯として飛躍，世にいう“伊那バレー”を形成している．なお，宮田村も同様に戦時中にバネ工場が疎開し，これを中核とした精密機械工業や電子機械機器などが進出・展開している．

秋田県横手市は県南横手盆地に位置し，2005年，旧横手市・増田町・平鹿町・雄物川町・大森町・十文字町・山内村・大雄村の８つの市町村（旧平鹿群）が合併してできた市である（以下，横手市は2005年以降の合併後の横手市を指す）．総面積692.80㎢，2015年５月時点の人口は95,115人であり，上伊那郡よりもやや多い．東に奥羽山脈，西は出羽丘陵に囲まれた横手盆地の中央に位置し，奥羽山脈に源を発する成瀬川，皆瀬川が合流した雄物川と横手川が貫流し，中央部には肥沃な水田地帯が形成されている．雄物川町は横手盆地の南西部に位置し，その大半は平場水田地帯であるが，先述のように集落調査の対象となったO集落は中山間地域であり，山際にはリンゴが作つけられている．後述のように農村工業の本格化は，1970年の農村工業化地域導入促進法が制定された1970年代前半以降である．

2）製造業と就業者の動向

続いて，製造業と就業者数の動向について統計から概観する．なお，ここでは農家調査の対象であり，2015年時点で就業者数が同規模であることから比較が行いやすい長野県上伊那郡宮田村と秋田県横手市雄物川町を対象とする．

図2-1は宮田村と雄物川町の製造業事業所数及び従業員数を示したものである．宮田村は1960年から既に製造業事業所が30事業所存在し，従業員数も1,383名であったが，1971年にかけて70事業所近くにまで急増，その後も1990年代まで増加傾向にある．これと連動するように従業員数も増加傾向にあるが，1971年に2,000人を越えるも，1975年に一度大きく減少している．これは後述のように，当時オイルショックとそれに伴うオートメーション化

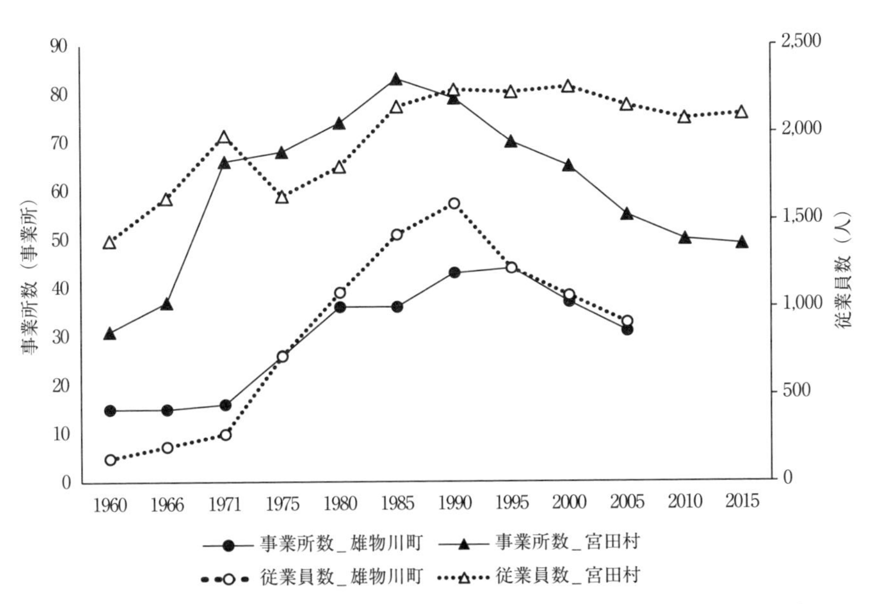

図2-1　宮田村，雄物川町における製造業の事業所数，従業員数の推移

資料：各年『工業統計調査』（経済産業省）より作成.
注：雄物川町は2005年に市町村合併により横手市に再編されたことから，
　　2010年以降町を対象としたデータは公開されていない.

の影響で女子製造業従事者の大量解雇が生じた影響によるものである（池田1978）．しかしながら，従業員数は1985年には1971年の水準に回復し，その後も1990年までは事業所数と連動しながら増加傾向にあった．しかし1990年以降，事業所数は減少に転じるが，従業員数は2015年まで2,000人超を維持している．

次に雄物川町を見ると，1960年時点の製造業事業所数は20に満たず，従業員数も134名と，宮田村と比較しその展開は著しく乏しい状況にあった．しかし1975年には農村工業化の影響で製造業事業所が11社進出し，その後も1990年まで事業所数，従業員数ともに並進している．しかしながら，雄物川町は宮田村よりも農村工業化が遅れたにもかかわらず，1990年代に入ると早くも事業所数は減少に転じることとなる．また，宮田村と異なり，その後事業所数と従業員数が連動しながら減少している．

以上から，両地域ともにその外延的な発展のピークは1980年代後半～1990年代前半にあるが，雄物川町は農村工業の発展期が短いこと，またその後の後退局面においては従業員数を維持する宮田村とこれを減ずる雄物川町で明暗が分かれたことを指摘できる．なお，表示していないが『工業統計調査』（経済産業省）によれば，従業員数300人以上の事業所数は宮田村については1980～1985年を除き１事業所存在しており，雄物川町は1985年に１事業所存在したが，以降は検出されない．よって両地域の製造業事業所はいずれも従業員数300人未満の中小企業が主である．

次に，事業所数が減少に転じた1995年から2015年にかけての産業別就業者数の推移を示したものが**図2-2**である．宮田村では就業者数は多少の増減があるものの4,000人台で推移しており，大きな変化は見られない．一方で，就業者の構成は1995年時点では製造業就業者が43.1％を占めていたが，2015年には35.2％にまで低下し，代わってサービス業のシェアが拡大するといった変化が見られる．対して雄物川町は1995年以降就業者数全体が減少傾向にあり，2015年にかけて22.3％も減少している．同期間の宮田村の減少率は3.4％であるので，雄物川町の減少はより著しいものといわざるを得ない．

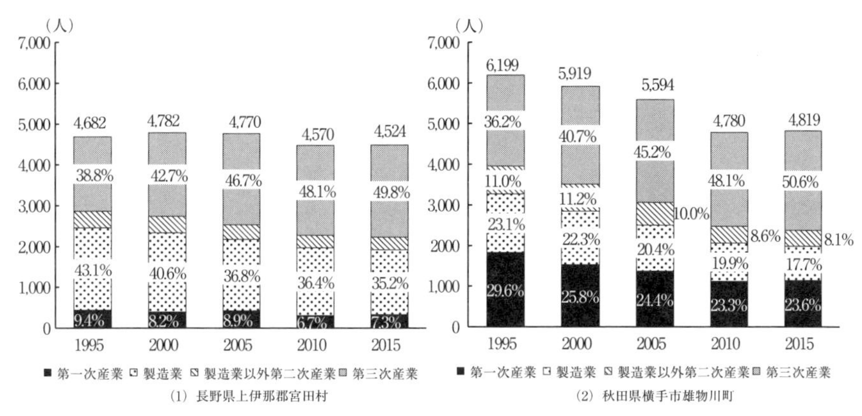

図 2-2　宮田村，雄物川町における産業別就業者数の推移

資料：各年『国勢調査』（総務省統計局）より作成.

また，1995年時点で第一次産業，つまり農林漁業就業者が29.6％を占め，製造業の23.1％よりも多い．もっとも，年々サービス業の比重が上昇するとともに製造業就業者が減少し，併せて農林漁業就業者も減少している点は宮田村と同様であるが，2015年時点でも農林漁業就業者がなお23.6％を占めている．ただし，就業者には高齢者も含まれるため，このことは一概に雄物川町において青壮年農業就業者が多いことを意味しないが，宮田村は同値がこの間一貫して１割未満であることを考えると，少なくとも産業に占める農業の比重が宮田村よりも高いことは確かである.

以上から，両地域ともに1990年前後をもって製造業の外延的拡大が終了し事業所数が減少に転じたこと，年々就業者に占める製造業の比率が低下しサービス業の比重が高まっている点で共通する．しかし雄物川町は宮田村と比較し，農村工業の開始が遅くその発展期も短かったこと，就業者に占める製造業就業者の比率が一貫して低いこと，1990年代以降の製造業の縮小と連動するように，これ以降，就業者数の絶対的減少に見るような地域労働市場全体の縮小傾向が見て取れるのである.

3．農村工業化と農外資本の発展

本節では，農村工業化の開始時期から発展期にあたる1990年代頃までの動向について分析を行う．

1）長野県上伊那地域

先述のように，上伊那地域における工業は，戦前は繊維工業中心であったが，戦時中に航空関連企業やオリンパス光学，帝国通信，興亜電工などの機械金属関連産業といった機械工業の大企業の分工場が疎開し，繊維工場やその跡地で軍事工場の設立が進められた．とはいえ，『国勢調査』（総務省）によれば1955年の時点で上伊那地域の就業者数は農業就業者64.2％に対し，製造業就業者は10.4％と農業中心の農村部であった．これが高度経済成長期に入ると，上記の疎開企業が中心となり，抵抗器やコンデンサーを中心とする電子部品工業が急速に発展することになるが，その発展の特徴は，地域内に大量の下請企業群が形成された点にある．

図2-3は池田（1982）が描いた1970年代後半時点の伊那地域における電子部品工業の重層的経済構造のモデル図である．このうち「Ⅱ．中堅的企業」が疎開企業に相当する．都市部に立地する「Ⅰ．独占的大企業」は最上層の発注元であり，細かい手作業による労働集約的生産工程を分工場や子会社，あるいは部品生産専門の企業（「Ⅱ．中堅的企業」）に任せる（池田1982，p.217）．「Ⅱ．中堅的企業」は人件費切り下げのために大量の下請企業群（「Ⅳ．下請企業」）を利用することになり，下請企業はさらにその下に農家主婦を労働力給源とする内職者（「Ⅴ．内職群」）を大量動員する．この「Ⅳ．下請企業」は1955年以降増加するが，急増したのは1960年代後半以降である．1960年代後半以降に急増した下請企業の少なくない部分が農家出身者によって設立され，その工場は農家の納屋あるいは畜舎を改造した，いわゆる「納屋工場」であり[1)]，「これらの下請企業群が，きわめて強く垂直的に特定の親企業（群）の翼下に組み入れられて」（青野1982，p.194）いた．この構造

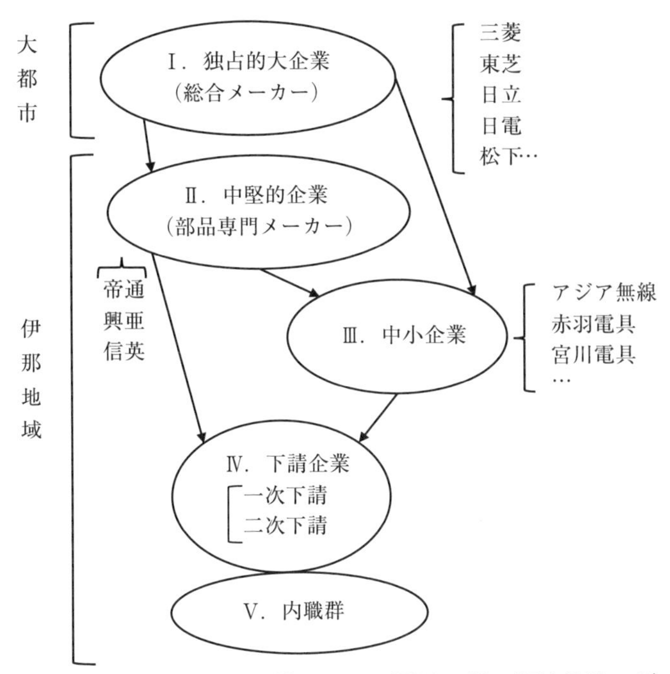

図2-3　1970年代後半時点の伊那地域における電子工業の経済構造モデル

資料：池田（1982）図Ⅳ-2による．
注：記載の企業名は当時のものである．

は「下請ピラミット構造」とも形容される（池田1982）．

しかし，1973年のオイルショック以降，従業員の大部分が婦女子であった「Ⅱ．中堅的企業」が一斉に一貫自動化システムを開発するようになり，これにより省力化が図られるとともに，女子従業員が大幅に削減される事態となった．またこれまで下請工場に依存していた電子部品の組み立て加工も，大部分を自社に取り込む方向へ動くこととなったが，一方でこの時期は，オートメーション化に伴う新技術の導入および昼夜交替制への適応性が高い男子の新卒労働力を年功賃金を設けながら積極的に採用するようになった時期でもある（池田1982）．

こうしたオートメーション化の動きに伴い，親企業からのコストダウンの要請に応じるため，下請企業でも自動機械の導入が図られるようになった．しかしながら，「これらの自動機械をはじめとする新鋭機の導入にはかなりのまとまった資金が必要で，従って資金力の弱い下請け企業の中には，親企業から機械を有償で貸与されたり，あるいは親企業から割賦払いによって機械を買い取るものが多く見られるようになり，そうした下請け企業は，自動化を契機に親企業への従属性を深めているのである」（青野1982，p.204）[2)]．加えて，下請企業へ発注される部品は多種少量生産に限られており，加工賃もむしろ下がる中，下請企業の存立は一層危うい状況に置かれることになる（池田1982）．

しかしながら，当時，下請企業はまだ展開の余地が残されていた．というのも，1970年代当時，上伊那地域では農地の基盤整備事業と稲作中型機械一貫体系の導入，減反政策と農業を巡る交易条件の悪化等に伴い，女子労働力を中心とした農業から他産業への労働力の流出が進んだのである（詳細は本書第4章参照）．これと先のオイルショックを契機とした女子労働力の大量失業により，上伊那地域には女子労働力については大量の過剰人口が形成された．

こうした中，下請企業のうち可変抵抗器，スイッチを製造する部品メーカーでは，むしろ中高年婦人労働力を中心とした臨時工ないしパートタイマーや内職層の利用を促進する動きも見られた（池田1982）．また粂野（2024）によれば，当時生産工程のうち労働集約的な組立行程を中心的に担っていた組立型の下請企業（以下，組立型企業）も，取引先を頻繁に変える，小ロット生産に対応できるよう「多能工化」を図るなど，一定の対応をとっていたこと，また隣接する先進工業地域である諏訪地域からの発注や企業自体の移転といった動きも見られたことに言及している[3)]．さらに1980年代後半以降は，カラーテレビ工場，オーディオ機器工場，コンピューター組立工場などが進出し，上伊那地域にはなおも組立作業工程を担当する下請企業群が増加し続けることになる．

以上に見たように，巨大な「下請ピラミッド構造」の形成が上伊那地域における製造業の特徴であったが，1973年のオイルショックはその外延的拡大に危機をもたらしうるものであった．しかし当時はオートメーション化，つまり資本の有機的構成の高度化によるコスト削減でこの窮地を乗り切っていた．またオートメーション化に伴う女性従業員の大量解雇に加え，1970年代前半に農業から供給された労働力によって形成された過剰人口圧を後ろ盾に，諏訪地域と隣接するという地理的条件も手伝って，その後も「Ⅳ．下請企業」（組立型企業）の発展や企業進出は続き，1990年代まで先に見た製造業事業所数の拡大と製造業就業者数の増加が認められた．そしてこのオートメーション化の動きは，青壮年男子新規学卒者を年功賃金制の下で積極的に導入する，つまり複雑労働者に養成する流れへとつながっていた．

もっとも，当時の階層別の労働力編成について分析した研究は乏しいが，オイルショック以降，ⅡとⅢは青壮年男子複雑労働者を積極的に導入し，Ⅳはその多くが女子単純労働力を要する組立型企業として展開したとすれば，同じ地元企業でもそこで求められる労働力の質は大きく異なることになる．一方で，ⅡやⅢも，Ⅳやさらにその下の「Ⅴ．内職群」にオートメーション化が困難な労働集約的生産工程を発注する形で移転することを前提に成立しており，このような地域労働市場圏内での分業体制が可能の状況がⅡやⅢで複雑労働者の養成が可能になった背景にあると言えよう．

なお，池田（1982）において「Ⅲ．中小企業」の位置づけは曖昧であるが，次のような言及がある．「第Ⅲグループの中小企業には，従業員が100人前後の，主として抵抗器のメーカーが含まれている．このグループは，生産規模，機械化，品質のそれぞれの面から言って，Ⅱグループの中堅的メーカーには及ばないが，欧米諸国へも直接輸出している企業もある．しかしながら…海外すなわち韓国，台湾，シンガポール，香港などに設立された部品メーカーの圧力を絶えず受け，かつおびやかされている不安定な階層である．したがって1979年末には，県，伊那市の援助のもとに，電子部品協同組合を設立し…，生産設備の近代化，市場の安定化を図ることになっている」（pp.220-221）．またここには，もともと「Ⅳ．下請企業」であったものの，「Ⅲ．中小企業」に上向展開した企業も含まれている（池田1982，p.224）．以上から，その出自は，元々は「Ⅱ．中堅的企業」の下請企業として出発し，その中から上向展開した地元企業であることが伺える．ゆえに県や市からの援助など，地域からも積極的な支援を受けるとともに，この中小企業間の連携は今日も地域の商工会や商工連合会といった形で存在し，情報交換を続けることにより「地域間格差や地域内の企業間格差を埋める要因となっている」（粂野2024，p.204）．

２）秋田県横手市雄物川町

雄物川町における企業誘致政策の本格化は，1971年の農村工業化地域導入促進法に基づき，1973年に雄物川地区の実施計画として策定されたことがきっかけである．もっともこれ以前に，雄物川町は1967年から雄物川町工業立地促進条例を定め，工場新設，増設に対して工場用地確保等の便宜供与と，奨励金交付等の奨励措置を講じていた．奨励金交付の基準は，投下固定資産（土地を除く）が1,000万円以上，雇用者数５人以上の事業所である．『秋田県雄物川地区農村地域工業導入実施計画書』（秋田県平鹿郡雄物川町（当時），1974年）によれば，1973年の雄物川地区の実施計画に伴い，Y工業団地とO工業団地が設定され，またこの企業誘致により，男250人，女子150人の計400人の雇用を見込み，うち300人が農業従事者からの雇用であることが計画された．さらに，1989年には改めて農工法に基づいて５年間の実施計画が策定され，既存の２団地の拡大のほか，新たにH工業団地も設置された．ここでは輸送系機械器具製造業，一般機械器具製造業を重点導入業種とし，３つの団地併せて男子390人，女子160人の計550人の雇用が期待され，さらに農業従事者からの雇用はうち９割と1974年計画よりもその割合を増やしたものが計画された．

もっとも，「企業誘致を進めた結果，工業生産の基盤となったものの大半が農家の主婦労働力の女子型企業が多く」（神田1997，p.40）なり，必ずしも思惑通りの誘致が進んだわけではないが，結果的に旧雄物川町には1967年

表 2-1　雄物川町における進出企業と従業員数

	創業年（年）	資本金（万円）	業種 or 製品	従業員数（人）					
				1993年		1996年		減少数	
				合計	うち男	合計	うち男	合計	うち男
A	1968	1,000	横網セーター	25	9	14	4	11	5
B	1973	3,000	電子機械器具製造業	79	45	47	30	32	15
C	1973	6,000	金属製品製造業	93	79	92	78	1	1
D	1973	2,000	紳士用履物	63	27	48	21	15	6
N	1974	5,000	自動車部品	215	157	217	160	-2	-3
F	1977	4,900	テレビ機器	251	113	192	93	59	20
G	1988	1,000	電子機器用精密部品	41	12	37	12	4	0
H	1988	1,000	ノイズフィルター	55	5	49	5	6	0
I	1991	ND	亜鉛	7	5	6	4	1	1
J	1976	ND	Gパン等	38	2	0	0	38	2
K	1988	ND	スカート，上衣	62	7	0	0	62	7

資料：神田（1997）表 4-3 及び表 4-4 より筆者作成．元データは雄物川町資料．
注：N は神田（1997）においては E として記載されているが，本文に合わせ N とした．

の町の条例以降11社が進出した（**表2-1**）．資本金は内訳が不明な縫製業２社，化学製品１社を除き1,000万円が下限であり，このうち資本規模が4,900万円を超えるのが金属製造業C社，日産系列の下請企業である自動車製造業N社，東芝系列の下請企業であるテレビ機器F社の３社である．1993年時点での男性比率は全体で49.6％であるが，男性比率が50％を上回るのはB，C，N，I社の４社であり，傾向としては資本規模の大きい製造業で男子の比率が高いことになる．また機械製造業や金属加工業，縫製業が進出企業のメインである．

なお，雄物川町においては上伊那地域のように，この進出企業を頂点とした多数の零細下請企業群が形成されたとの描写はない．また，池田（1982）や粂野（2024）が上伊那地域における中小企業同士のつながりを指摘しているのと対照的に，神田（1997）は誘致企業と町や地元企業，誘致企業同士のコミュニケーションの希薄さを指摘している．

3）小括

以上，上伊那地域と雄物川町における農村工業の発展期における農外資本（製造業）の展開は以下の点で異なっていた．

第一に，上伊那地域では農村工業化に伴い重層的な下請企業群が形成されたのに対し，雄物川町ではこのような動きが見られなかったという点である．もっとも，資本規模が相対的に小さい縫製業については，地元企業のものもいくつかその存在が指摘されているが（山本1997），前掲**表2-1**からも分かるように，縫製業の多くは女子労働力を主とするものであり，青壮年男子に複雑労働者としての就業機会をもたらす業種としては位置付けていない．そして次節で見るように，この縫製業も1990年代には早々に衰退の道をたどることになる．

第二に，上伊那地域は地域労働市場内に発注元となる中堅的企業，中小企業が検出されるのに対し，雄物川町はこれが抜け落ちており，その発注元は地域労働市場圏外に位置する構造にあるという点である．これは見方を変えれば，雄物川町の進出企業は，いかにその資本規模が大きくとも，上伊那地域の「Ⅱ．中堅的企業」のように地元に下請企業群を形成する主体としては位置付いていないということでもある．

第三に，上伊那地域では県や市町村の支援のもと，中小企業間での連携が見られたのに対し，雄物川町ではこうした動きがほぼ見られなかったという点である．この要因として神田（1997）は企業間の資本規模格差を要因として挙げ，資本規模の大きい企業ほど地域とは関わりなく独自に営業・行動していることを指摘している．つまり，等質的な地元企業群が形成されていないと同時に，資本規模の大きい企業ほど域外の親企業に強く従属していることになる．

第四に，上伊那地域には諏訪地域という先発的に工業化の進んだ地域が隣接しているが，雄物川町（横手市）は隣接地域にこのような先進工業化地域が存在しないという点である．よって，上伊那地域ではオイルショック後も諏訪地域からの発注や企業進出などの動きが継続的に見られたが，雄物川町はこうした条件には恵まれていなかったのである．

４．雇用調整の動向と不安定・単純労働力の存在形態

続いて，両地域において誰が不安定・低賃金労働力（単純労働力）を担っているのかを明らかにするため，①1990年代前半のバブル崩壊・平成不況期，②2008年のリーマンショック後の不況期の状況に着目しながら雇用調整の動向について分析する．

１）長野県上伊那地域

(1) バブル崩壊・平成不況期

山崎（1996）は1990年代前半に上伊那地域の製造業を中心とした農外資本の調査を実施している．その主たる目的は，バブル崩壊に伴う製造業不況が地元の雇用情勢に与える影響をみることにあったが，調査の結果から明らかになったことは，地元出身の青壮年男子正社員に対して雇用調整の影響はなく，当時の企業の対応は「牧歌的」（山崎2013）であったということである．

もっとも，これ以外の主体には雇用調整の波が迫っていた．山崎（1996）は1990年代の不況期の対応にあたっては，中高年女子労働力と高齢男子労働力に対する雇用調整の実施が検討されていたことに言及している．ただし，実際に解雇が生じたのは調査対象の製造業４社（いずれも1960年代前半以前に創業）のうち１社のみで，解雇された10名もその後の受け入れ先が確保されており，失業は回避されていた．よって，雇用調整の波は迫ってはいるが，その影響は決定的なものとはいえず，これをもって「牧歌的」と表現しているのである．ただし，椅子製造会社のT社は「冬期間の男子季節工を山形県の出稼ぎ農家労働力に求めて」（p.199）いるが，「同社の不況対応は，当面，出稼ぎ者の募集人数を減らすことによって行われている」（p.200）ことを指摘している．すなわち最盛期にはこれを50名（当時平均年齢42歳）雇用していたが，1993年には10名にまで減らすことを予定していた．つまり，雇用調整が実際に断行されたと明言できるのは，このような地域外から供給される季節的な労働力に限られる．もっとも，山崎の調査対象の中で出稼ぎ者を雇

用していたのはT社の１社のみである．

ところで，上記に見た雇用調整の波は，国内の他地域の農外資本との競合の中で生じている側面もある．山崎（1996）によれば，「H製作所の総販売額の約５割の発注元であるコンデンサメーカーR社は，秋田県のA社に同種の部品を発注している．A社は量産品の生産を得意とし，H製作所は小ロット品の発注に対して小回りのきく対応を得意としている」(p.199)．しかしながら，好況期にはこのようなすみわけができた一方で，「不況が深まる中で相手の得意分野への相互乗り入れがみられ，H製作所も量産品に対応する能力が必要になっている．93年度上期にそのための設備投資を実施した．また，最近R社から３％の単価切り下げ要請が来ており，要員の見直しと工程短縮に取り組まざるを得ない状況になっている．そこでは，従来は継続更新してきた臨時雇用の契約を見直さざるを得ない」(p.199)．

さらに，女子労働力を大量に必要とする組立型企業は1990年代以降縮小局面に入る．粂野（2024）によれば，下請の発注元企業は，1980年代から海外拠点での生産を行う企業が出てきた一方で，当初は海外生産と国内の生産拠点との棲み分けを進めていた．しかし1990年代後半以降，大手メーカーは生産工程の統廃合や生産内容の変化，内製品化や合理化をさらに進め，一方では海外含めた生産拠点の見直しや生産規模縮小を進めた結果，当該地域における従来の組立型企業は急減したことに言及している．

以上の動きは，1990年代以降，国内外との競争が過酷さを増す中，女子労働力に依存した上伊那地域の製造業のあり方が後退局面に入ったことを意味している．これは直接的には大手メーカーの戦略によるものだが，その背景には対象地域における「周辺型」から「中心＝近畿型」への移行に伴い，女子労働力の階層性を伴う賃金上昇傾向[4)]とこの間の円高によって，比較的低位な賃金水準で彼女らを雇用するこれまでの生産様式が立ちゆかなくなったことによるものと考えられる．そしてこれ以降，上伊那地域における製造業の外延的拡大期は終焉を迎え，製造業事業所数は減少に転じることになる．

しかし以上のような状況は，繰り返しになるが対象地域における地域在住の青壮年男子の雇用にはほとんど影響を及ぼしていなかったのである．

(2) リーマンショック後不況期（2008年以降）

山崎（2013，2015，2024）は2009～18年にかけ，上伊那地域を対象に機械製造業６社（従業員規模30～500人台）を含めた農外企業の調査を実施しているが，ここでは機械製造業と派遣事業所の動向に限定しつつ検討する．なお，この機械製造業６社には，山崎（1996）で調査対象となった４社が含まれる．

リーマンショック前後の状況として1993年と比較し注目されるのが，非正規雇用者を対象とした容赦のない雇用調整，中でも「派遣切り」が広範に発生していた点である．「派遣切り」の規模は，山崎（1996）で調査対象となった企業４社のみで総勢220名前後に及んでいる．これをして，山崎は「1993年のバブル崩壊後の状況に比して，凄惨の一語に尽きる状況が浮かび上がってくる」（山崎2013，p.208）と評している．

また，こうした雇用調整は域内にとどまるものではない．特徴的なのがN精機の動向である[5)]．N精機はプレス等成型品製造が主たる事業であり，金型を作るところから始めて，成型・組立を行う２次・３次下請中心の企業である．N精機はリーマンショック後の2009年に自社の契約社員31名を全員解約し，派遣従業員も前年のピーク時は34名いた者を全員「切った」．この派遣従業員34名の内訳は，日本人24人，外国人10名である．一方で，N精機は1994年時点で香港企業として広東省東莞地区に工場を立ち上げており，2014年度の売上総額は日本工場で30億円，中国工場で50億円であった．しかしリーマンショックのあおりを受け，2010年に1,400人いた従業員を１年後には820人にまで減らした．省人化は内製品のロボット化により進めた．一方で，2013年からベトナム工場に投資を開始し，2014年10月より操業を開始した．つまり，海外の工場でも「首切り」を断行する一方で，さらに賃金水準が低位な東南アジア地域への立地移動を試みていたのである[6)]．

また条野（2024）は，1990年代から既にみられた組立型企業の衰退が決定的になったことに言及している．すなわち，1993年に調査を行った企業に対し2015年に再調査を試みたところ，組立型企業に類型した12社が全て廃業していたのである．上伊那地域で組立型企業が廃業した要因としては，①その多くが昭和40年代に創業されたが，事業継承が行われず，2000年代までに事業主が高齢化していること，②地域内での組立需要が減少したことを理由として挙げている．なお，組立型企業の中には板金等の加工を行う加工型企業へと転換したものも存在するが，そのための投資と従業員の再教育が必要であり，この間この移行を実現した企業もごく少数であった．

そして粂野は，今日も生き残る下請企業（地域内中小企業）の性格にも言及している．すなわち，「1993年調査では地域内企業との取引が９割であった」（p.77）が，2015年は地域外企業と取引をおこなっている企業が９割を占め，またその取引先も度々変更していること，取引先が変わっても中核的な技術は創業当初から変わらないこと，取引先である顧客の要望に積極的に対応することで需要を開拓していることを指摘している．

この取引先の度重なる変更は，先述したN精機の事例でも見受けられる．山崎（2015，2024）によれば，2009年調査時点では，電子部品の売り上げに占める割合は，携帯電話用が４割，自動車用が３割，薄型テレビ用が１割，その他が２割であった．これが2015年には携帯電話部品が１割，薄型テレビ部品が２割，自動車部品が７割と，わずか６年の間に大幅にその編成が変化している．もともとN精機は携帯電話のバイブレーション機能用のモーター部品を製造していたが，「技術革新により，携帯電話ではN精機の部品を使わなくなってしまった．…車載部品にこだわっているわけではないが，新製品として具体化しているものは，自動車の電装化の流れの中で，車関係の電子部品のものしかない．車のモーター数は，10年前は100個と言われていたが，現在は200個と言われている」（山崎2024，p.38）．

以上から，N精機のモーター製造という技術は変わっていないが，取引先や電子部品の用途は短期間の間に大幅に変更されているのである．こうした大幅な製品の変更に対応可能なのも，下請企業ではあるものの，N精機が取引先を主体的に模索することが可能な自己資本を持ち合わせていることに加え，新たな取引先の要望に応じ柔軟に製品化することが可能なだけの技術蓄積があってこそのことであろう．

そしてこのことは，対象地域における正社員の扱いにも表れている．山崎（2015）が調査した製造業では，上述した凄惨な「派遣切り」の一方で，企業規模にかかわらず，正社員の解雇は発生しておらず，その雇用は守られていることに言及している．上述した取引先と商品の頻繁な変更に柔軟に対応するには，技術力を担保する高度な熟練を有した複雑労働者が必要であり，その「首切り」は容易には行われえなかったことが伺える．上伊那地域でも製造業の海外移転が進む一方，「地元の技術力は高く，どうしてもこの地で生産しなくてはならないものも少なくない．地元では小ロット品生産，海外では小品目大量生産という棲み分けも行われている」（山崎2015，p.88）ことが指摘されており，当該地域で展開する地元企業の技術力の高さがうかがえる．

では，この大量に「首切り」された派遣労働者はどこから来たのか．まず山崎（2013）では，2009年に長野県宮田村で実施した農家調査の結果から，対象農家の世帯員から派遣労働者が検出されないことに言及している．つまり，農家世帯員は労働力給源としては位置付いていない．次いで，山崎（2015）が2013年に調査を行ったA人材派遣会社では，最も派遣社員の多かった2008年６月時点で当時在籍していた700人弱のうち，６割がブラジル人，４割が日本人（うち９割が地元出身者）であったことを明らかにしている．さらに山崎（2024）が2013年に調査を実施した別の派遣会社では，日系ブラジル人が大半であった．以上のように，派遣労働者の少なくない部分が外国人労働力で構成されている点に注意したい．

ところで先述したように，域外から来た不安定・低賃金労働力（単純労働力）は，1990年代時点では東北の出稼ぎ者が担っており，彼らは求人の漸減という形で事実上雇用調整の対象になっていた．リーマンショックにおいてはこれが派遣労働者へ変化しているのであるが，①企業規模にかかわらず派遣労働者の利用が見られたこと，②不況期における雇用調整の規模が非常に大きいこと，③派遣労働者には地域労働市場圏外から来た労働力のみならず域内労働力（ただし非農家世帯員）も含まれること，④域外労働力として外国人労働力が位置付いている点で1990年代と異なる．

２）秋田県横手市雄物川町

（1）バブル崩壊・平成不況期

神田（1997）は先述した旧雄物川町の誘致企業11社を対象に，バブル崩壊・円高平成不況期の影響を調査している．まず，誘致企業11社のうち，縫製会社２社（前掲**表2-1**のJ社，K社）が1996年までに組織の再編・統合を理由に撤退している[7]．このほか，誘致企業ではないが，やはり地元の縫製会社が５～６社倒産している．さらに山本（1997）は同時期に実施した企業調査から，倒産までは至らなかった繊維関連企業の中にも，1990年頃から中国からの輸入に押されて業績が悪化したことから，1994，95年に社員を12名削減し，同時に同年２回にわたり，男子社員の減給措置を執らざるを得なかったことを指摘している．総じて，女子労働力に依存した縫製業の後退が目につく．

さらに，縫製業以外の誘致企業も，自動車部品製造業のN社以外は1993～96年の３年間に企業規模・男女関わらず従業員数が減少している．特にF社（東芝系列のテレビ機器製造業）では，この間１社のみで59名（うち男子20名）が減少している．F社で整理が行われたのは，神田（1997）によれば円高不況の影響で生産量が最大時の45％にまで減る厳しい状況にあること，またテレビ製造業自体が円高による海外シフトの影響を大きく受けたことによるものであった．

結果，1993～96年にかけ，11社の従業員減少数は227名（減少率24.4％），うち男子は54名（減少率11.7％）となった．よって雇用調整の影響は女子でより大であるが，男子も進出企業の従業員の約１割が雇用調整の対象となっており，決して無視できる規模ではない．もっとも，その雇用形態や年齢層は不明であるが，倒産した企業がある以上，そこで働いている青壮年男子が雇用調整の対象となった可能性は高い．また先にみた上伊那地域の製造業では，そもそも1990年代の雇用調整自体が地元からの雇用者については非正規雇用の女子含め検討されているにすぎない「牧歌的」なものであったわけだから，実際にこれが断行されている雄物川町では，雇用調整の影響はより深刻なものであったと言わざるを得ない．

なお，従業員数を大幅に減らしたF社は，「既に手作業の60％は海外移転しているが，部品生産だけでなく組立の工程も海外移転したいと考えている」（神田1997，p.43）と述べている．このような方針はさらなるF社の生産量減少，ひいては撤退や工場閉鎖につながりかねないわけだが，にもかかわらずこのような意向を述べているのは，この意向が地域外に立地するF社本社の考えを大いに反映したものであると考えざるを得ない[8)]．また，上伊那地域のように設備投資を行う意向を示す企業もN社に限られていた．つまり，有機的構成の高度化といった対応はほとんど検討されていない．

ただし，山本（1997）は1995年時点での雄物川町O集落の調査において，青壮年男子については農家世帯員の雇用調整に関する直接的な影響への言及はなかった．これはO集落に進出した企業が上述した唯一従業員数を削減していないN社であるため，その影響が少なかったことによるものと考えられる．

(2) リーマンショック後不況期（2008年以降）

リーマンショック後の動向は筆者自ら調査を行ったデータに基づいて論述する．なお，先述のようにこの間雄物川町は横手市と合併したため，横手市にスケールを拡大し調査を実施した．企業調査および機関調査を行ったのは2014年の３月から９月にかけてである．調査先は，ハローワーク横手，製造業２社，介護福祉業１社で，製造業のうち１社は旧雄物川町O集落に立地する，先ほどから何度か登場した自動車部品製造業のN社である．いずれも雄物川町からの通勤圏内である．

①ハローワーク横手

ハローワーク横手には2014年３月に，企画開発部門部門長と紹介部門職員から聞き取り調査を行った．なお，1995年８月のハローワーク横手「管内雇用情勢」資料も部分的に用いる．

横手市では2008年のリーマンショック後，有効求人倍率が最低で0.28倍にまで下がったが，2013年５月時点での有効求人倍率は0.54倍，2014年１月には0.76倍にまで回復している．一方，1995年ハローワーク横手「管内雇用情勢」によれば，当時は1991年時点で1.68倍だった有効求人倍率が，1995年には1.07倍にまで下落している．よってバブル崩壊後も相当倍率は落ちていたが，リーマンショック後の落ち込みはこの比ではなかったことが分かる．

2014年３月現在，直近で新たに市内に誘致された企業は食品加工業であり，機械関連の製造業の進出はない．一方で，飲食店や介護福祉施設が増加した．製造業は2011年以降も倒産・再編・縮小・工場操業停止などによる100人以上規模の事業主都合による人員整理が発生していた（**表2-2**）．たとえばL社は2010年時点では従業員が225人いたが，2011年の倒産直前には100人にまで減少し，彼らも倒産に伴い職を失った．O社は1974年に進出した自動車部品製造業で，2009年時点では1,000人程度の従業員がいたが，2012年に買収・再編された際に100名が離職した．自動車部品・弱電における離職は，リーマンショックの直接的な影響というよりは，発注元が海外に移動し，部品も現地で調達するようになったことが大きい．この地域の企業の社名は合併や買収などによりよく変わる．一方，建設業は傾向としては公共事業の減少に伴い廃業が相次ぎ，減少傾向にある．ただ直近では公共工事が増えたことも

表2-2　横手市における大量離職状況（2011年以降）

	事業内容	企業形態	大量離職理由	時期	離職者数
L社	電子部品製造業	下請	倒産	2011年	100人
M社	ゴム製品製造業	下請	倒産	2011年	225人
O社	自動車部品製造業	子会社	再編	2012年	100人
P社	弱電	子会社	規模縮小	2013年	60人
Q社	縫製業	子会社	工場廃業	2013年	60人

資料：横手市ハローワーク聞き取り調査結果より作成．

あり，人手をほしがっているが，企業によっては東日本大震災の被災地への仕事を抱えている場合があり，県外に行く場合もあるためこれを嫌う人も多い．

求人自体はほとんどが男女不問であるが，職種によって男女が決まる傾向にあるため，結果的に男女間で賃金差が出る．ただし賃金差はあまり大きくない．自動車部品の製造は男子，縫製・弱電・組み立て・食品加工などは女子が多い．このあたりの月給は，男子大卒で初任給11～12万円，車のシートの縫製を行う女子で12万円，専門職に就く男子で15万円である．

派遣会社は横手市内には存在せず，大曲市の派遣業者が横手の人を雇い，横手の企業に派遣をしている．派遣は主に製造業の受注変動や本社からの無茶な要望に対応する際に用いられる．派遣の利用は管内ではあまり多くない．リーマンショックで解雇された人たちは，県外の企業および関連企業に流れ，地元に残りたい人は福祉や派遣に流れたと考えられる．なお，雄物川地域局への聞き取り調査（2014年３月に実施）によれば，外国人労働者も昔はいたが，今はいないとのことであった．

②旧N社秋田工場（自動車部品製造業）

a）企業の概要

旧N社秋田工場（以下，N社）には2014年９月に総務課長より聞き取り調査を行った．なお，後述のように2013年に親会社が買収された影響で1995年時から社名が変わっているが，以下でもN社で統一する．

N社は秋田県横手市雄物川町に位置する自動車部品製造業である．前掲**表2-1**に示したN社であり，1974年の農村地域工業導入実施計画に伴い工場が誘致され，同年より操業を開始した．もともとN社の本社は日産の系列会社であったが，モジュール化により20年前から販売先メーカーが多様化し，2013年に本社ごとフランス資本（資本金91億円）に買収されるとともに日産系列から切られた．ただし，調査時点でも日産グループへの売り上げが７割を占める．製品は全て一度IVN事業部（元N社の本社）に納入し，そこから他の企業へ向かう．よって，N社は販売事業部や営業事業部を有していない．N社の売上高は2014年現在で２億円，2006年のピーク時は３億円であった．

事業内容は自動車のスイッチ生産，ドア／ブレーキと連動するランプ，エンジンラジエーターのセンサーなどの生産である．直接部門としては，機械部＝塑性・切削，組立部＝組立がある．10 ～ 20年くらい前より，プレス・切削に加え，組立も行うようになり，完成品までできる一貫体系となった．ただし，近年は外国との競争にさらされており，特に手作業部分が外国に行ってしまう傾向にある．

給与形態は正社員については「役割給」（月給）＋残業代となっている．それまでは基本給＋職能給[9)]だったが，10年程前から実力主義に変えた．「役割給」は作業効率や不良品の少なさ，指示に従っているかどうかが評価される．機械部はすでにベテランばかりで「役割給」に差がつかない．また，改善提案への表彰制度による賃金上乗せもある．他方，契約社員の賃金は時給であり，800 ～ 1,000円程度である．夜勤の手当は別にプラスされる．勤務は通常勤務（8:30～17:30）と夜勤（17:30～2:30）の二部制である．従業員が自ら営む農業生産が企業の出勤率に影響を与えることはない．従業員が農家世帯員であるかも会社として把握していない．

b）リーマンショックへの対応と現状

2014年現在の従業員数は146名であり，うち契約社員は８名，再雇用者２名（再雇用期間１年），残りは全員正社員である．男性が７割強と多いが，契約社員は主にラインに貼りつく（女性が多い）．リーマンショック前は2014年時点よりも従業員数が多かったが，リーマンショック直後に30名を整理した．この際，契約社員をメインに整理したが，正社員もリストラした．その後，2012年には176名にまで人員を増やすが，2013年に買収された際は契約社員10名，正社員３名を整理した．正社員については，55 ～ 58歳の退職希望者を募り，退職金に18か月分を上乗せして人員削減をした．本社からは間接経費を減らすよう指示されているが，営業利益を守るためには，直接・間接ともにこれ以上の人員削減は無理と感じている．派遣は中間マージンを取られるなど，費用が高くつくため使っていない．また外国人雇用もない．高齢者の再雇用制度は存在するが，１年間のみである．本社から人員削減を言い渡されている状態で高齢者の再雇用は難しい．

2008～10年の間に採った新卒数は２～３名であったが，2010年以降正社員の採用は行っていない．よって正社員の平均年齢は45歳を超えており，高齢化している．契約社員は現在もまれに募集をハローワークでかけている．30歳代を募集するが，40～50歳代の人ばかり応募してくる．契約社員の契約期間は１か月である．

③R社（光ファイバー，半導体製造業）

a）企業の概要

R社への聞き取り調査は，2014年９月に総務本部総務部員２名より行った．

R社は1989年に横手市に隣接する湯沢市にて時計用軸受宝石生産業者として創業し，1993年に横手市内のY工業団地の一角に移転した．雄物川町からは車で20～30分の距離にある．元は1959年に創業したK工業が母体であるが，系列会社ではなく，取引は100％R社として行う．資本金は5,000万円である．

主な事業は光ファイバー用のフェルール・スリーブや半導体，光ファイバー技術を生かした内視鏡などの医療製品の開発・製造である．切断，研削，研磨技術に強みがある．組織は，直接部門（生産）が第一本部（光通信部）と第二部（精密部・光部品部）があり，各部がさらに一部（組立）と二部（部品製造）に分かれる．また間接部門として，生産管理・購買・総務・経理がある．

本社は東京だが，秋田工場が生産・製品開発のメインであり，出荷も秋田工場から直接行う．さらに独自の生産設備を内製品化しており，生産設備のカスタマイズや，メーカーの要望に応じた図面起こしも行う．また，国内３カ所に協力工場があるが（鹿児島県，福島県，新潟県），出身母体とは関係がなく，経営者間の個人的な関係から協力工場となっている．海外には営業用の事業所（アメリカ，中国など）のほか，上海・タイに工場があり，グレードの低い商品を製造している．製造品の６～７割が海外出荷となるため，不況の影響が出てくるのにもタイムラグがあり，半年から８か月ほど遅れてきた．

同業他社（汎用品生産）の多くは国外に移転したが，R社は国外への移転予定はない．これは，先々代オーナーの「簡単に技術を持ち出してはいけない」という信念に基づくものである．具体的には，独自生産設備の技術内容が漏れる恐れを危惧する意図がある．精度要求される基幹パーツは日本で生産し，上記のタイ工場で始めた生産は中国向けのグレードの低い商品の製造に限られる．

正社員の給与体系は，基本給に加え，資格給（10段階の社内資格），ポスト給（部長・課長の職位に対応），ボーナス（4.5ヶ月），各種手当がつく．職種で給料は変わらない．なお，ラインの課長35歳くらいで年収500万円いくか行かないかの水準である．部長（43～44歳）でMAX600万円いかないくらいであり，ポストに就いていなければ400万円どまりである．昇給は45歳で止まる．正社員の再雇用は60～65歳までである．契約社員の契約期間は基本的に２ヶ月だが，継続するようにしている．時給制で820～830円/時スタート，最高で900円弱くらいにまで上がる．ボーナスは１か月に達しない程度にある．労働条件は３交代制（通常勤務，夜勤，深夜勤）である．平均年齢は約40歳である．

現在，社員が農家の子弟かどうかは把握していない．農繁期に有給休暇申請はあるが，工場の操業上問題になるほどではない．大規模農家出身者はいないのではないかと考えられる．休日で済ませる程度の農作業でないと，会社勤務はつとまらない．

b）リーマンショックへの対応

直接の雇用関係にある従業員は2014年現在，正社員230名，期間雇用ないし契約社員146名（以下，契約社員で統一），パート２名の総計376名である．男女比は６：４で男が多く，９割が高卒で，契約社員も同様の比率である．外国人社員は東京本社に１名営業でいるのみである．また，派遣社員を30名導入している．

リーマンショック前，派遣社員は５社から50名以上を利用していたが，リーマンショック後に全員「切り」，その後再度派遣を使うようになった．なお，契約社員も減らしたが，あまり減らしておらず，正社員は整理対象外であった．派遣会社は現在１か所だけに頼んでおり，働く人たちも地元の人たちばかりである．派遣はマージン分高くつく．他方で契約社員の場合社会保険料を考慮しなければならない．派遣と契約では労務費の差は２～３万円/人・月と，契約社員のほうがコスト的には安くなる．

2014年時点では，むしろ人材不足の問題がでている．リーマンショック前は年10人ほど新卒を採用していたが，その後は１～２人に抑えていた．しかしここ数年４人に回復するも，新卒・中途ともに募集しても集まらず，苦戦している．こうした中，派遣社員を契約社員に取り込む取り組みをしている．派遣社員の人数が現在30名弱まで減少しているのは，契約社員への転換の結果である．契約社員の切り替えに見合った安定した受注があるか現場は安心できていないが，ここ何年かは，仕事がないという状況にはない．契約社員の正社員登用の話も出てはいるが，2014年時点ではそこまで行っていない．

④S社（介護福祉施設）

S社は横手市内に位置する社会福祉法人である．聞き取り調査は2015年１月に施設長より行った．

設立は2009年８月と，リーマンショック後に設立された社会福祉法人である．社会福祉法人のため資本金はない．関連する会社などはなく，単独事業所である．事業部は①特定養護老人ホーム，②ショートステイ，③デイサービス，④特定入居者生活介護施設，⑤居宅介護支援事業の５つである．①～③の稼働率はほぼ100％であり，空き待ちの状況である．④，⑤の稼働率は70％程度である．今後，地域の高齢化は頭打ちし，その後利用率は下がっていくと考えられる．地域密着型の法人であるため，横手市在住の人しか利用できない．特定養護老人ホームは社会福祉法人だけが運営でき，横手市内だと6～7件のみである．代わりに規制の緩いショートステイやグループホームが2003年ごろから増えている．2006年からグループホームの規制が入ったが，その後もショートステイは増え続けている．

現在職員数は総勢80名で，うち正社員が4割，臨時社員が5割，パートが1割である．正社員と臨時社員の違いは，常勤者を中途採用する場合，まずは臨時社員として雇うという点のみで，業務内容に差があるわけではない．従業員の男女比は4：6で女子が多い．正社員と臨時で男女の比率は変わらない．またパートは全員女子である．仕事内容としては，一部専門職を除き，お手伝い，食事補助，声掛け，見守り，介助，風呂などである．豪雪地帯であるため送迎などに困難がある．専門職員は管理栄養士や看護師などの9名であり，給与体系も変わる．職員の年齢構成は平均すると30歳代中盤となるが，実際は20歳代が多く，30歳代が少なめで，40～50歳代の人たちが多い結果として上記の平均になる．

給与体系は基本給10万円に，経験による社内ランク評価に基づいた加算(10段階以上)，これに手当（夜勤，国家資格，通勤，住宅，扶養，オンコール（緊急呼び出し手当，看護師のみ））がつく．中途採用者は経験で賃金に差が出る．施設としての休業日が存在しないため，職員の休日は不定期であるが，休日は月9日程度である．正社員と臨時社員の勤務時間は8時間，4交代制で，パートはシフト制である．

近年，毎年臨時社員を正社員に変えている．これは人手不足が著しく，辞めてほしくないためである．2015年現在，介護部門では人の取り合い状態である．中途採用者の出入りは激しく，2014年は15人採用し，10人退職した．設立当初は様々な年齢層から人を採っていたが，近年は基本的に新卒を採用するようにしている．新卒の場合は高卒ではなく専門学校生を取るようにしている．中途採用者は男性の30～40歳代が多い．ほぼ全員地元出身者で，うち約半数は実家が農家の者である．男性職員は休日を利用しながら実家の農業を手伝っているようである．なお，派遣従業員はおらず，これまでもいない．この地域の介護部門は派遣社員をほとんど使わない．

(3) 小括

リーマンショック後の横手市では，企業の倒産・再編・規模縮小などが相次いでおり，これに伴う大量離職が発生していたが，これは単にリーマンショック後の不況という以上に，発注元の海外への移動や買収といった地域をまたいだ製造業の生産構造の変化の中で生じていた．とりわけ，1990年代には雇用調整を行っていなかった自動車製造業についても，N社やO社にみられるように企業再編に伴う失業が発生し，この失業者の中には青壮年男子正社員が少なからず含まれていた．またN社は納品先も全て元本社であり，営業部門や開発部門を有しておらず，1990年代には見られた設備投資といった動きはリーマンショック後にはもはや見られなかった．

一方で，R社のように自己資本かつ自社開発を手がける企業では正社員を対象とした雇用調整は行われていなかった．また，N社ではそれまでの年功序列の賃金体系から役割給へと変化しており，雇用条件の劣悪化が進んでいたが，R社では年功序列の賃金体系が採用されていた．R社はほかにも，中国・東南アジア諸国に分工場を有する，正社員に対する定期昇給，派遣労働者の利用と「派遣切り」を断行している点で，上伊那地域の製造業と共通する点が多い．とはいえ，横手市全体としては本社の意向による規模縮小や工場操業停止，（おそらくは統合や買収に起因した）社名変更が頻発していたことを鑑みるに，R社のような企業はむしろ例外的であり，域外の親資本（本社）の企業再編や経営戦略の名の下に，正社員含めた雇用調整が断行されていると考えざるを得ない．そしてこのような大量失業の受け皿として介護福祉事業が一定位置付いていたが，介護職一般にいえることではあるが，厳しい就業条件の下，人員の流動性が極めて高い状況にあった．

また，派遣労働者の動向について，上伊那地域の製造業は企業規模にかかわらず派遣労働者の利用があったのに対し，横手市は市内には派遣事業所はなく，その利用は盛んではないこと，派遣労働者は地元出身者のみで構成されている点で異なる．

５．考察

以上，ここまで長野県上伊那地域と秋田県横手市雄物川町における農外資本の動向について，農村工業化の発展期と「衰退」期にわけながらその展開を追った．そして雇用調節面について言えば，横手市雄物川町は上伊那地域よりも不況期における雇用調整の影響はより甚大であった．

まず，「中心＝近畿型」移行地域である長野県上伊那地域では，1980年代まで不安定・単純労働力を下請企業群（組立型企業）によって組織される農家世帯員含む女子労働力が担っていたが，これが縮小局面に転じた1990年代以降，青壮年男子や域外労働力を含む不安定・単純労働力への依存は時代が下るほど深化していた．すなわち，1990年代は東北からの出稼ぎ者，2010年代時点では調査対象の製造業全てが派遣労働者を利用するとともに，外国人労働力や地元の労働者世帯出身者がその供給源となっていた．

ただし，不況期であっても男子正社員は雇用が守られていたが，これは昨今の頻繁な取引先や製品の変更に対応するために，複雑労働を担う男子正社員の雇用を守る必要性があることに言及した．もっともこれが可能なのも，主体的に取引先を変え，また新たな取引先の要望する商品開発が可能なだけの資本力，営業力，技術力があることが前提にあり，まさしく今日生き残っている当該地域の下請企業群は「独立下請中小企業」として展開しているのである．そして，地域労働市場圏外からも青壮年男子を含む不安定・単純労働力を調達していること，なお農家からの労働力供給が豊富に存在すると思われる「周辺」国を対象に対外直接投資を行っている当該地域の「独立下請中小企業」群は典型的な「中心」としての振る舞いも見られ，その面的展開によって複雑労働賃金が一般化する「近畿型地域労働市場」が成立していたのである．

他方，秋田県横手市雄物川町では，不況期には青壮年男子含めた雇用調整が行われていた．すなわちバブル崩壊後は雇用調整のみならず親資本の意向で生産工程の一部が海外へ移転する傾向にあり，リーマンショック後は，発注元の海外への移動に伴う発注先の変更や，親会社が合併・買収されるといった生産構造の変化の中で，事業所の倒産・再編・規模縮小を伴う大規模な雇用調整が断行されていた．一方で，上伊那地域と異なり，派遣労働者を利用するケースはマイナーであった．

では，このような派遣労働者の利用を巡る地域差はいかなる要因によって生じるのか．まず，前章で分析したように，2014年に実施した雄物川町O集落の調査では，青壮年男子のうち約３割がリーマンショック後に失業を経験しており，これには正社員も含まれていた．また，R社へのヒアリングでは，契約社員146名のうち６割が男子との回答を得ており，解雇された契約社員の中には青壮年男子も含まれていると考えざるをえない．以上のことが意味することは，当該地域の農外資本は，直接の雇用関係にある青壮年男子を含む正社員や契約社員を雇用調節弁として機能させているということである．いうなれば，横手市雄物川町では，雇用調節の対象となるか否かという点において，正社員と派遣労働者との区別が上伊那地域と比して曖昧である．加えて，派遣労働者は仲介業者が入ると契約社員よりも手数料分のコストがかさむという事情も相まって，横手市においてはあえて派遣労働者を利用するインセンティブが弱いものと考えられる．

非正規雇用の契約社員はともかく，青壮年男子正社員が雇用調整弁として機能している点は，上伊那地域における青壮年男子正社員の扱いと対照的である．また，第１章で見たように彼らの賃金水準は単純労働賃金の水準に留まるか，賃金上昇があったとしてもその上昇程度は非常に鈍い．これの意味するところは，彼らは農外資本によって積極的に複雑労働者として養成されていない，ということである．もっといってしまえば，青壮年男子正社員の少なくとも一部の層は，不安定・単純労働力の一端を担っていることになる．そしてこれは誰にとっての不安定・単純労働力層であるのかといえば，彼らを雇用する進出企業のそれというよりは，親会社やさらにその上の買収元にとってのものであり，場合によっては工場閉鎖という形で進出企業自体が雇用調節弁としての役割を担わされているのである．

以上，横手市雄物川町で展開する農外資本は，江口（1976）のいうところの「独占・大会社のいわゆる「系列」的支配関係の中で実現」する分工場としての性格が非常に強いことが明らかになった．そこではその経営展開において主体性に乏しく，他地域の親会社（あるいはその買収元）に対して非常に従属的であること，そこで求められる労働力は青壮年男子の一部含め主として単純労働力であること，青壮年男子正社員でさえも不安定・単純労働力の一端を担っていると言わざるをえない状況にあった．また不安定・単純労働力によって組織されているということは，技術的な代替性が高いことも意味し，1990年代には既に生産工程の一部について海外移転が検討され，リーマンショック後には実際に海外への製造業の「放浪」現象が深化していたのである．

6．結論

本章では，「中心＝近畿型」移行地域と「半周辺＝東北型」移行地域の農外資本，とりわけ製造業の展開を比較分析する中から，両地域で展開した下請企業の質的な違いを明らかにした上で，これが地域労働市場の地域性に及ぼす影響を考察することを課題とした．分析から明らかになったのは以下の点である．

まず，上伊那地域では大都市部の独占的大企業（大手メーカー）からの発注を受ける中堅的企業が地域労働市場圏内では発注元として位置付いており，その下請兼発注元として地元企業である中小企業，さらにその下の大量の下請企業群によって構成される巨大な「下請ピラミッド構造」が形成され，この中から「独立下請中小企業」として展開した地元企業が面的に形成されていた．対して，雄物川町ではそもそも下請企業群の形成が見られたとの描写はなく，雄物川町への進出企業は，資本規模が大きくとも発注機能を持たない純然たる「分工場」的下請企業にすぎなかった．また，その発注元は遠く離れた他地域の親会社にあり，地域労働市場圏内には上伊那地域では発注元として位置付いていた中堅的企業，中小企業層が抜け落ちた構造にあった．

また，1990年代以降の不況期における雇用調整の影響は，上伊那地域よりも横手市雄物川町においてより甚大であり，その特徴は特に地元在住の青壮年男子正社員の扱いに強く表れていた．すなわち，上伊那地域においては不況期に地域労働市場圏外の者も含む出稼ぎ者の採用取りやめや「派遣切り」が行われた一方で，一貫して正社員の雇用は守られていた．そしてその背景として，当該地域の「独立下請中小企業」は主体的に取引先を変え，また新たな取引先の要望する商品開発が可能なだけの資本力，営業力，技術力を持ち合わせており，これを労働力面で担保する複雑労働者＝正社員の解雇は容易には行われえないことに言及した．

一方，雄物川町では，1990年代のバブル崩壊後には早々に縫製業の倒産・撤退が相次ぎ，それ以外の製造業も雇用調整と生産工程の部分的海外移転の検討が行われていた．さらにリーマンショック後は，バブル崩壊時には雇用調整を行っていなかった自動車部品製造業N社においても親会社の海外資本による買収を期に青壮年男子正社員にまで及ぶ雇用調整が断行されていた．また，N社は自ら開発部門や営業部門を有しておらず，域外の親会社との強い従属関係のもとにあった．そして範囲を横手市に広げてみても，自社開発を行う一部製造業を除き，工場自体が倒産，撤退，再編，縮小などの形態を取りながら，他地域の農外資本（親会社）にとっての雇用調整弁として機能する状況にあった．こうした中にあっては，横手市雄物川町においては，正社員と非正規雇用者の区別も，歴然とした差がある上伊那地域と異なり曖昧，つまりは青壮年男子正社員の少なくとも一部は雇用調節弁として機能することになると主張した．

以上，「半周辺＝東北型」移行地域における農外資本の特徴は，「独立下請中小企業」の面的な展開に乏しく，他地域の親会社（資本）への従属性が非常に強い，いわゆる「分工場」が主であること，進出企業が地域労働市場圏内の他の農外資本に対して発注元としては展開していないこと，他地域の親会社から見れば青壮年男子正社員さえも雇用調節弁と見なされ，不況期にはその機能の発現を求められることが明らかとなった．このことが対象地域における地域労働市場に及ぼすものは，青壮年男子に複雑労働者としての就業機会を一般にもたらさないことはおろか，青壮年男子正社員でさえも不安定・単純労働力の一端を担わされるということである．この点は北東北を対象とした農家調査結果でも表れている．詳細は本書の第３部に譲るが，そこでは青壮年男子正社員の雇用の流動性が非常に激しい点で特徴的である．こうした中にあっては，安定的かつ複雑労働者としての就業機会を求める者は，新規学卒時点で地域労働市場圏外に流出せざるをえず，前掲図2-2でみた当該地域における就業人口の減少に結びついていると考えられるのである．

では，「中心＝近畿型」移行地域と「半周辺＝東北型」移行地域で下請企業の展開にここまでの地域差が生じた要因をどこにみるべきか．私見では，既に農村工業化開始の時点で雌雄が決していたように思われる．上伊那地域では階層的かつ裾野の広い下請企業群が形成され，この中での分業体制を前提としながら「独立下請中小企業」として上向展開した地元企業層が形成されたのに対し，雄物川町ではそもそも下請企業群の形成それ自体が見いだせない状況下にあった．仮に，後者で展開した進出企業も地元の下請企業に生産工程を部分的に移転する方が高い利潤率を期待できるのであれば，親企業は進出企業に強い裁量を与え，下請企業群の組織化を推進したであろう．しかしそうはならなかったのは，そうした形での高利潤獲得が，雄物川町が農村工業化した1970年代前半時点ではもはや展望できなかったとためと考えられる．つまり，当時は第１章で見たように既に日本全体で相当程度賃金水準が上昇しており，有機的構成の低位な小資本に生産工程の一部を積極的に移転することで高い利潤率を上げる形での資本蓄積がもはや困難な時期にあった可能性を考慮しなければならない．もっともこの点は，両地域の農外資本の資本規模やその技術構成にまで立ち入った詳細な分析に基づいた実証的分析から裏付けられなければならない．また，農外産業の展開にあたっては農家・非農家に関わらず女子労働力が非常に重要な位置を占めていたことも本章の分析で示されたが，その位置付けについて立ち入った分析・考察を行うことができなかった．今後の課題としたい．

注

1） 池田（1982）pp.221-236参照.

2） 青野（1982）によれば，ある自動機の導入による省力化により，半自動機レベルで同一行程を行った場合の４分の一の労働力ですむようになったとしている．一方で，元々使用していた半自動機は70～280万円であるのに対し，自動機は800～1,600万円と相当の資本規模を求めるものとなっている.

3） 粂野（2024）によれば，諏訪地域は高度経済成長期以降，機械金属加工型の産業が躍進し，1963年には新産業都市にも指定され，大きく生産を拡大させたが，これに伴う急激な生産の拡大は，諏訪地域に労働力不足による賃金の上昇や工場用地価格の高騰をもたらすこととなった．そのため，1990年代前半初頭まで相対的に地価や安価な労働力が多い伊那地域への発注元として位置付くとともに，企業自体が諏訪から移転するケースも増加したとしている.

4） 本書第４章参照.

5） 以下は山崎（2015）pp.97-100，山崎（2024）pp.37-39参照.

6） 同様の現象は上伊那地域の大企業であるオリンパス光学工場やNEC長野（当時）の事例にも見られる．粂野（2024）pp.92-93参照.

7） 神田（1997）によれば，撤退した２社のうち１社（本社は愛知県）は撤退にあたり嘆願書も届けられたが受け入れられず，退職者の何人かは別企業に再就職した．１社は他の町にある工場に統合し，女子従業員36人のうち26人は統合先の工場に再就職した．再就職しなかった者の動向は不明である.

8） なお，筆者は2014年にF社への再調査を試みようとしたが，既に撤退していた.

9） 職能給は社員の年齢や勤続年数，職務遂行能力を評価し，その評価のもとに決められる給与とされており，いわゆる年功序列の賃金体系のことを指す.

【引用文献】

青野壽彦（1982）「上伊那・農村地域における下請工業の構造」中央大学経済研究所編『兼業農家の労働と生活・社会保障：伊那地域の農業と電子機器工業実態分析』中央大学出版部，pp.159-209.

池田正孝（1978）「不況下における農村工業と地方労働市場の変動」中央大学経済研究所編『農業の構造変化と労働市場』中央大学出版部，pp.331-396.

池田正孝（1982）「電子部品工業の生産自動化と農村工業再編成」中央大学経済研究所編『兼業農家の労働と生活・社会保障：伊那地域の農業と電子機器工業実態分析』中央大学出版部，pp.241-286.

江口英一（1976）「分析視覚」中央大学経済研究所編『中小企業の階層構造―日立

製作所下請企業構造の実態分析―』中央大学出版部，pp.1-19.
鹿嶋洋（2016）『産業地域の形成・再編と大企業』原書房.
神田健策（1997）「円高による工場海外移転が農村社会に与える影響に関する実証的研究」『平成７年度～平成８年度科学研究費補助事業（基盤研究(C)）研究成果報告書』.
粂野博行（2024）『地方産業集積のダイナミズム：長野県上伊那地域を事例として』同友館.
友田滋夫（2006）「農村労働力基盤の枯渇と就業形態の多様性」安藤光義・友田滋夫『経済構造転換期の共生農業システム：労働市場・農地市場の諸相』農林統計協会，pp.19-108.
山崎亮一（1996）『労働市場の地域特性と農業構造』農林統計協会.
山崎亮一（2013）「失業と農業構造：長野県宮田村の事例から」『農業経済研究』84(4)，pp.203-218.
山崎亮一（2015）「宮田村における労働市場」星勉・山崎亮一編著『伊那谷の地域農業システム：宮田方式と飯島方式』筑波書房，pp.63-111.
山崎亮一・新井祥穂・氷見理編（2024）『伊那谷研究の半世紀：労働市場から紐解く農業構造』筑波書房.
山本昌弘（1997）「労働市場再編下の農業構造―秋田県の水田地帯を事例として―」『鯉淵研報』13，pp.10-25.

第3章

農業構造の今日的地域性：土地利用と常雇の動向から

1．課題と方法

本章の目的は，第１章で示した地域労働市場類型と農業構造の対応関係を統計分析から明らかにすることにある．分析に先立ち，まずはこれまでの農業構造変動を巡る議論を概観すると以下の通りである．

日本の農村部では，戦後から1970年代頃まで「切り売り労賃」等と呼ばれる農業所得との合算なしには生計を立てることが困難な低賃金が青壮年男子農家世帯員から広範に検出され（田代1984），このことは農業構造変動が進展しない兼業滞留的な農業構造に結びつくとされた．一方，1980年代に入り，近畿地方を中心に青壮年男子農家世帯員から「切り売り労賃」層が検出できず，年功賃金制が一般化した地域労働市場＝「近畿型地域労働市場」の存在が指摘されるようになったが，「近畿型」のもとでは大半の農家について農地の貸し手への転化が促された一方で，農業構造は上層農家への順調な農地集積ではなく，農家層から農業生産の担い手を見い出すことが困難な落層的分化傾向に結びつくとされた（山崎1996）．センサス分析でも，1985年以降全国的に農家数の減少率が上昇し，農業構造も構造変動局面へと移行したことが確認されたが，西日本では後継者層の流出による受け手不足や農地かい廃の進展が指摘された（宇佐美編1997）．

こうした中，山崎（1996）は「近畿型」地帯における新たな農業生産の担い手として，他産業並みの労働条件を設ける法人組織の登場を展望していたが，1990年代以降の組織経営体の動きとしてむしろ注目されるのは，地権者により組織され農地保全を主たる目的とする集落営農組織（田代2006）の展開であった．特に北陸～山陽にかけての地域はこれが積極的に展開し，「集落営農ベルト地帯」（小田切編2008）とも呼ばれた．この「集落営農ベルト地帯」と第１章で示した「中心＝近畿型地域労働市場」地帯がほぼ対応するのは，これらの地域の多くが「中心＝近畿型」へと移行したことが要因といえよう．一方で，「中心＝近畿型」への移行が見られた地域で山崎が展望したような法人組織の展開が当時は広く見られなかったのは，土地利用型農業において年功賃金制をはじめとした他産業並の就業条件を設けることと農地保全を両立させることが困難であったことに起因するものと考えられる[1)]．

対して，東北では1980年代～1990年代についてはセンサスでも比較的順調な上層農家による農地集積の進展が確認されていた（宇佐美編1997）．これは東北の大半は当時なお「周辺型地域労働市場」にあり，農外就業機会に恵まれない中，農業に活路を見いだし規模拡大を志向する農家層が形成されていたことによるものと考えられる．しかし第１章で述べた通り，筆者は2000年代以降，東北においても青壮年男子農家世帯員から「切り売り労賃」層を検出しがたいが複雑労働賃金の一般化も見られない，「半周辺＝東北型地域労働市場」への移行が段階的に進んだものと認識している．そして2005年から2010年にかけ，それまで集落営農の展開がマイナーであった東北，北関東，北九州でも集落営農組織が急増したが，当時設立された集落営農組織の多くは2007年に開始された品目横断的経営安定対策の規模要件[2)]を満たすために個別農家が集まり設立された，組織としては営農実態に乏しい「枝番管理型」，「政策対応型」と呼ばれるような集落営農が大半であったと指摘されている（安藤編2013）．つまりこれらの地域では，この間の地域労働市場構造の移行にもかかわらず，実態としてはなお個別農家による営農が根強く残っている状況にあった．

以上，2010年までにかけての動きは，地域によってその内実は異なるものの，集落営農を中心とした組織経営体の躍進に目が引かれるが，労働力構成面から見れば，少なくとも設立当初においてはその多くが農家世帯員で構成されていた点，農家経営の延長線上に位置づけられるものと解釈することもできる．

しかし，2015年センサスでは新たな動きが見られた．それは，水田農業の分野でも法人（会社法人，農事組合法人）を中心に活発な常雇の導入が進んだ点である（八木・安武2019）．もっとも，センサスにおける常雇の定義は「長期（年間７か月以上）の契約で雇った人」であり，ここには７ヶ月間就労する季節労働者も含まれることから，他産業で思い浮かべるような恒常的な勤務者のみを指すものではない．しかしともあれ，水田農業分野においても，組織の構成員≒農家労働力ではなく，雇用を通じ労働力を確保する経営が急増した点は新たな動きとして注目される．

では，この現象はいかなる背景のもと生じていると考えるべきか．一つには，組織内で労働力不足が顕在化していることが挙げられる．澤田（2023）は2020年センサスでは団体経営体においても役員・構成員数が大幅に減少したことを指摘したうえで，法人経営体および雇用労働力の重要性が高まっていることを指摘している．今ひとつに，労働市場側の要因も考えられる．すなわち，2010年代以降「中心＝近畿型」移行地域においても青壮年男子に単純労働賃金層が形成される雇用劣化が進展しているのである．このことは，雇用劣化以前と比較し，青壮年男子労働力の確保にあたり他産業並の労働条件を設ける際のハードルの低下をもたらしうる．新井・鈴木（2024）は実際に，「中心＝近畿型」移行地域である長野県上伊那郡に位置する飯島町の集落営農法人の調査から，雇用劣化に伴い，青壮年にとって当該法人の就業条件が相対的に向上し，時に農外就業先に並ぶ選択肢として位置付く契機になったことに言及している．

以上の点を踏まえれば，今日，落層的分化が進展した「中心＝近畿型」地帯で常雇の導入を進める組織経営体が農地の受け手としてより重要な位置を占めていることが予想される．しかしながら，従来の研究では常雇を導入する組織経営体（とりわけ法人組織）が農地の受け手として今日どの程度重要性を高めているのか，そこに地域性は見られるのか，といった視点からは十分な研究が行なわれていなかった．そこで本章では，2015年に急増した常雇を有する組織経営体が農地（とりわけ田）の受け手として今日どの程度重要性を高めているのか，また2020年にかけていかなる展開を見せているのかを，第１章で示した地域労働市場の地帯類型を踏まえながら明らかにすることを課題とする．

なお，15-20年の販売農家減少率は過去最高だった10-15年の18.5％を上回る22.7％に達したが，それ以上に常雇のいる経営体数は都府県で31.3％減（4.8万経営体→3.3万経営体）と大幅に減少してしまっている．もっとも，2020年センサスでは調査票の質問項目の複雑化から常雇人数および常雇のいる経営体数が過少に表れている可能性も指摘されている点注意が必要だが[3)]，いずれにしても経営田を有する経営体でも同様の傾向がみられるのか，またそこに地域性が見られるのかについて検証することそれ自体は求められるであろう．

方法は，各年農林業センサス報告書および2010，2015，2020年センサスの個票組替集計による分析を行う．農林業センサス報告書では，常雇のいる経営体の詳細なデータは公表されておらず，2020年センサスからは属性区分もこれまでの組織経営体，家族経営体から，団体経営体（組織経営体および１戸１法人），個人経営体（１戸１法人を除く家族経営体）へと変更になったため，本章の課題を分析するにあたり個票の利用は必須である．対象は都府県の田を主とする．

２．2020年センサスの概要と特徴

課題の分析にあたり，まずは2010年から2020年までの動向を土地利用面に限定しながら概観する．

表3-1は農業経営体の地域別，地目別の経営耕地面積の推移を示したものである．経営耕地面積減少率は10-15年の5.0％から15-20年は6.3％に上昇し，田の減少率は都府県平均で4.8％から7.7％へとさらに上昇している．一方で15-20年は畑の減少率が都府県平均で7.2％と田よりも低く，とりわけ北海道，近畿，四国は畑地の減少率がマイナス，つまり畑地が増加している．また樹

表 3-1　地目別の経営耕地面積の推移（2010〜20 年）

	経営耕地面積					田					畑			樹園地		
	実数（1,000ha）			減少率		実数（1,000ha）			減少率		実数（1,000ha）		減少率	実数（1,000ha）		減少率
	2010 年	2015 年	2020 年	10-15 年	15-20 年	2010 年	2015 年	2020 年	10-15 年	15-20 年	2015 年	2020 年	15-20 年	2015 年	2020 年	15-20 年
全国	3,632	3,451	3,233	5.0%	6.3%	2,046	1,947	1,785	4.8%	8.3%	1,316	1,289	2.0%	189	159	15.6%
北海道	1,068	1,050	1,028	1.7%	2.1%	222	210	181	5.6%	13.9%	838	845	-0.9%	3	2	7.2%
都府県	2,563	2,401	2,204	6.3%	8.2%	1,824	1,737	1,604	4.8%	7.7%	478	443	7.2%	186	157	15.8%
東北	712	663	618	6.9%	6.8%	544	515	482	5.2%	6.5%	114	106	6.3%	34	30	12.5%
北陸	273	265	251	3.1%	5.2%	252	246	235	2.3%	4.8%	15	14	8.9%	3	3	18.2%
北関東	279	262	241	6.2%	7.8%	186	177	165	5.1%	6.8%	77	71	8.8%	8	6	23.3%
南関東	165	152	141	7.8%	7.0%	99	93	88	5.6%	5.5%	51	47	8.0%	8	6	18.4%
東山	90	84	76	6.4%	9.7%	45	42	37	6.0%	13.5%	24	23	2.4%	18	17	10.0%
東海	185	168	151	8.9%	10.3%	119	111	103	6.5%	7.8%	31	27	12.9%	27	22	17.6%
近畿	164	155	143	5.3%	7.8%	132	125	115	4.9%	8.4%	9	10	-10.4%	21	19	11.9%
山陰	54	50	45	6.8%	10.0%	41	39	35	4.9%	9.7%	9	8	7.9%	2	2	25.3%
山陽	115	105	91	8.7%	13.1%	96	89	77	7.4%	13.3%	10	9	7.1%	6	5	20.0%
四国	96	86	74	10.9%	13.4%	64	58	49	9.3%	14.8%	10	10	-3.1%	18	15	17.8%
北九州	272	262	240	3.9%	8.4%	196	193	177	1.5%	8.2%	43	42	2.8%	26	21	19.4%
南九州	131	124	113	5.7%	9.2%	50	47	42	5.2%	11.3%	63	59	6.9%	14	12	12.4%
沖縄	26	25	19	4.6%	21.4%	1	1	0	8.2%	34.5%	23	18	20.1%	1	1	37.2%

資料：農林業センサス（2010 年，2015 年，2020 年）.

表3-2　経営形態別の経営田面積増減率及び借入田面積増減率（都府県，2010-15年，2015-20年）

（単位：%）

	農業経営体				販売農家				組織経営体			
	経営田増減率		借入田増減率		経営田増減率		借入田増減率		経営田増減率		借入田増減率	
	10-15 年	15-20 年	10-15 年	15-20 年	10-15 年	15-20 年	10-15 年	15-20 年	10-15 年	15-20 年	10-15 年	15-20 年
都府県	△4.8	△7.7	13.0	8.4	△9.6	△12.6	7.1	3.5	28.9	14.2	26.2	15.4
東北	△5.2	△6.5	16.2	12.9	△9.1	△11.1	11.2	8.8	22.5	13.4	16.0	16.3
北陸	△2.3	△4.8	11.9	12.0	△8.9	△13.6	5.1	1.5	24.5	20.3	22.0	24.4
北関東	△5.1	△6.8	17.0	10.7	△7.2	△8.9	14.5	10.1	24.3	14.9	27.3	12.2
南関東	△5.6	△5.5	18.2	10.0	△9.1	△8.4	10.9	6.5	76.0	28.5	73.9	27.7
東山	△6.0	△13.5	9.9	△6.2	△9.6	△16.2	7.4	△5.5	13.9	△2.3	14.1	△7.4
東海	△6.5	△7.8	14.9	11.5	△13.7	△16.2	3.4	2.4	42.1	26.3	43.2	27.2
近畿	△4.9	△8.4	13.8	8.2	△12.0	△14.6	△1.0	△1.6	63.7	22.1	59.9	25.8
山陰	△4.9	△9.7	15.6	11.4	△12.0	△19.1	5.1	△3.4	44.0	26.0	38.5	29.8
山陽	△7.4	△13.3	17.1	3.8	△14.5	△19.1	0.4	△3.3	60.4	15.5	64.9	15.9
四国	△9.3	△14.8	5.4	2.5	△12.8	△17.0	2.3	△3.6	42.6	5.3	17.6	24.6
北九州	△1.5	△8.2	10.9	△2.5	△6.4	△10.6	5.2	0.8	17.1	△3.0	18.3	△7.6
南九州	△5.2	△11.3	14.7	3.9	△7.8	△14.7	9.3	△1.4	97.2	45.7	102.5	43.6

資料：農林業センサス（2010 年，2015 年，2020 年）.
注：1）沖縄は田のある組織経営体数が 10 を下回るため，表示を略した.
　　2）借入田増減率がマイナスの数値に網掛けし，2015-20 年の増減率が 2010-15 年の増減率を上回る数値に下線を付した.

園地は都府県の全地域で減少率が10％を超えており，田以上に急速な減少傾向がうかがえる．

ところで，10-15年の経営田の減少率は，北陸が2.3％，北九州は1.5％と非常に低く，これ以外の地域も山陽，四国，沖縄を除いた地域で4.9～6.5％の水準にとどまっていた．しかし15-20年は南関東以外の全地域で経営田の減少率が10-15年よりも上昇しており，とりわけ東山以西で都府県平均よりも減少率が高く，東山，山陽，四国，南九州，沖縄に至っては10％を超えている．つまり，15-20年は10-15年と比較し，全国的に経営田の減少率が上昇していることに加え，その地域差が顕在化しているのである．

次に販売農家と組織経営体に分けつつ，都府県の田に限定しながら経営田面積増減率と借入田面積増減率（以下，借入田増減率）の関係を分析する（**表3-2**）．

まず販売農家をみると，借入田増減率は都府県平均で10-15年の7.1％増から15-20年は3.5％増へと3.6ポイント低下し，経営田の減少率は9.6％から12.6％に3.0ポイント上昇した．地域別に見ると，東北，北関東，南関東以外の地域で販売農家の借入田の増加率が３％を下回っており，西日本で販売農家による借地展開の後退が目立つ．さらに東山，近畿，山陰，山陽，四国，南九州は借入田が減少に転じている．近畿以外は今期初めての減少である．

次に組織経営体をみると，借入田増減率が都府県平均で10-15年の26.2％増から15-20年の15.4％増へと10.8ポイント低下しており，経営田の増減率も28.9％増から14.2％増へと14.5ポイント低下している．また地域別に見ても，借入田の増加率が10-15年よりも上昇した地域は北陸，四国のみで，経営田の増加率が上昇した地域に至っては検出されない．加えて東山，北九州は借入田増減率，経営田面積増減率いずれもマイナスである．よってこれらの地域では，組織経営体の面積規模縮小や解散が進んでおり，それに伴い借地や経営田自体が減少に転じていることが示唆される．

以上のように，販売農家による借地展開も組織経営体による借地展開も後退した結果，農業経営体の借入田増減率も都府県平均で10-15年の13.0％増から15-20年は8.4％増と4.6ポイント低下している．特に東山，山陽，北九州，南九州は借地増減率が10ポイント以上低下し，東山と北九州はマイナス＝借地面積減少に転じている．

次に５ha以上層について，地域別に2020年時での規模階層別（5-10ha層，10-30ha層，30ha以上層）の経営田シェアを分析する（**図3-1**）．なお，表示は略するが，都府県の経営田の増減分岐点は10-15年までの５haから15-20年は10haに上昇している（ただし，近畿，山陰，四国，北九州の増減分岐点は５ha）．

５ha以上の田シェアは都府県平均で2015年の42.9％から2020年は53.1％に上昇し，10ha以上でみても29.6％から39.4％に上昇している．このうち，５ha以上のシェアが50％を超えるのは東北，北陸，東海，北九州であるが，受け手別の構成には地域性がある．以下，各階層を販売農家と組織経営体に分けながらその詳細を分析する（ただし，5-10ha層については都府県平均で

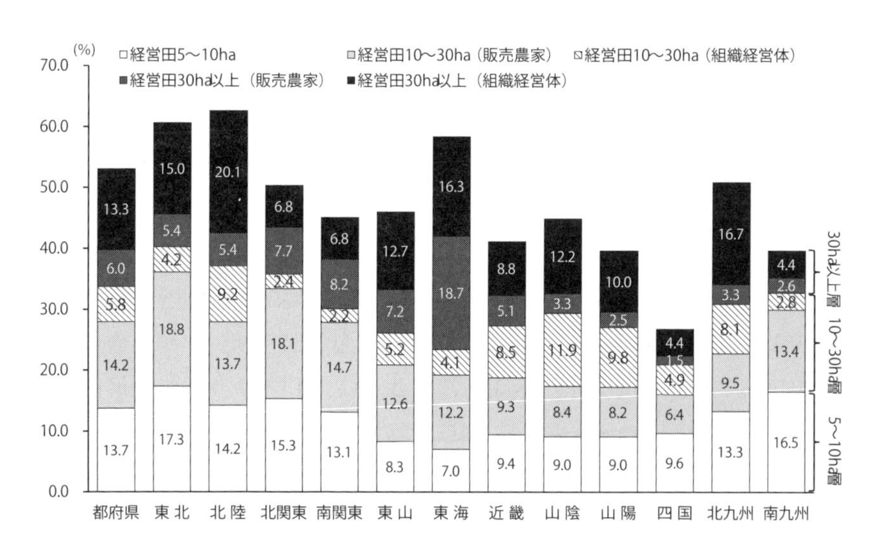

図３-１　経営田５ha 以上規模層の田面積シェア（2020 年）

資料：2020 年農林業センサス個票の組替集計.

経営田面積の93.3%が販売農家によるものであるため，これを分けていない）.

まず5-10ha層をみると，東北を筆頭に北関東，南関東，北陸，北九州，南九州で10％を超えており，10-30ha層の販売農家もこれらの地域で同様に高い．一方，東山～四国は5-10ha層のシェアが10％未満であり，特に東海で最もシェアが低い．また10-30ha層も販売農家のシェアは東山，東海以外10％未満である．組織経営体のシェアは都府県平均5.8％に対し，北陸，山陰，山陽では9.2～11.9％とやや高く，比較的小規模な組織経営体が展開しているが，総体としてみればここでは10-30ha層の形成は微弱である．

次に30ha以上層を見ると，販売農家のシェアは6.0％，組織経営体は13.3％と，5-30ha層とは逆に組織経営体のシェアが高い．地域別に見た場合，最もシェアが高いのは東海の35.0％で，これに北陸，東北，北九州が続く．一方，四国，南九州は10％未満と極めて低く，大規模経営体の形成は微弱である．また30ha以上層の構成を見ると，組織経営体については，北陸の20.1％を筆頭に，北九州，東海，東北で平均より高い水準にある．一方，販売農家は東海のみ18.7％と突出して高く，唯一30ha以上層で組織経営体のシェアを上回っている．

以上から，2015-20年は10-15年と比較し，南関東以外の全地域で経営田の減少率が上昇し，特に東山以西で減少率が高いといった地域性も顕在化していた．つまりは落層的分化の進展した西日本で再び田の減少傾向が強まってしまったのが今期の特徴と言えよう．また販売農家の借地増減率は，東北，北関東，南関東以外３％を下回り，組織経営体の借入田の増加率も大半の地域で10-15年よりも低下していた．つまり，販売農家の減少率が過去最高となる中にあって，販売農家，組織経営体ともに10-15年よりも借地展開が後退し，これが経営田の減少率上昇と結びついているのである．

とはいえ，５ha以上層の農地集積自体は確実に進み，そのシェアは全国平均で半分を超えるに至っているが，ここにも地域性が見られた．すなわち5-30ha規模の販売農家層が厚く存在する東北，北関東，南関東，北陸，北九州，南九州と，これが薄い東山～四国である．一方，30ha以上層は組織経営体による集積が主の地域が大半であるが，5-10ha層が最も薄い東海で30ha以上の販売農家のシェアが18.7％と突出して高く，組織経営体のシェアを上回る水準にあり，農家層の極端な両極分解傾向がうかがえた．また，四国，南九州は30ha以上層自体のシェアが10％未満と非常に低い水準にあった．

３．組織経営体による農地集積とその地域性

１）組織経営体数の動向

以上，2015-20年の特徴としては，販売農家の減少率が過去最高を記録する一方で，販売農家，組織経営体いずれも10-15年と比較し借地展開が後退した結果，経営耕地面積の減少率も上昇していた．またこの傾向は田でより顕著であった．続いて都府県を対象に，経営田のある組織経営体（沖縄除く[4)]）に絞りながら，常雇の動向に目配せしつつ，組織経営体で借地展開が後退した要因や経営田の減少傾向に与える影響を，地域性を踏まえながら分析する．

まず経営田のある組織経営体数の推移を示したものが**表3-3**である．なお，以下では特に断りのない限り経営田のある経営体を対象とする．組織経営体数は15-20年にかけ都府県平均で4.9％増加したが[5)]，うち法人組織数は18.9％増加した．しかし常雇のいる法人組織数は都府県平均で9.8％減少し，東北と近畿のみ増加がみられる．表示していないが，10-15年は都府県平均で81.6％増（2,749法人→4,993法人）であったから，前期の急増から一転しての減少である[6)]．もっとも，先述のように常雇のいる経営体全体の減少率は31.3％であったから，これを大きく下回る水準ではある．

また非法人組織数も都府県平均で19.0％減少しており，地域別に見ても東山，山陰以外で減少している．ここで2015年と2020年の個票を接続すると，2015年時点で田のある非法人組織5,713経営体のうち，2020年センサスと接続できたのは3,416経営体であり，うち法人化した組織は773組織，法人化率は22.6％と，非法人組織数の減少率と近い値を示している．個票を接続できない経営体数が多く，この間解散や合併等も進展していると考えられるが，

表 3-3　経営田のある組織経営体数の推移（2015〜20年）

（単位：経営体）

	組織経営体計			法人組織			うち，常雇あり			非法人組織			うち，常雇あり		
	2015 年	2020 年	増減率	2015 年	2020 年	増減率	2015 年	2020 年	増減率	2015 年	2020 年	増減率	2015 年	2020 年	増減率
全国	15,911	16,703	5.0%	10,198	12,076	18.4%	5,313	4,769	△10.2%	5,713	4,627	△19.0%	494	193	△60.9%
北海道	495	534	7.9%	473	514	8.7%	320	265	△17.2%	22	20	△9.1%	7	2	△71.4%
都府県	15,416	16,169	4.9%	9,725	11,562	18.9%	4,993	4,504	△9.8%	5,691	4,607	△19.0%	487	191	△60.8%
東北	3,111	3,306	6.3%	1,567	2,096	33.8%	772	812	5.2%	1,544	1,210	△21.6%	61	31	△49.2%
北陸	2,686	2,807	4.5%	1,717	2,059	19.9%	782	650	△16.9%	969	748	△22.8%	126	38	△69.8%
北関東	824	861	4.5%	593	644	8.6%	328	274	△16.5%	231	217	△6.1%	22	9	△59.1%
南関東	487	479	△1.6%	400	419	4.8%	257	181	△29.6%	87	60	△31.0%	13	3	△76.9%
東山	580	571	△1.6%	497	454	△8.7%	287	221	△23.0%	83	117	41.0%	9	5	△44.4%
東海	1,116	1,087	△2.6%	838	816	△2.6%	537	403	△25.0%	278	271	△2.5%	81	25	△69.1%
近畿	1,802	1,899	5.4%	869	1,100	26.6%	358	385	7.5%	933	799	△14.4%	50	36	△28.0%
山陰	564	688	22.0%	396	494	24.7%	168	144	△14.3%	168	194	15.5%	21	6	△71.4%
山陽	1,011	1,078	6.6%	833	942	13.1%	315	317	0.6%	178	136	△23.6%	12	7	△41.7%
四国	527	612	16.1%	431	530	23.0%	244	237	△2.9%	96	82	△14.6%	22	6	△72.7%
北九州	2,181	2,243	2.8%	1,107	1,515	36.9%	611	593	△2.9%	1,074	728	△32.2%	57	18	△68.4%
南九州	520	530	1.9%	470	486	3.4%	330	283	△14.2%	50	44	△12.0%	13	7	△46.2%

資料：農林業センサス個票（2015 年，2020 年）の組替集計.

注：1）全ての区分の経営体数が 10 を下回る沖縄については表示を省略した.

2）増加率が都府県平均を上回る数値を網掛けした（都府県平均がマイナスの場合は網掛けしていない）.

法人化によって今回減少した非法人組織が多いといってよいだろう[7)].

また，経営田のある非法人組織の中にも常雇を有するケースが存在するが，その数は都府県で2015年の487経営体から2020年は191経営体に急減している（減少率60.8％）．もっとも，常雇のいる組織経営体のうち，非法人組織の比率は2020年時で4.0％とマイナーであり，常雇を有する組織経営体の大半は法人組織である．

以上，2015-20年にかけての経営田のある組織経営体数の動向として特徴的な点は，①組織経営体数および法人組織数は増加を続けていること，②非法人組織数は減少し，法人化が進んだこと，③法人組織の中でも常雇のいる経営体数は減少に転じたことである．

２）都府県における組織経営体の田集積状況

続いて経営田面積の動向について分析する．**図3-2**は2010～20年にかけての都府県の組織経営体における経営田面積の推移を，法人組織（うち常雇あり，常雇なし）と非法人組織に分けて示したものである．なお，常雇を有す

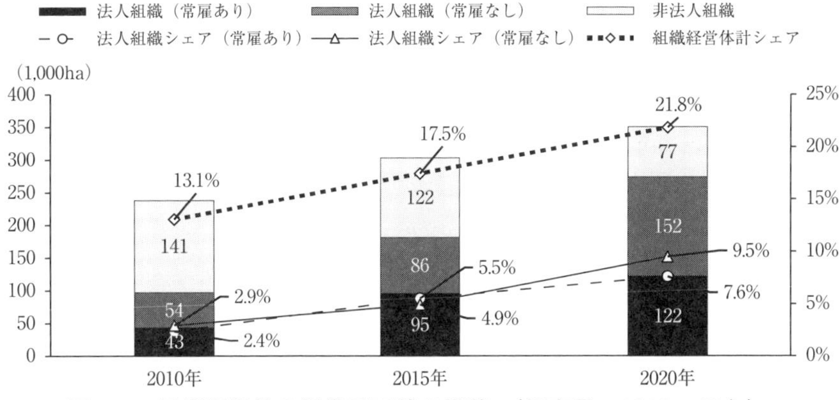

図3-2　組織経営体の経営田面積の推移（都府県，2010～20年）

資料：農林業センサス個票（2010年，2015年，2020年）の組替集計．

る非法人組織も存在するが，その数は少ないため表示を略している．

都府県の経営田全体に占める組織経営体のシェアは2010年時では13.1％であったが，2015年は17.5％，2020年は21.8％へと上昇し，うち法人組織のシェアも5.3％→10.4％→17.1％と急速に上昇している．

続いて法人組織の経営田面積を，常雇のいる法人と常雇のいない法人に分けながらその推移をみると，10-15年は常雇のいる法人で5.2万ha（増加率119.6％），常雇のいない法人で3.2万ha（同59.4％）田面積が増加しており，前者でより急速な増加傾向が見られた．しかし15-20年の増加面積は常雇のいる法人で2.6万ha（同27.5％）[8]，いない法人で6.6万ha（同77.6％）と，後者は増加率が上昇しているが，前者は大幅に低下した．結果，経営田面積は2015年時点では常雇のいる法人のシェアがやや高かったが，2020年は逆転している．

一方，非法人組織の経営田面積は2010年時では14.1万haと法人組織を上回っていたが，2020年は7.7万haと半分程度にまで減っている．ただしこの間，非法人組織は法人化が進んでいるのであるから，減少した田の少なくない部分は法人組織（もっぱら常雇のいない法人）に移動したと考えられる．

3）地域別の動向

続いて，組織経営体による農地集積状況の地域性について分析する．**表3-4**は2010～2020年にかけての組織経営体の経営田面積シェアの推移を地域ブロック別に示したものである．組織経営体全体としてみると，2020年時点で北関東，南関東，四国，南九州のシェアは12％以下にとどまるが，それ以外の地域は20％を超えている．

まずは法人に目を向けると，年々そのシェアは上昇しているが，地域別にみれば2010-20年にかけ，北陸，東山～山陽で一貫してシェアが高い．とりわけ10-15年にかけ常雇のいる法人のシェアは近畿を除き4.7ポイント以上上昇しており，他地域よりも増加幅が大きい．これらの地域は「中心＝近畿型」地帯と一致することから，集落営農がいち早く展開したものの，労働力

表 3-4　組織経営体の田面積シェアの推移（都府県，2010～20 年）

	組織経営体計			法人組織						非法人組織		
				常雇あり			常雇なし					
	2010 年	2015 年	2020 年	2010 年	2015 年	2020 年	2010 年	2015 年	2020 年	2010 年	2015 年	2020 年
都府県	13.1%	17.5%	21.8%	2.4%	5.5%	7.6%	2.9%	4.9%	9.5%	7.7%	7.0%	4.8%
東北	13.4%	17.0%	21.0%	1.6%	4.1%	7.0%	1.8%	3.7%	7.7%	10.1%	9.1%	6.3%
北陸	20.1%	25.5%	32.4%	4.7%	9.8%	11.6%	7.9%	9.6%	16.5%	7.6%	6.2%	4.3%
北関東	6.5%	8.5%	10.6%	1.5%	3.0%	3.7%	1.0%	2.5%	4.3%	3.9%	2.9%	2.6%
南関東	4.2%	7.7%	10.5%	1.1%	3.2%	4.4%	1.4%	2.9%	5.0%	1.6%	1.6%	1.1%
東山	15.4%	18.6%	21.1%	3.8%	8.9%	10.6%	3.0%	6.6%	8.2%	8.5%	3.1%	2.3%
東海	13.0%	19.6%	26.9%	5.5%	12.3%	14.1%	2.8%	3.9%	9.6%	4.7%	3.5%	3.2%
近畿	9.4%	16.1%	21.7%	2.4%	4.3%	7.3%	2.1%	6.0%	10.2%	4.9%	5.8%	4.2%
山陰	14.0%	20.4%	28.7%	2.7%	7.6%	9.4%	5.6%	9.0%	16.0%	5.6%	3.8%	3.3%
山陽	10.3%	17.2%	22.6%	2.4%	7.1%	8.9%	5.8%	9.0%	12.8%	2.0%	1.1%	0.9%
四国	6.1%	9.7%	12.0%	1.7%	3.1%	5.3%	1.5%	3.0%	5.7%	3.0%	3.6%	1.0%
北九州	21.7%	25.6%	27.5%	1.3%	3.1%	4.9%	2.1%	3.9%	11.5%	18.3%	18.6%	11.1%
南九州	2.8%	5.5%	9.1%	1.4%	3.8%	5.6%	0.9%	1.1%	3.0%	0.5%	0.5%	0.5%

資料：農林業センサス個票（2010年，2015年，2020年）の組替集計.
注：都府県平均を上回る数値に網掛けをした.

の確保が困難となる中で法人化を進めるとともに，10-15年には常雇の積極的な導入および田面積の拡大が進展したケースが少なからずあるものと考えられる．ただし，15-20年は一転してその増加幅は近畿以外２ポイント未満にとどまっているが，これを補うように常雇のいない法人のシェアの増加幅が東山以外のすべての地域で10-15年を上回っている．

一方，非法人組織の経営田シェアは大半の地域で年々低下しているが，その中では東北と北九州が10，15，20年のいずれも都府県平均よりシェアが高い．このことは，2008年の品目横断的経営安定対策の際に集落営農組織の設立が急速に進んだ両地域で，今日も任意組織の形態を取る集落営農組織が多い事を示唆している．なお，北九州は常雇のいない法人のシェアが2015年の3.9％から2020年は11.5％へ急増し都府県平均を超えているが，常雇のいる法人のシェアは北関東，南関東に次いで３番目に低い．よって，北陸，東山～山陽とは異なり，労働力確保の必要性に迫られた法人化ではなく，「枝番管理型」のような集落営農組織がそのまま法人化したケースが多いと推察される．一方で，北九州は前掲**表3-2**に示したように15-20年にかけ組織経営体の借地，経営田面積ともに減少していたことから，この間解散を選択したケースも少なくなかったものと考えられる．

4）小括

ここまでの分析から明らかになったのは以下の点である．

第一に，2015-20年は大半の地域で経営田のある組織経営体数および法人組織数が増加していた．一方で非法人組織は2010年以降年々減少していたが，これは法人化や解散が進んでいるためと考えられた．第二に，しかしながら，10-15年に急増した常雇のいる法人数は15-20年に減少に転じ，経営田面積の増加幅も大きく鈍化してしまっていた．第三に，以上の点は地域差を伴いながら進展していた．大きく分ければ，①法人組織による農地集積が進む北陸，東山～山陽，②依然として非法人組織のシェアが高い東北と北九州，③組織経営体の展開自体が弱い北関東，南関東，四国，南九州の３つに分類できる．

そして上記の組織経営体の動向およびその地域性は，第１章で示した地域労働市場の地帯類型と一定の対応関係が見られた．すなわち，①は山陰を除き「中心＝近畿型」地帯に類型されるが，このうち東山～山陽にかけては，落層的分化傾向の中[9)]，集落営農組織がいち早く展開したが，構成員の高齢化及びそれに伴う農家世帯員（＋地権者）からの労働力確保が困難となる中，法人化および常雇の導入を進める組織経営体が他地域よりも多く，今日農地の受け手としての重要性を高めていることが示唆されるのである．ただし，統計上，15-20年にかけては10-15年と比較し農地集積の進展が弱まっていた．

これに対し，②の東北および北九州は「半周辺＝東北型」地帯に類型されるが，2000年代までは比較的順調に上層農家への農地集積が進み，2020年時点でも5-30ha規模の販売農家層が厚く形成されていた．一方で当該地域でも2007年の品目横断的経営安定対策を契機に集落営農組織が多数設立されたが，その多くは経営実態に乏しいものであり，2020年の段階でもなお他地域と比較し非法人組織のシェアが高い状況にあった．さらに北九州では，組織の解散や「枝番管理型」のまま法人化を進めている組織が少なからず存在する可能性が示唆された.

以上の点は，東北，北九州については未だ個別農家による農地集積が旺盛であり，また組織内の労働力も相対的に充実していると考えられることから，「中心＝近畿型」地帯ほどには組織経営体の法人化およびそれを通じた常勤的な雇用労働力確保の必要性を迫られる段階にはないことを示している．もっとも，東北は常雇あり法人組織の田シェアが都府県平均7.6％に対し7.0％と都府県平均に迫りつつあるが，これが「中心＝近畿型」地帯と同様の背景から生じているのか否かは実態調査を通じたさらなる研究が必要である.

なお，北陸は「中心＝近畿型」地帯に類型しており，集落営農組織がいち早く展開したこと，また法人組織の経営田シェアが高い点では①に類型した他の地域と共通するが，5-30ha層の販売農家のシェアも高い点で②の性格も有する中間的な姿を示している．また北関東，南関東も「中心＝近畿型」地帯に類型したものの，組織経営体の展開に乏しく，前掲**表3-2**の通り，東北と並び販売農家による借地展開が今期も比較的活発であった．このことは同一の地域ブロック内でも地域労働市場類型が混在している可能性を示唆するものであるが[10)]，これらの地域を対象とした農業地帯類型については，より細やかな地域区分をを行った上での分析が求められるだろう.

他方，「半周辺＝東北型」地帯に分類した四国，南九州は，組織経営体，30ha以上の大規模経営体いずれもその展開が弱い上，販売農家の借地増減率も15-20年はマイナスとなり，経営田の減少率も10％を超える高い水準にあった．とりわけ四国は前掲**図3-1**のように５ha以上層のシェアが2020年時点でも３割未満と非常に低い．よって，両地域は少なくとも水田農業については販売農家，組織経営体ともに農業生産・農地保全の担い手を欠く衰退的な構造変動が進んでいると判断せざるをえない．つまり，「半周辺＝東北型」地帯は，田について，東北や北九州のように組織経営体による集積と個別経営による集積が併進する地域と，個別経営・組織経営いずれも集積が進展していない四国，南九州に分化していることになる．四国や南九州の水田地帯を対象とした地域労働市場研究は管見の限り近年ほとんど行われていないが[11)]，その要因について今後の調査研究が待たれる．

４．結論

本章では，都府県の田を対象としながら，2015年にかけ急増した常雇を有する組織経営体が農地の受け手として今日どの程度重要性を高めているのか，また2020年にかけていかなる展開を見せているのかを，第１章で新たに提起した地域労働市場の地帯類型を踏まえながら明らかにすることを課題とした．分析から明らかになったのは以下の点である．

まず15-20年は販売農家の減少率が過去最高であったが，借入田増減率は販売農家，組織経営体いずれも10-15年より低下していた．その結果，経営田の減少率は全地域で上昇し，さらに東山以西で減少率が高まる形で地域差が拡大していた．一方，組織経営体数および法人組織数自体は15-20年にかけ増加し，非法人組織の法人化が進められる中，法人のシェアも拡大していたが，10-15年に急増した常雇のいる法人組織数については減少に転じていた．

また組織経営体による田の集積状況には地域性があり，①法人組織のシェアが高い北陸，東山～山陽，②なお非法人組織のシェアが高い東北と北九州，③組織経営体の展開自体が弱い北関東，南関東，四国，南九州の３つに分類した．傾向としては，関東を除いた「中心＝近畿型」地帯は①，山陰を除いた「半周辺＝東北型」地帯は②もしくは③に類型されることになる．

そして①の地域は，10-15年にかけ，常雇の導入を進めた法人組織による田の集積が積極的に進展していたものの，15-20年はこのテンポが大きく鈍化していた．一方，②のグループは2020年時点でも個別農家による営農が継続しており，法人化や常雇の導入は①の地域よりも相対的に進んでいなかった．逆に言えば，今日も個別農家による農地集積が比較的活発に行なわれており，多くの組織経営体が労働力不足から法人化の必要性に迫られる段階には至っていないものと推察された．

以上が本章の分析結果であるが，ではなぜ2020年に常雇を有する法人組織数が減少に転じたのか，その集積テンポが鈍化したのかについては十分に分析することができなかった．もっとも，はじめに触れたように2020年センサスでは常雇を有する経営体が完全に捕捉できていない可能性が指摘されており，常雇のいる法人組織数も実際には減少ではなく横ばい程度で推移していた可能性もある．しかし農地の受け手として常雇のいる法人組織への依存度が高い①の「中心＝近畿型」地帯で今期経営田減少率の上昇幅が大きかったことを踏まえれば，少なくとも2020年は2015年ほどには常雇のいる法人組織による積極的な田の集積は進まなかったものと考えられる．販売農家減少率は上昇傾向にあり，また組織経営体でさえも労働力不足が深化する今日，農地の利用・保全を進めるにあたっては，常雇を導入する法人組織の重要性は今後も高まらざるをえない．にも関わらず，2020年センサスで早々にその展開にブレーキがかかってしまったことは，雇用劣化に伴い常雇を導入するハードルが下がっていると考えられる今日においても，常雇を導入する法人組織のみを農地保全の担い手として位置づけることの難しさを反映しているように思われる．今日，いかにして農地の受け手を確保するのか，またその際に常雇をいかに位置づけるのか，真剣に問うべき時期にあるといえよう．

注

1）山崎・佐藤（2015）は山崎（1996）で1993年に長野県上伊那郡宮田村において，地域の農地の守り手として設立された法人組織（ブナシメジ生産）に対し，2010年に追跡調査を行っている．ここから，当該法人組織では男子構成員・従業員に対し地域内他産業の複雑労働従事者並の就業条件を提供している一方，土地利用部門は収益目的として位置付いておらず，「地域の農地の守り手，というイメージからは距離があった」（p.161）と評価している．

2）４ha以上の認定農業者（都府県）もしくは20ha以上の集落営農組織がその対象であった．

3）松久（2023）は『国勢調査』（総務省）では2015-2020年に常雇い数が11.0％増加していることに言及している．

4）沖縄は田のある組織経営体数が10を下回るため，分析対象から除外した．

5）ただし組織経営体全体では，全国で3.3％，都府県は3.6％の減少に転じている．

6）なお，15-20年は１戸１法人が全国平均で49％増加しているが，これは2015年センサスでは家族経営か組織経営かのチェック項目があったが，2020年センサスではこれが削除され，家族経営か組織経営かの判定は客体候補名簿で実施されるようになったことが影響している可能性がある．逆にいえば，法人組織経営体は上記の変更によって減少した可能性もある．そこで経営田があり，かつ常雇を有する法人組織および１戸１法人（つまり法人の団体経営体）の15-20年にかけての増減率を見ると，都府県平均で2.5％の減少（5,586法人→5,447法人）であった．よって減少率はさらに下がるが，減少に転じた点は同様である．

7）これは2007年の品目横断的経営安定対策の際に設立された集落営農組織の多くが10年後，つまり2017年までの法人化要件を見据えながら法人化を進めた影響によるものと推察される．なお，この要件は2020年時点で消滅している．

8）注６）と同様に法人の組織経営体＋１戸１法人（法人の団体経営体）の経営田面積増減率を見ると，都府県平均で33.4％増，増加面積は3.3万haであり，やはり増加率，増加面積ともに10-15年の常雇導入型法人組織を下回る．

9）ただし東海については，前掲**図3-1**で見たように30ha以上規模の販売農家のシェアが非常に高い．このことは，東海では豊富な農外就業機会を背景とした極端な両極分解傾向の結果，集落営農組織の登場を待つことなく，早期に特定の販売農家へ農地が一手に集積する形で構造変動が進展した可能性を示唆しているが，この点については今後より詳細な研究が求められる．

10）なお，北関東は1980年代後半～90年代前半時点で，地域労働市場構造が混在する地域と位置付けられる．1987年に茨城県北浦村を調査した山崎（1996）によれば，当時の当該地域の地域労働市場構造は「東北型」であった．他方，山本（2004）は1999年に実施した群馬県玉村町の調査から，対象地域は「近畿型」にあることを明らかにしている．

11）仮説として考えられるのは，「半周辺＝東北型」とはいえ曲がりなりにも農村工業化が進展した東北や北九州に対し，四国や南九州はその展開に乏しく，水田農業＋通勤兼業という就業形態をとる農家層が面的に形成されなかった可能性が考えられる．結果，組織化も進まず，水田については衰退傾向をたどっている，というものである．とはいえこの点は実証的な研究が行われる必要があり，また土地条件等の地域労働市場以外の条件についても考慮する必要があるだろう．

【引用文献】

新井祥穂・鈴木晴敬（2024）「「近畿型の崩れ」下における土地利用型法人の経営展開―長野県飯島町田切農産を事例に―」山崎亮一・新井祥穂・氷見理編『伊那谷研究の半世紀：労働市場から紐解く農業構造』筑波書房，pp.214-229.
安藤光義編著（2013）『日本農業の構造変動　2010年農業センサス分析』農林統計協会.
宇佐美繁編著（1997）『1995年農業センサス分析　日本農業―その構造変動―』農林統計協会.
小田切徳美編（2008）『日本の農業：2005年農業センサス分析』農林統計協会.
澤田守（2023）「農業労働力の変化と経営継承」『農業問題研究』54（2），pp.17-27.
田代洋一（1984）「日本の兼業農家問題」松浦利明・是永東彦編『先進国農業の兼業問題』農業総合研究所，pp.165-250.
田代洋一（2006）『集落営農と農業生産法人』筑波書房.
松久勉（2023）「減少が続く中での農業労働力の変容と経営作目別の特徴」農林水産政策研究所編『農業・農村構造プロジェクト【センサス分析】研究資料　激動する日本農業・農村構造―2020年農業センサスの総合分析―』，pp.54-79.
八木宏典・安武正史（2019）「企業形態別・規模別にみた大規模経営の特徴」八木宏典・李哉泫編著『変貌する水田農業の課題』日本経済評論社，pp.64-101.
山崎亮一・佐藤快（1996）『労働市場の地域特性と農業構造』農林統計協会.
山崎亮一（2015）「宮田村N集落の農業組織」星勉・山崎亮一編著『伊那谷の地域農業システム：宮田方式と飯島方式』筑波書房，pp.141-162.
山本昌弘（2004）「1990年代の離農構造」『農業問題研究』55，pp.32-41.

第2部

「中心＝近畿型地域労働市場」移行地域：
長野県上伊那郡宮田村

第4章

地域労働市場の構造転換：宮田村N集落の35年間

1．課題と方法

本章では，長野県上伊那郡宮田村N集落を対象としながら，対象地域において地域労働市場構造が「東北型地域労働市場」（「周辺型地域労働市場」，ただし本章では「東北型」で統一）から「近畿型地域労働市場」（「中心＝近畿型地域労働市場」，ただし本章では「近畿型」で統一）へ移行した実態を明らかにすることを課題とする．

地域労働市場構造の地域性を打ち出した山崎（1996）は，第1章で述べたように，地域労働市場構造が青壮年男子農家世帯から「切り売り労賃」層が検出される「東北型」から，「切り売り労賃」層が検出されず複雑労働賃金が一般化した「近畿型」へと移行した可能性のある地域の存在を示唆していた．また山本（2004）は，北関東に位置する群馬県玉村町の実態調査研究を通じ，青壮年男子農家世帯員から昭和10年生まれを境とした就業条件差を検出したうえで，世代交代に伴う「東北型」から「近畿型」への移行が1980年代後半から90年代前半にかけて生じたものと推察した．以上のように，従来の研究では地域労働市場構造の移行への認識それ自体は存在したものの，移行そのものを実証した研究は存在しなかった．ゆえに，「東北型」において検出される「切り売り労賃」層がいかにして消滅するのかについても，その具体的なメカニズムは明らかにされていない．

また，従来の地域労働市場研究における特殊農村的低賃金は，「切り売り労賃」論に代表されるように青壮年男子農家世帯員に主要な論点が置かれ，女子農家労働力のそれについては明確ではなかった．とはいえ地域労働市場研究に限らなければ，吉田（1995）の次のような議論がある．すなわち女子農家労働力の低賃金は，零細私的土地所有を基盤とした直系家族制農業の下，差別的低賃金での就業を余儀なくされた結果として形成される，というものである．だが友田（1996）は，直系家族制農業によらずとも，女子は「差別的低賃金による所得をもって家計補充をせざるを得ない」（p.69）と主張し，労働者世帯においても女性の就業の困難は変わらないとしながら吉田を批判している．筆者もまた友田氏と同意見であるが，そうであっても，「東北型」と「近畿型」とで女子農家労働力の低位な賃金水準に質的な相違を検出しうるか否か，といった点を実証的に明らかにする必要性それ自体は存在する．

そして地域労働市場は農業と農外資本の再生産的連関の場である以上，農家の就業構造は地域労働市場に大きく規定される一方で，農外資本もまた地域労働市場に農業と結びついた低賃金労働力を見出せるか否かでその展開は大きく変わってくるものと考えられる．しかしこれまでの地域労働市場研究においては，企業調査を中心にその時々の農外産業の動向は把握されてきたものの，地域労働市場構造の移行を跨いだ動態的な分析は行われてこなかった．

以上から，本稿では長野県宮田村N集落[1)]の農家約40戸を対象に，過去4回，1975，1983，1993，2009の各年と継続的に実施された集落悉皆調査データと各種統計を用いながら，地域労働市場構造の移行およびこれが生じるメカニズムを実証するとともに，このことが地域の農外産業の展開に及ぼす影響を実証することを課題とする．各年の悉皆調査データは1975年に関東農政局が，1983，93年に農林水産省農業研究センター（現中央農業総合研究センター）が，2009年に東京農工大学農業経済学研究室が調査を実施したものであり，筆者は2009年の調査に参加した．

ここで本稿において宮田村を対象地域とした理由は次の3点にある．第一に，上述したように，宮田村N集落は約35年間にわたり継続的に集落悉皆調査が行われた地域であり，こうしたデータや研究成果を用いた動態的な分析を行うことができるためである．このような同一集落を対象とした長期的な地域労働市場分析は今まで存在しないが，本研究でこれが可能なのは，対象地域において農業経済学研究者による実態調査研究が継続的に行われたからこそである．第二に，宮田村は山崎（1996，2013）によって1990年代前半以降「近畿型」にあることが実証されている一方で，田代（1976）により1970年代時点では「切り売り労賃」の存在が指摘されており，かつては「東北型」であった可能性がうかがえるためである．第三に，宮田村の位置する長野県上伊那郡は農村工業化地域であるとともに，1970年代から80年代にかけ，労働問題研究者による地域労働市場研究が盛んに行われたことから，こうした研究成果を用いながら当時の農外産業の動向を把握することが可能なためである．

２．宮田村農業と農外産業の展開

１）宮田村における農業の展開

宮田村は長野県上伊那郡に位置する総面積54.52㎢の中山間に属する稲作地域で，2010年時点での総経営耕地面積は368ha，販売農家数は291戸，販売農家１戸あたりの経営耕地面積は106aである（『農林業センサス』より）．戦前は米と養蚕を中心とした農業がおこなわれていたが，1960年より養蚕が後退すると共に水田酪農が展開，さらに1967年には第一次構造改善事業（1967 ～ 70年）による養豚の拡大が行われるなど畜産の振興がはかられた．

しかしこうした状況も，1971年より実施された基盤整備事業以降大きく変わる．**表4-1**は宮田村の経営耕地面積規模別農家戸数を示したものである．これを見ると，1960年から1970年にかけ0.5 ～ 1.5ha層の減少が進んでいるが，1970年以降は1.5 ～ 2.0ha層も減少に転じ，0.5ha以下と2.0ha以上の農家戸数が増大するという両極分化傾向が見て取れる．これは71年の基盤整備事業を受け72年より各集落で順次設立された稲作機械一貫体系の共同利用・共同所有組織である「集団耕作組合」の登場によって稲作基幹作業の省力化が図られ，さらには作業そのものを組合に委託することが可能となったことが大きい．他方で機械の個別所有化も進む．**図4-1**は宮田村における農家100戸あ

表 4-1　宮田村における経営耕地面積規模別農家戸数の推移

（単位：戸）

年	計	0.3ha未満	0.3-0.5ha	0.5-1.0	1.0-1.5	1.5-2.0	2.0-3.0	3.0-5.0	5.0-10.0	10.0-20.0	20.0ha以上
1960	794	131	120	311	182	45	5	-	-	-	-
1965	789	155	123	291	158	57	5	-	-	-	-
1970	779	152	119	261	155	78	14	-	-	-	-
1975	745	128	126	264	137	68	20	2	-	-	-
1980	705	196	123	199	114	52	16	3	2	-	-
1985	683	203	114	185	100	48	23	6	4	-	-
1990	600	150	107	175	95	41	23	6	3	-	-
1995	564	155	90	162	94	39	15	6	2	1	-
2000	508	147	93	144	65	36	17	3	3	-	-
2005	484	161	83	129	53	32	17	3	4	1	1
2010	458	168	69	111	60	27	17	3	1	2	-

資料：各年『農林業センサス』（農林水産省）より作成.
注：すべて総農家の値.

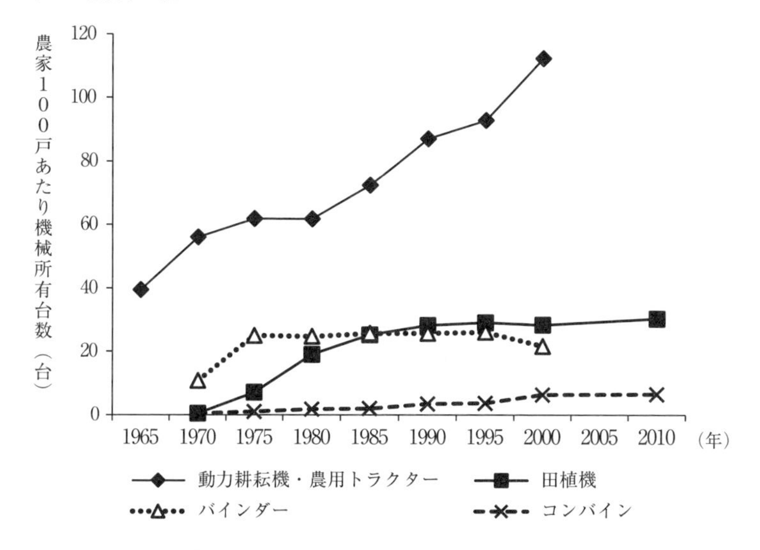

図 4-1　宮田村における農家 100 戸あたり稲作用機械所有台数の推移

資料：各年『農林業センサス』（農林水産省）より作成.
注：1）1995 年までは総農家 100 戸あたり，2000 年以降は販売農家 100 戸あたりの値である.
　　2）2005 年は機械所有台数の統計が存在しないため，図示していない.
　　3）1965 年の田植機・バインダー・コンバイン，および 2010 年はバインダーの統計が存在しないため，図示していない.
　　4）2010 年は歩行型動力耕耘機の統計が廃止されたため，データの連続性を考慮し，2010 年については動力耕耘機・農用トラクターの値は図示していない．なお，2010 年時点での販売農家 100 戸あたりの農用トラクター所有台数は 66 台であった.

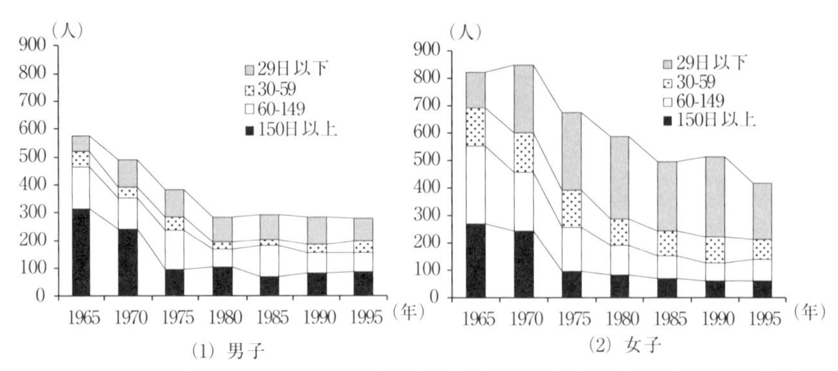

図4-2 宮田村における男女別年間農業従事日数別農業就業人口の推移

資料：各年『農林業センサス』（農林水産省）より作成.

たりの機械所有台数の推移であるが，基盤整備によって中型機械の導入が可能になったこともあり，動力耕耘機・トラクターに加え，田植機やバインダーが普及したことが見て取れる.

こうした稲作作業の機械化に伴う省力化は，農村工業化以降既に進展していた農家の兼業化をさらに進めることになる.『農林業センサス』によれば，1970年から75年にかけ，第一種兼業農家が299戸から122戸へと半分以上減少しているのに対し，第二種兼業農家は432戸から590戸へと増加している．また**図4-2**は男女の年間農業従事日数別農業就業人口の推移を示したものであるが，70年時点で年間農業従事日数が150日以上の男子は243名，女子242名であったものが，75年には男子98名，女子95名といずれも60％以上減少している．他方，年間農業従事日数60～149日の農家世帯員については1970年時で男子111名，女子216名と明らかに女子の方が多かったが，基盤整備後の1975年には男子141名，女子163名と女子が約半分へと顕著に減少している．つまりこの５年間で農業専従者の男女と農業補助者の女子について相当程度農外への労働力化が進んだことが示唆されるのである.

こうした中，それまで取り組まれていた水田酪農も衰退，稲単作化が進むことになるが（笹倉1984），他方で兼業深化の動きに歯止めをかけるべく，複合部門の振興政策も引き続き行われた．すなわち第二次構造改善事業

（1971～78年）の際には肉用牛と花卉の導入が計られ，地域農業構造改善事業（1981～83年）の際にはワイ化リンゴの団地造成と同時に世に「宮田方式」と呼ばれる独自の地域農業システムが開始されることになる．宮田方式は「切り売り労賃」で就業する兼業自作農を制度の担い手と位置付けながら，その維持存続を目的とする制度であったが（曲木2015，本書第6章収録），1990年代以降，兼業農家の多くが農外で「安定兼業」化するとともに，自作農も年々農地の貸し手へと転化する中，むしろ農地保全を担う主体の育成が課題となっているのが現状である（山崎1996，2013）．

2）農村工業化と農外産業の展開

続いて農家の雇用先である農外産業の展開を，統計および先行研究から概観する．宮田村の位置する長野県上伊那郡は，かねてより養蚕業と結びついた製糸工場が立地していたが，本書の第2章で見たように戦時中より軍事工場が疎開しており，早くから製造業の立地が見受けられた地域でもある．そして高度経済成長期以降，これを中核とした精密機械工業や電子機械機器などが進出するとともに，その下請を担う零細規模の企業群が展開する「下請ピラミッド構造」を形成しながら農村工業化が進展した（池田1982）．**図4-3**は宮田村における事業所数の推移を示したものであるが，製造業の事業所数は1951年から1960年まではむしろ減少傾向にある．これは在来の養蚕を中心とした製糸業の廃業によるものと考えられるが，1960年より製造業の事業所数が増加に転じ，1970年頃より建設業の事業所数も増加している．

こうした製造業の展開，特に下請企業の増大を支えたのが，農業から供給される大量の農家労働力であった．**図4-4**は『国勢調査』より宮田村の就業者数の推移を男女別に示したものである．これによれば，男女とも第一次産業就業者数が1950年から1980年ごろにかけ一貫して減少しており，これが就業者全体に占める割合も66％から12％へと低下しているが，特に注目されるのが，1970年から1975年にかけ女子401名，男子220名，合計621名の第一次産業就業者が減少している点である．ただし『農林業センサス』によれば，

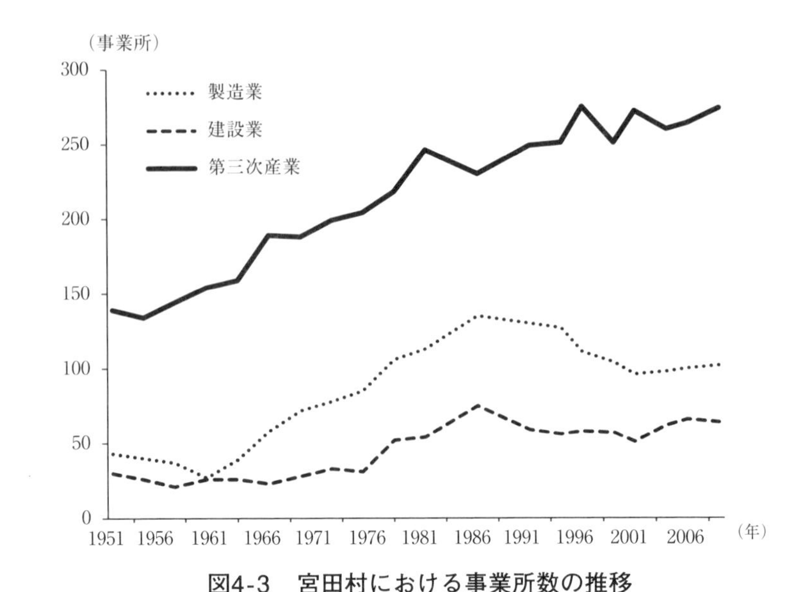

図4-3　宮田村における事業所数の推移

資料：各年『事業所統計調査報告書』（総務省統計局）より作成.

この間「農業が主」の農家世帯員数の減少は340人程度であることから，『国勢調査』の減少は過大である可能性がある．とはいえ前掲**図4-2**で見たように，1970年から1975年までの間，農家労働力の農外での実質的な労働力化が急速に進展していたのは確かであろう．その背景には，先述した稲作農業の省力化とともに，1970年から開始された総合農政下における減反政策および作付制限，またこれと連動した農業の交易条件の悪化があると考えられる．

では，第一次産業就業者はどの程度他産業に移行したのか．『国勢調査』の値は過大である可能性を断りながらその推移を追うと，まず男子については建設業が68名増，製造業が65名増，第三次産業が73名増と，合計206名増加している．むろん，産業間で就業者の入れ替わりはあったと考えられるが，ほぼ第一次産業就業者数の減少を相殺する数である．他方，女子については製造業就業者が25名増加し，また建設業17名，第三次産業48名の計90名の増加が見られた．とはいえこれはこの間減少した第一次産業就業者の22%（90名/401名）に過ぎない．これは73年のオイルショックに伴い，「ピラミッド

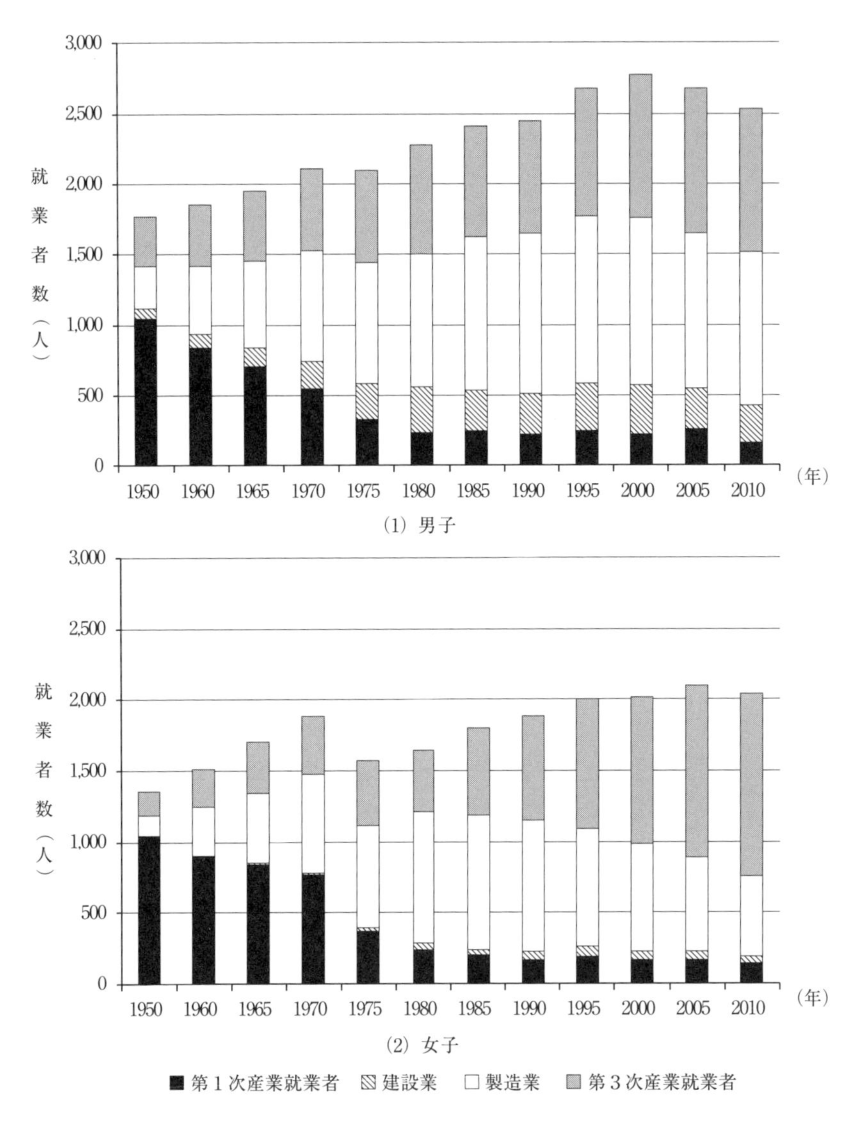

図4-4　宮田村における産業別就業者数の推移

資料：各年『国勢調査』（総務省統計局）より作成.
注：鉱業就業者は最高でも10名未満であったため除外した.

構造」の上部を構成する大企業がロボットの導入や下請企業に任せていた工程のオートメーション導入による自社化などの合理化を進め（今井1994），女子従業員や高齢男子熟練工を中心に人員整理が行われた時期であることから，製造業が十分に女子労働力を吸収できなかったためと考えられる．

以上を整理すると，1970年代前半は，農業から他産業への労働力の流出が進んだ一方で，ほぼ同時期に発生したオイルショックに伴い，特に女子の失業者が十分に再雇用されない中，地域労働市場に過剰人口が形成された時期であると考えられる．しかしこの時期は，オートメーション化に伴う新技術の導入および昼夜交替制への適応性が高い男子の新卒労働力を年功賃金を設けながら積極的に採用するようになった時期でもあり（池田1982），これにより若年労働力が都市部へ移動せず，地域内にとどまる傾向が見受けられるようになったことが指摘されている（江口1985）．

そして1980年以降，第一次産業就業者数は400人前後で推移することとなるが，75年の中央高速道路全線開通により都心部へのアクセスが良くなると，今度はコンピューター関係の電子産業の進出が進むとともに“伊那バレー”と呼ばれる高度技術産業地帯として飛躍，再び製造業を中心とした労働力需要が回復した（今井1994）．そして**図4-4**の通り第二次産業は1980年代後半まで，第三次産業は1990年代後半まで就業者数が増加し続けるわけだが，この増加を1980年時には12％にまで減少した第一次産業就業者からの労働力移動でもって説明することはもはやできない．

図4-5は宮田村の普通世帯数の推移を見たものである．これによれば，1970年時では農林業世帯ないし農林・非農林就業者混合世帯が780世帯，56％を占めていたが，1985年には296世帯にまで減少，構成比率も14％にまで下がり，以後増加は見受けられない．対して非農林就業者世帯は1970年時で555世帯にすぎなかったが，1975年には1,199世帯にまで急増，以降も2005年まで増加し続けている．また従業地による就業者数の推移をみると（**図4-6**），宮田村村内に常住する就業者数は年々減少しているが，村外に常住する従業者は1980年代より年々増加しており，同時に宮田村村内に常住しな

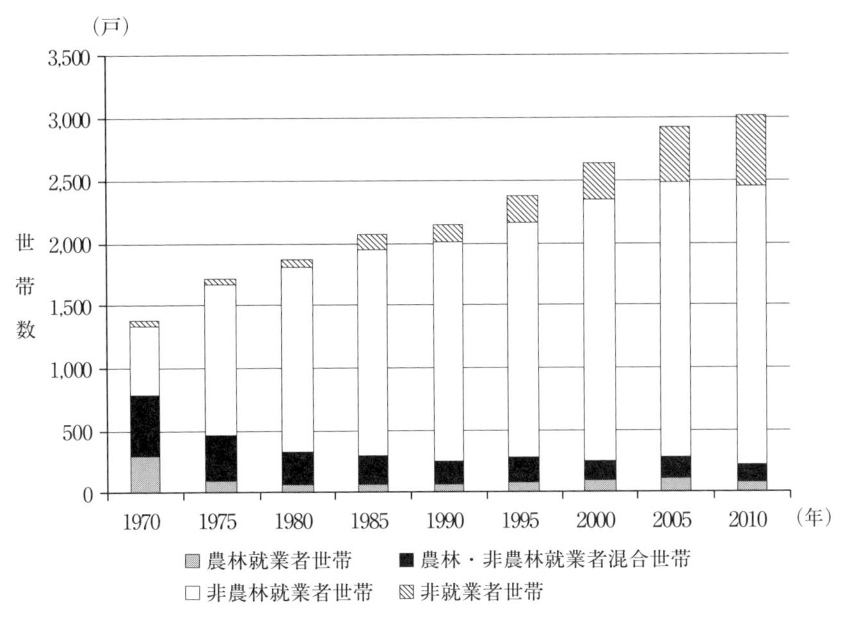

図4-5　宮田村における農林・非農林別就業者世帯の推移

資料：各年『国勢調査』（総務省統計局）より作成.

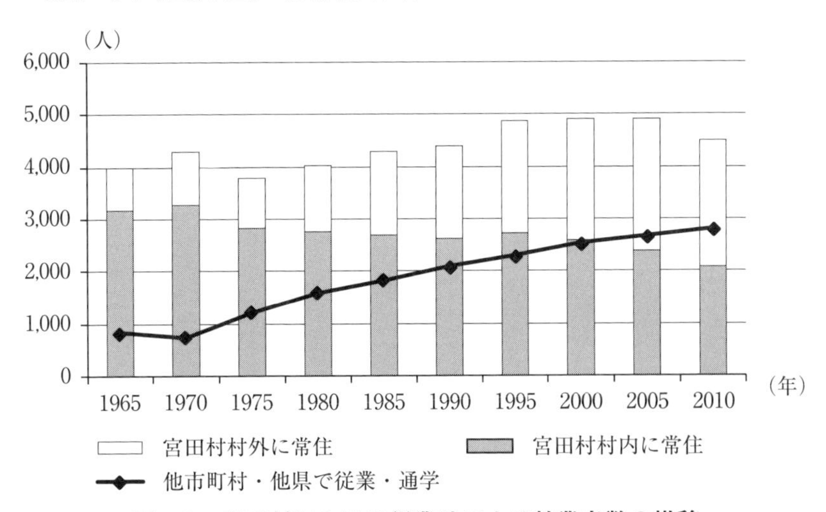

図4-6　宮田村における従業地による就業者数の推移

資料：各年『国勢調査』（総務省統計局）より作成.

から他市町村・他県で従業する人口も1975年より逓増している．以上から，1980年代以降の当該地域における就業者数の増加は，労働者世帯の増加と労働力移動の流動化・広域化によるものと結論付けられる．

こうした中，就業者の構成も特に女子について変化している．すなわち男子は1985年から2010年にかけ，製造業就業者が占める割合は50％台で推移しているのに対し，女子は製造業就業者の占める割合が53％と最も高かった1980年と比較し，2010年は28％にまで低下，代わって第三次産業就業者は24％から63％へと大幅に増加している．

以上，当該地域の農外産業と就業者数の推移を統計で見てきたが，少なくとも1980年代までは村内農家労働力が宮田村で展開する農外産業，特に第二次産業の主要な労働力供給源として位置付いていたといえよう．では，農業から供給される労働力がいかなる賃金構造を形成したか，またその展開はいかなるものであったかが次節の課題となる．

３．賃金構造の展開

１）データ整理と「切り売り労賃」上限値の設定

本節では過去４時点にわたる集落悉皆調査データより，賃金構造の動態的な分析を行う中から，各年の地域労働市場構造の「型」を確定するとともに，当該地域における地域労働市場構造の移行の実証とそのメカニズムを明らかにする．

表4-2は各年の調査対象となったN集落在住の農家から農家戸数，農外就業者数を男女別に示したものである．過去に一度でも調査対象となった農家総数は52戸であり，調査年によっていくつか入れ替わりがあるが[2)]，各年の調査対象農家戸数は42～45戸と大きくは変わらない．また男子農外就業者数を見ると，1975年は46名，83年は48名と１戸当たり1.07名であるが，2009年には29名（0.69名/戸）にまで減少している．他方で女子は1975年時での農外就業者数は27名（0.63名/戸）に留まっていたが，1983年時にはこれが39名（0.87名/戸）にまで上昇する．つまり，前節で1970年から1975年にか

表 4-2　N 集落における各年男女別農外就業者数と賃金データの存在状況

性別	年	調査対象農家戸数（戸）	農外就業者数（人）	うち賃金データが存在（人）	うち 61 歳以上（人）	61 歳以上の占める割合	1 戸あたり農外就業者数（人/戸）
男子	1975	43	46	37	3	7%	1.07
	1983	45	48	20	4	8%	1.07
	1993	44	41	39	4	10%	0.93
	2009	42	29	27	9	31%	0.69
女子	1975	43	27	11	0	0%	0.63
	1983	45	39	13	2	5%	0.87
	1993	44	39	34	3	8%	0.89
	2009	42	28	26	8	29%	0.67

資料：各年 N 集落悉皆調査結果より作成.

け女子農家労働力の農外での労働力化が進展したことを示したわけだが，こうした労働力化は1983年時まで続いていることになる．しかし1993年には農外就業者数は頭打ちし，2009年は男子と同様，28名（0.67名/戸）と大きく減少している．他方，2009年時は61歳以上の農外就業者数が男子で1993年時の４名（男子農外就業者の10%）から９名（同35%）に，女子で３名（女子農外就業者の８%）から８名（同29%）にまで増えている．つまり青壮年農家世帯員が減少する一方で，男女とも61歳以上の農外就業者数が絶対的にも相対的にも増加しており，ここに高齢者の農外での労働力化の進展を見ることができる．なお，各年の賃金データの存在状況は表示したように必ずしも就業者数と一致しないため，この点に注意しながら分析を行う．

続いて賃金構造であるが，約35年間に及ぶ長期的な分析につき，この間の物価変動の影響を除去するため，賃金は『消費者物価指数』（総務省統計局）でデフレートした値を用いた（2009年＝100）．また地域労働市場構造の「型」は「切り売り労賃」で就業する青壮年男子農家世帯員を層として検出できるか否か，そして複雑労働賃金の一般化が見られるか否かによって規定されることから，以下のように「切り売り労賃」の規定を行った．

従来の研究においては，「切り売り労賃」は対象地域におけるその時々の男子臨時雇賃金に反映するとされてきた．というのも臨時雇賃金は単純労働に対応する賃金であるが，農村工業化地域における単純労働力は農家世帯員の「切り売り」が大半を占めるという状況がかつて農村工業化地域において広く検出されたためである．ゆえにこうした状況が一般に検出されるのであれば，臨時雇賃金は「兼業農家が負担すべき限界家計費コスト」（田代1984, p.205），すなわち農業所得との合算を前提にしているがゆえに低位な農家労働力の農外資本への供給価格によって規定されることになる．言い換えれば，臨時雇賃金の水準以下で就業する青壮年男子農家世帯員を層として検出できなければ，その地域の単純労働力が青壮年男子農家労働力の「切り売り」を主要な供給源としているとは言い難くなる．よって，以下の通り「切り売り労賃」の上限値を設定しながら賃金構造の分析を行うわけだが，実際に「切り売り労賃」としてとらえられるのか否かについては各年の賃金構造の分析から検討する必要がある．

また何を単純労働と見なすかが問題となるが，男子の単純労働に相当する就業先としては建設業の軽作業員が代表的である．よって各調査年の『屋外労働者職種別賃金調査』（労働大臣官房統計情報部・政策調査部，以下，『屋賃』と略称）より得た長野県男子軽作業賃金（日給）に年間就業日数280日をかけ，年収換算した値をデフレートしたものを「切り売り労賃」の上限値とした（ただし『屋賃』は2004年度版を最後に出版されていないため，2009年については2004年度版を参照した）．この額は1975年177万円，1983年224万円，1993年267万円，2009年334万円である（日給は6,327円，7,857円，9,523円，11,940円）．なお，後に示す賃金構造は年収で表示しているため，日給の差異と共に年間就業日数の相違も反映する．よって賃金水準に差が出てくる要因が日給水準によるものか，年間の就業日数に起因するものかはその都度注意を払う必要がある．

２）男子賃金構造の展開

それでは男子の賃金構造の分析に入ろう（**図4-7**）．農家の就業先の類型としては，土建業従事者，土建業を除く従業員規模3,300人以上（2013年現在）の私企業への従業者（以下，大企業従業者），同600人以下の私企業への

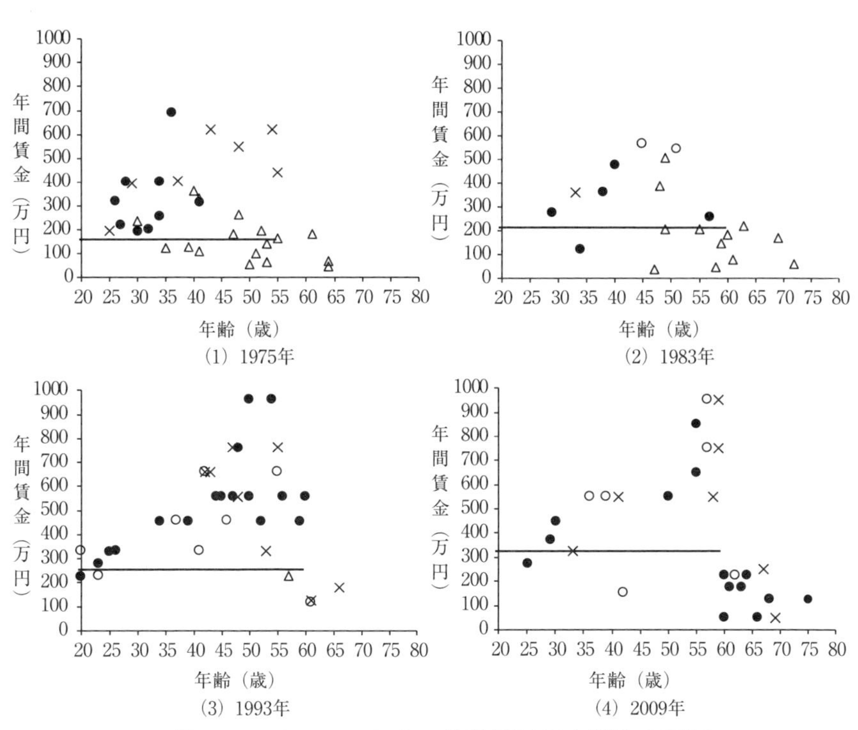

図4-7　1975～2009年N集落男子賃金構造の変遷

資料：表4-2に同じ.

注：1）凡例：×…公務員・団体職員，△…土建業従事者，○…土建業を除く従業員規模3,300人以上（2013年現在）の私企業従業者，●…同600人以下.

2）聞き取りした際の賃金が日給の場合は，年間就業日数に日給をかけ，ボーナスや手当等を加算した値を用いた.

3）図中の線は各年の「切り売り労賃」上限値を示す.

従業者（以下，中小企業従業者），公務員・団体職員（以下，公務員）とした．また以下では大企業従業者と中小企業従業者を併せて私企業従業者と呼称する.

（1）1975年

1975年時は46名の男子農家世帯員が農外就業に従事しており，うち賃金データが存在するのは39名である[3)]．賃金の判明している男子農家世帯員中,

「切り売り労賃」水準で農外就業に従事する男子農家世帯員は14名である．ここから高齢者（当時は55歳定年制であったため，56歳以上）３名を除外すると，残りは11名となり，全員土建業従事者であるとともに男子青壮年農外就業者全体の24％を占めている．続いて彼らの日給水準を見ると，11名中７名は1975年『屋賃』の男子軽作業賃金6,327円を下回っている．よって彼らの過半数は就業日数の少なさ以前に，日給水準の低位性ゆえに「切り売り労賃」にある，ということになる．以上，1975年当時の地域労働市場構造は「切り売り労賃」層が検出される点からして「東北型地域労働市場」にあるといえよう．

一方で，世代によって就業構造が大きく異なる点も指摘できる．すなわち当時35歳以上，1930年以前に生まれた男子農家世帯員は土建業を中心に「切り売り労賃」で就業する者と，年収500万円以上の公務員とで重層構造を形成しているのに対し，1930年以降に生まれた世代は土建業かつ「切り売り労賃」で就業する者は３名に過ぎず，これ以外は私企業常勤者で構成されている．

とはいえ中小企業従業者の中には３名，30歳代にも関わらず「切り売り労賃」の上限値ないし新卒初任給に近い255万円以下の者が検出される．彼らはいずれも基幹的農業従事者から20歳代中盤に私企業に中途採用され常勤化しているが，その賃金が臨時雇賃金の年収換算に近接しているのは，彼らが年功を積んでいない単純労働力として扱われることによるといえよう．そうはいっても，この３名のうち１名は1983年時で年収361万円，もう１名は1993年時で500～600万円以上であると回答しており，８年後には「年功」に伴う賃金の上昇が確認できるわけだが，就職した当時は中小企業従業者が40歳以上から検出されなかったこともあり，彼らは「年功」に伴い賃金が上昇する見通しを立てることができなかったと考えられる．また逆に，土建業従事者からも年収が「切り売り労賃」上限値を上回るケースが５名検出されることから，当時土建業以外の私企業へ常勤者として中途採用されることは，必ずしも就業条件の好転を意味していたわけではなかったといえよう．

(2) 1983年

次に1983年時は48名の男子農家世帯員が農外就業に従事しており，うち20名（60歳以上５名含む）について賃金が判明している．このうち「切り売り労賃」上限値以下の水準で就業していることを確認できるのは11名であるが，ここから定年を60歳として61歳以上の４名を除外すると７名となる．この７名のうち，１名は中小企業従業者かつ臨時就業者であるが，彼は障害から通常の就業に困難が伴う．またこの７名とは別に，賃金の判明していない青壮年の土建業従事者が３名存在する．ここでこの障害者１名と賃金不明の土建業従事者３名が「切り売り労賃」で就業していたと仮定すれば，「切り売り労賃」で農外就業に従事する青壮年男子農家世帯員は23％（10名/44名）を占め，一定数を認めることができる．ただしこの４名を除外し，さらに定年年齢を75年時と同様55歳に設定すれば，「切り売り労賃」で就業する者は９％（３名/34名）にまで低下する．

次に「切り売り労賃」で就業する青壮年男子農家世帯員のうち，1983年『屋賃』の男子軽作業賃金7,857円を上回る日給を得ているのは，賃金の判明している７名のうち１名のみであった．よって1975年時と同様，日給水準の低さから「切り売り労賃」にあるといえよう．また彼らは２名を除き1930年以前生まれである．こうした世代差は1975年時にも見られたが，この傾向は，この間「切り売り」を辞めた1930年以降生まれが２名存在することによっていっそう強調されている．すなわち１名は78年より政党役員として農外で常勤化しており，１名は基幹的農業従事者となっているのである．

以上，「切り売り労賃」層の存在はなお認められる点，いまだに「東北型」であるといえるが，他方でこの層を主として構成していた1930年以前生まれの男子農家世帯員が高齢化すると同時に，これ以降に生まれた世代が「切り売り」的な就業形態を辞める中，層が薄くなりつつある状況もまた検出された．

（3）1993年

1993年時の男子農外就業者数は41名である．1993年賃金構造が「近畿型地域労働市場」にあることは山崎（1996）によってすでに明らかにされているが，この点について今一度確認しておこう．青壮年のうち，1993年時の「切り売り労賃」上限値を下回るのは20歳代前半の２名と50歳代後半の１名のみである．このうち，前者２名は正社員の私企業従業者であるため「年功賃金」の若年期にあたり，残る１名のみ日雇いの土建業従事者であるが，その日給は約15,000円と1993年『屋賃』の男子軽作業賃金9,523円を大きく上回っている．つまり彼は日給水準が低位であることから低賃金なのではなく，期間的就業であるがゆえに低賃金である．またこの間，1975，1983年に「切り売り労賃」層を構成していた1930年以前に生まれた世代は殆どが60歳を超え，農外就業をリタイアしている．すなわち彼らの高齢化に伴う地域労働市場からの退出と連動しながら「切り売り労賃」層が消滅し，同時にその大半が私企業従業者となり「年功賃金」，つまりは複雑労働賃金が一般化する「近畿型地域労働市場」への移行が生じているのである．

とはいえ，「切り売り労賃」を上回る農外就業者内においても賃金差は存在する．特に40歳以上の青壮年男子農家世帯員で年収400万円に達していない者が２名検出されるが，彼らはいずれも中途採用者である（１名は先ほどの政党役員，１名はUターンののち農協に就職し，1993年時点で正規職員）．むろん中途採用者が必ずしも低位な賃金なわけではないが[4)]，私企業従業者の中にも「切り売り労賃」水準は上回るものの，「年功賃金」へと展開しているとは言い難い者が一定数検出されることは指摘できよう．

（4）2009年

2009年時についても「近畿型」が維持されていることは山崎（2013）によって明らかにされている．とはいえ青壮年から３名，先に設定した「切り売り労賃」上限値以下で就業する者が検出される．うち２名は「年功賃金」の若年期にあたり，残る40歳代の１名は中途採用者である．後者の１名は高校卒業後，地元の中小規模の製造業に新卒で正社員として就職し，課長職も務めていたが，2008年のリーマンショックに伴う労働条件の悪化に伴いこれを退職，2009年調査時は郵便局の契約社員に転職していた．2009年時の年間就業日数は260日，１日の勤務時間は８時間と，「年功賃金」を形成する他の公務員・私企業従業者と同様，常勤的に農外就業に従事している．しかしながら，給与形態は時給で，年収も約200万円と臨時雇賃金の年収換算のそれというよりは，後述するさらに低位な2009年女子パートタイマーの賃金と同水準である．とはいえこうした低位な労働条件にあっても，2009年時の年間農業従事日数は60～99日に留まる．そして仮に彼が農業所得を重要視していたとしても，このような青壮年男子農家世帯員はこの１名以外検出されない．

以上から，2009年は2008年のリーマンショック直後の調査ではあるが，失業や低位な賃金水準での再雇用といった不況の影響は青壮年農家世帯員から例外的にしか検出することができず，1993年時と同様，「切り売り労賃」層が検出されず，複雑労働賃金が一般化する賃金構造にあるといえよう．

今一つ指摘しなければならないのは高齢者の労働力化である．2009年時で農外就業に従事する61歳以上の男子農家世帯員は９名であり，男子農外就業者全体の31％を占めている．うち７名が常勤的就業者であるが，就業形態・就業日数に関わらず，先に規定した「切り売り労賃」上限値以下で層を成している．むろん彼らは高齢であることから「切り売り労賃」の規定に当てはまらないのだが，彼らが新たな低賃金労働力として今日重要な位置を占めていることは確かであろう．

3）女子賃金構造の展開

次に女子農家世帯員の賃金構造について分析する（**図4-8**）．就業形態の類型としては，公務員ないし団体職員，私企業常勤者，パートタイマー（以下，パート）とした．男子と同様，賃金は2009年＝100としてデフレートした値を用いた．

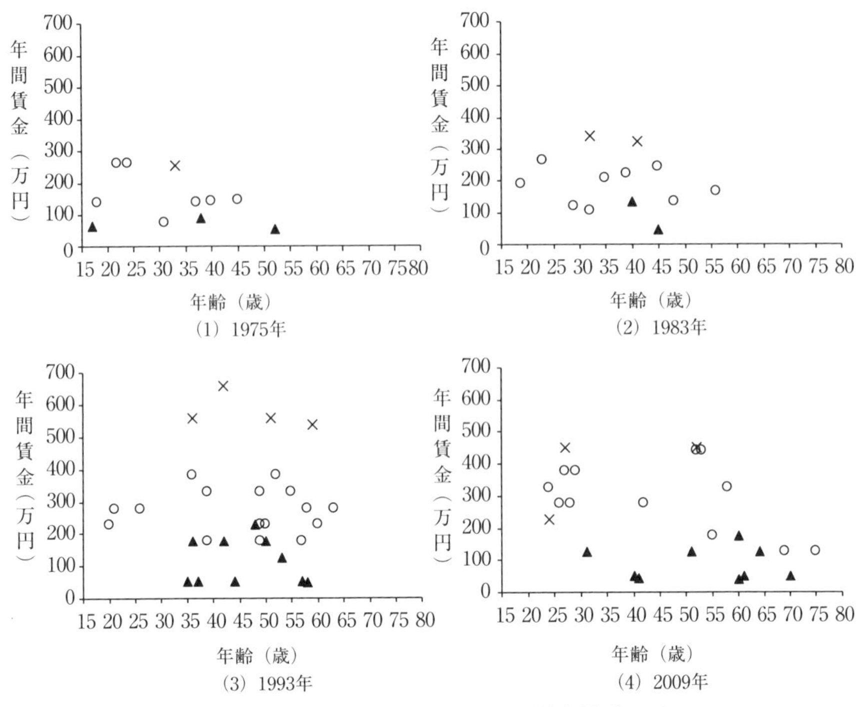

図4-8　1975～2009年N集落女子賃金構造の変遷

資料：表4-2に同じ.
注：1）凡例：×…公務員・団体職員，○…私企業常勤者，▲…パートタイマー.
　　2）聞き取りした際の賃金が日給の場合は，年間就業日数に日給をかけ，ボーナスや手当等を加算した値を用いた.

(1) 1975年

1975年時の女子農外就業者数は27名と，男子46名の半数程度である．就業形態としては公務員3名，私企業常勤者15名，パート9名と私企業常勤者が多い．まず指摘できるのは，女子農家世帯員の賃金構造から就業形態に対応した明確な階層性を見て取れないという点である．しかもその水準は男子と比較して全般的に低位である．賃金が判明している者のうち，200万円以上で就業するのは私企業常勤者２名と公務員の１名のみで，かつ300万円に達する者は一人もおらず，これ以外は就業形態を問わず150万円以下である．先ほど見たように1975年当時の青壮年男子の私企業従業者は200万円以上であったことと比較すれば，常勤的に就業した場合，女子の方が男子の下限よりも低位な賃金水準で層を成していることになる．また男子賃金構造には1930年生まれを境とした就業構造の差異が存在したが，女子からはこれを検出できなかった．よって当時の女子農家世帯員は，就業形態・世代にかかわらず押しなべて低位な賃金水準で就業していたといえよう．

(2) 1983年

1983年は公務員４名，私企業常勤者26名，パート９名と，この間私企業常勤者が11名増加，女子全体の農外就業者数も39名に増加している．まず公務員のうち賃金が分かる２名について見ると，いずれも300万円以上となっており，1975年時の250万円よりも上昇している．対して私企業常勤者は100万円以上250万円以下の水準で就業しており，1975年と比較して上昇しているとは言い難く，また当時の男子私企業従業者の下限が200万円台後半であったことを考えれば，やはりこれより低位な水準で層を成していると考えなくてはならない．また賃金が判明しているパート２名の年間賃金は50万円と140万円であることから，１名は私企業常勤者より低位であるが１名はこれとほぼ同等の賃金である．さらに1975年と同様，やはり世代間で就業形態が異なる，あるいは賃金水準に差が生じているといった状況は検出されない．よって公務員のみ年功的な賃金上昇が見られるものの，これ以外の青壮年女子農家世帯員は世代・年齢にかかわらず，なお男子私企業従業者の下限よりもさらに低位な賃金で就業していたのが1983年時の状況といえよう．

(3) 1993年

1993年では私企業常勤者は４名減少（22名）しているのに対し，パートが４名増加（12名）しているため，農外就業者数の合計は1983年と同数の39名である．まず注目されるのは，私企業常勤者の年収の下限が200万円台にまで底上げされている点である．とはいえ男子私企業従業者のような「年功賃金」は検出されないが，その上限も男子の下限である200万円台後半を大きく上回る400万円近い額まで上昇している．つまり，女子私企業常勤者が男子私企業従業者の下限よりさらに低賃金で層を成しているとは言い難くなっているのである．

他方で新たにパートが200万円以下で層を成しているが，彼女らは35歳以上で構成されている．山崎（1996）によれば，女子農家世帯員は常勤的な就業先を子育てによって一度退職し，子育てを終えた30歳代中ごろにパートとして労働市場に復帰する者が多く，数年を経た後に常勤化するケースが多いとしている．つまり就業形態に応じた賃金格差それ自体は存在するものの，パートと常勤者との関係性は当時流動的であったといえよう．そして公務員については，唯一男子に比肩する「年功賃金」にある（35歳以上で500万円以上）．以上，公務員・私企業常勤者・パートという３層構造が４時点間で最も明確に見て取れるのが1993年女子賃金構造の特徴である．

（4）2009年

2009年時は公務員３名，私企業常勤者13名と，私企業常勤者がさらに10名減少する一方で，パートは1993年時と同数の12名であった．よって相対的にパートが厚みを増す一方で，農外就業者数は28名と1993年時よりも大幅に減少している．次に青壮年女子農家世帯員の賃金水準を見ると，１名を除く私企業常勤者の年収は250万円以上と1993年以上に上昇している．とはいえ上限は400万円台となっており，1993年時女子公務員や男子私企業従業者と同様の水準にあるわけではなく，また「年功賃金」も見受けられない．さらに35歳以降，この形態で就業する青壮年女子農家世帯員は４名で，1993年の15名よりも大幅に減少している．つまり1993年時に山崎（1996）の指摘したパートから常勤者への移行は2009年時でマイナー化し，パートの雇用形態が固定化されている可能性が伺えるのである．そしてパートの賃金水準は１名を除き200万円以下と1993年時と同様に低位である．

また，1993年時は公務員が私企業常勤者と別に層を成していたが，2009年時は両者に明確な階層性を見て取れない．これは2009年時に検出される公務員は１名を除き30歳未満であるため「年功賃金」の若年期にあたること，新卒の女子私企業常勤者の若年期（30歳未満）の賃金水準が上昇していること（1993年時200～300万円→2009年時250～400万円）が大きいと考えられる[5)]．

なお，男子と同じく61歳以上の高齢者が労働力化しており，全女子農外就業者に占める割合も31％を占めているが，その賃金水準は就業形態によらず青壮年女子パートと変わらない．

4）小括

以上，1975年から2009年の約35年間にわたるＮ集落賃金構造の展開を男女別に分析したわけだが，男子農家世帯員の賃金構造分析から明らかとなったのは，1930年生まれを境に就業形態が大きく異なっていたという点である．すなわち「切り売り労賃」層はこれ以前に生まれた土建業従事者によって主として構成される一方，以降に生まれた世代は（基幹的農業従事者からの中途採用者含め）建設業以外の私企業で常勤者化していた．そして後者の賃金は「年功賃金」に一般化する一方で，前者が高齢化に伴い地域労働市場から退出した1980年代後半～1990年代前半，地域労働市場の「型」が「東北型」から「近畿型」へ転換したことが明らかとなった．

このことから次の点も指摘することができる．すなわち少なくとも1983年時点まで宮田村の男子単純労働力は当該地域の男子農家世帯員が主たる供給源となっており，ゆえにこの地域の単純労働賃金は，農業所得との合算を前提とした「切り売り労賃」であった，ということである．よって当時私企業従業者として常勤的農外就業を開始した場合，その初任給は単純労働賃金の年収換算，すなわち「切り売り労賃」の年収換算に相当する額となるため，世帯の労働力再生産費としては不十分な賃金水準であったと推察される[6)]．

このように解釈すれば，男子農家世帯員から1930年生まれを境とした就業形態差を有する重層的格差構造が形成された理由も説明可能である．すなわち親世代が農業を辞め，新たに常勤的に農外就業を開始する状況を想定すると，その賃金水準は労働力再生産費を下回る水準で就業することを余儀なくされる．であるならば，完全に常勤化するよりも，さしあたって農業を継続しながら労働力を「切り売り」する就業形態を取るケースが多かったのである．

次に女子農家世帯員の賃金構造分析から，1975年から2009年にかけ，一貫して青壮年男子のような「年功賃金」が公務員を除き検出されない点が明らかとなった．これは女子の賃金は男子の家計補充的な位置づけにあること，女子は子育てに伴い地域労働市場から退出するため同一企業での勤続が難しく，「年功」を積めないことがその背景にあるといえよう．しかしながら，「東北型」の時期と「近畿型」の時期とでは次のような違いも存在した．すなわち前者にあたる1975，1983年時は青壮年女子農家世帯員の農外就業者は私企業常勤者が大半であり，彼女らは男子私企業従業者の下限よりもさらに低位な水準で層を成していたが，「近畿型」への移行後である1993年以降は全体的に賃金が底上げされ，男子の下限よりさらに低位な賃金水準で層を成す，とは言い難くなっていたのである．

ではなぜ女子私企業常勤者の賃金水準が地域労働市場構造の移行前後で異なるのか．ここで1970年代前半は，オイルショックに伴う農外産業側での失業の発生[7)]とともに，前節でみたような基盤整備事業・機械化に伴う農業からの労働力供給が存在していたことを踏まえれば，こうした過剰人口圧が女子全体の賃金を押し下げていた，と説明できる．しかしこのような農業からの労働力供給が1980年代中盤以降には停滞し，過剰人口圧が弱まるのに伴い，彼女らの賃金が上昇したといえよう．とはいえ移行後も女子パートが女子私企業常勤者よりも低位な水準で層を形成しており，また年々その比重が高まっている点も明らかとなった．これは一方では青壮年男子で複雑労働賃金が一般化し，家計補助的賃金が成立するようになったことがまず挙げられる．一方で，女子をできるだけ低位な賃金水準かつ不安定な雇用形態のままで雇用し続ける必要性が農外産業側にも生じているわけだが，その理由については次節で考察を行う．

4．地域労働市場の移行と農外産業への影響

以上，地域労働市場構造の展開を分析したが，「東北型」の時期の男子の低賃金を労働力再生産費（労働力の価値）で，女子の低賃金を過剰人口圧（労働力の需給バランス）で説明するのは一貫していないのではないか，という誹りがあるかもしれない．ここで，改めて農家世帯の労働力再生産費と過剰人口圧との連関から，特殊農村的低賃金の形成メカニズムを考察する．

農家世帯から供給される労働力と過剰人口との関係に着目した美崎（1979）によれば，現代日本資本主義においては，相対的過剰人口は次のような現代的な形態を取るとしている．すなわち，独占資本の下での生産過程の技術的変革が，既に存在する労働者階級の一部を過剰ならしめ，このことにより農家労働力は農外に押し出されることもないまま自家農業内で実質的に過剰人口へと転化する．言い換えれば農家は「過剰人口の隠れ家」として位置づくことになるが，大企業から農薬，肥料などが供給されるとともに，農業用機械などが国家を後ろ盾としながら導入され，さらに作付規制までが行われることで，こうした「隠れ家」は破壊され，農家労働力は農外へと押し出される．こうした一連の政策を「積極的労働力政策」と称しながら，「国家独占資本主義機構のつくり出す相対的過剰人口の動員形態である」（p.54）としている．農家労働力を相対的過剰人口として位置付けるか否かには議論の余地があるが[8)]，ともかくこうした美崎の主張は，国の事業の下での基盤整備事業やそれに伴う稲作機械の導入，減反政策の開始に伴う作付規制により農家労働力が大量に地域労働市場に流入した1970年代前半の宮田村の状況と一致している．

問題は，その結果として形成される具体的な地域労働市場構造である．宮田村N集落においては，1930年以前生まれの男子農家世帯員は完全に労働者化せず，自家農業部門を維持しながら農外へ労働力を「切り売り」していた．

とはいえ，農外所得と世帯の農業所得との合算については，1世帯あたりの労働力再生産費を賄いうるものと考えられるのであり[9]，ゆえに家計補助的な女子農家世帯員の賃金は，過剰人口圧が許す限り低位な水準に押し下げられる．またこうした労働力は，農業と結びついていることから地域流動性に乏しい．ゆえに1970年代前半の当該地域は，製造業がオートメーション化（＝資本の有機的構成の高度化）に伴い自ら作り出す相対的過剰人口とともに，農家から供給される過剰人口が加わることで，「特殊農村的」とでもいうべき非常に強い過剰人口圧が形成されたと考えられることになる．そして農外産業は，労働力再生産費の一部を農家の自営部門に転嫁することに加え，過剰人口圧によって圧下された，男子よりもさらに低位な賃金水準の女子労働力を利用することが可能となる．こうした労働力を利用する企業形態が，第2章に登場した「下請ピラミッド構造」の底辺部をなす下請企業群であったわけだが，上伊那地域の製造業が1990年代まで継続的に発展した背景には，この大量の女子労働力の存在を考える必要があるといえよう．

しかし，こうした「特殊農村的」な状況は，同時に「特殊歴史的」な過程でもあった．すなわち特殊農村的低賃金を形成していた1930年以前生まれの男子農家世帯員が，高齢化に伴い地域労働市場から退出した1980年代後半から1990年代前半，当該地域は青壮年男子については複雑労働賃金が一般化した「近畿型」に移行し，また女子についても過剰人口圧が弱まった結果として，私企業常勤者の賃金が上昇していたのである．そしてこのことと連動するように，地域労働市場圏内の農業から供給される低賃金労働力をあてこんだ製造業の外延的な拡大は停滞することになる．実際，前掲**図4-3**を改めてみると，製造業・建設業事業所数は1986年あたりまでは一貫して伸び続けていたが，これ以降は停滞・減少している．

他方，第三次産業の事業所数は引き続き増加し続けており，特に女子は1990年代以降製造業に代わりその就業者数が増加している（前掲**図4-4 (2)**）．しかしN集落の調査から，1990年代以降は女子パートが新たに低位な賃金層を形成し，2009年時はその相対的な比重が増大していた点を踏まえれば，第三次産業はこうした非正規雇用を中心としながら展開している可能性が高い．さらに2009年時点では非正規雇用者に高齢者が加わっており[10)]，また農家調査からは検出されないものの，上伊那地域では相当な規模の派遣労働者が存在することが指摘されている（山崎2015）．つまり，この地域においては，特殊農村的低賃金の消滅とともに，非正規雇用者を中心とした従来の「切り売り」とは異なる新たな不安定・単純労働力層が近年その比重を増しているのである．

5．結論

本章では長野県宮田村N集落の過去35年間にわたる集落悉皆調査データより，地域労働市場構造が「東北型」から「近畿型」へと移行した実態とこれが生じるメカニズム，およびこの移行が農外産業に与える影響を明らかにすることを課題とした．分析から明らかになったのは，農村工業化と基盤整備事業・機械化を通じた農業の合理化政策を背景としつつ，農家労働力が世代差・性差を有する賃金格差を形成しながら農外産業へと重層的に包摂されていたということである．そして，こうした重層構造は農業との連関の中から形成されていたこともまた明らかとなった．

すなわち地域労働市場構造が「東北型」にあるうちは，男子私企業従業者として中途採用された場合の年収は，常勤でもせいぜい「切り売り労賃」の年収換算に相当する額であり，ゆえに，それのみで労働力再生産費を賄うのには不十分であったと考えられるのである．そして，これが農村工業化当時，既に基幹的農業従事者として自家農業に就農していた1930年以前生まれの男子農家世帯員が，完全に労働者へと転化することを阻んでいたと結論付けた．結果，彼らの殆どは農業と「切り売り労賃」との合算で生計を立てることを選択していたわけだが，他ならずこのことが臨時雇賃金を「切り売り労賃」たる水準へと押し下げていたといえよう．他方，女子農家労働力は基盤整備事業と農業の機械化に伴い大量に地域労働市場へと流入し，同時期に起こったオイルショックに伴い形成された失業者もあいまって非常に強い過剰人口圧が形成されたことから，1970年代前半から1980年代前半までは年齢や就業形態にかかわらず，低位な賃金で就業せざるを得なかったことが明らかとなった．

そしてこうした農業と結びついた低賃金労働力が高齢化に伴い地域労働市場から退出する1980年代後半～90年代前半，地域労働市場構造は「東北型」から，青壮年男子農家世帯員については複雑労働賃金が一般化する「近畿型」へと移行し，これに伴い上述した農業と結びついた低賃金は検出されなくなった．また女子の私企業常勤者の賃金も底上げされていたが，他方で村内の製造業事業所数・就業者数の増加は停滞・減少し，代わって第三次産業がその比重を増す形で産業構造が変化していた．

ところで本稿で明らかにしたこの地域労働市場構造の移行は，一方で農業と結びついた低賃金労働力層の消滅ではあったが，他方では農業と結びつかない，言い換えれば労働者階級内で形成される不安定・単純労働賃金層拡大の本格化でもあった．とはいえ，今日新たに形成されている非正規雇用者は，農業と結びついた低賃金労働力ではないことから，賃金水準の下限は上昇せざるをえない．また，かつてのように農業から労働力を「動員」することで過剰人口圧を形成し，賃金を押し下げることも困難である．ゆえに農業からの労働力供給が途絶えた1980年代以降は，それ以前と比べ，農外産業の資本蓄積率は低下せざるをえない．そしてさらに踏み込んでこの点を考察するとすれば，次のような仮定も成り立つだろう．すなわち「年功賃金」制をはじめとしたいわゆる日本型雇用は，農業と結びついた低賃金労働力供給とそれを前提とした農外資本にとっての高蓄積のもと，1990年代にかけ青壮年男子労働力について一般化したが，一般化と同時にその基底部分を失ったこととなり，年々これを一般化することも困難となりつつあるという可能性である．ただし第１章でみたように，「年功賃金」の一般化は他地域や国外を含めた農業と農外資本の再生産的連関を踏まえて論じる必要がある．この点についての詳細な分析は今後の課題としたい．

注

1）笹倉（1984）によれば，N集落は1960年時点で全村と比較し水田面積に大きな違いはなかったが，1970年頃より桑園の開田を積極的に進めた結果，1戸あたりの経営水田面積は全村で93a，N集落は108aとやや大きくなった．ただしその差は15aに留まる．また1975年時点での総農家に占める第二種兼業農家比率は全村が73.5％であるのに対し，N集落は60.9％と，その比率は12.6％低かったが，1980年にはN集落が70.8％，全村で81.8％といずれも10％近く増加している．よって，最初に調査が実施された1970年代の時点では他集落より相対的に農業の比重が高かったものの，確実に兼業化が進んでおり，また経営耕地面積も大きな差は存在しないことから，N集落を宮田村村内の動向を代表する集落として扱う．

2）入れ替わりがあるのは，調査対象がN集落に存在する3つの班のうち2つであり，年によって調査対象の班が異なるためである．1975，1983年は同一の2班，1993，2009年は同一の2班であるが，前者と後者で共通するのは1班である．

3）なお，賃金データが存在しない男子農家世帯員の就業先の内訳は公務員2名，大企業従業者2名，中小企業従業者4名である．

4）たとえば婿入りをきっかけに1977年製薬会社に中途採用された1名の年収は1993年時点で900万円以上である．

5）むろん女子唯一の「年功賃金」であった公務員さえも低賃金化している可能性も否めないわけだが，判断は保留する．

6）田代（1985）は「切り売り労賃」は単身者賃金ではなく，限界生計費水準に相当するとしている．ここでいう単身者賃金は成人1人あたりの労働力再生産費に相当するものと考えられるが，対して限界生計費は労働1日を「切り売り」するのに要する生産費の増加分であるとしている．そのためここで形成される青壮年男子農家世帯員の1労働日あたりの限界生計費は，一般的標準的賃金（世帯の労働力再生産費）を1労働日あたりに換算した額よりも低位なのはもちろんのこと，単身者賃金のそれよりも低位となりうると考えられる．

7）栗原（1982）が上伊那地域における女子労働力の大半は女子農家世帯員であると指摘していることを踏まえれば，オイルショックの際に解雇された者の中には女子農家世帯員が相当数含まれていた可能性がある．にもかかわらず第一次産業就業人口が減少していることから，失業した彼女らは家事従事者としてカウントされていた可能性がある．

8） 山崎（2010）は農業から農外への労働力移動を，相対的過剰人口の現代的な形成形態ではなく，資本制社会確立後に継続する本源的蓄積過程の一つとして解釈している．

9） 田代（1985）は全国的に1970年ごろを境に一人当たり家計費の格差は農家世帯が都市勤労者世帯を上回るに至ったことを明らかにしているが，これは農外所得と農業所得との合算で成立していると指摘している．

10） なお，男子高齢者の就業先はサービス業６名，製造３名，団体２名であり，男子についても高齢者の再雇用という形で第三次産業就業者数が増加していることになる．

【引用文献】

青野壽彦（1982）「上伊那・農村地域における下請工業の構造」中央大学経済研究所編『兼業農家の労働と生活・社会保障：伊那地域の農業と電子機器工業実態分析』中央大学出版部，pp.159-209.

池田正孝（1982）「電子部品工業の生産自動化と農村工業再編成」中央大学経済研究所編『兼業農家の労働と生活・社会保障：伊那地域の農業と電子機器工業実態分析』中央大学出版部，pp.241-286.

今井健（1994）『就業構造の変化と農業の担い手：高度経済成長期以降の農村の就業構造と農業経営の変化』農林統計協会.

江口英一（1985）「新規学卒労働力と地域労働市場：その“二階建”労働市場構造の形成と賃金」中央大学経済研究所編『ME技術革新下の下請工業と農村変貌』中央大学出版部，pp.101-165.

栗原源太（1982）「農村工業と兼業農家」中央大学経済研究所編『兼業農家の労働と生活・社会保障：伊那地域の農業と電子機器工業実態分析』中央大学出版部，pp.211-239.

笹倉修司（1984）「個別経営の類型とその実態」『長野県宮田村における地域農業再編と集団的土利用（第２報）』農業研究センター農業計画部・経営管理部，pp.97-121.

田代洋一（1976）「長野県宮田村中越集落」関東農政局『昭和50年度農業構造改善基礎調査報告』，pp.49-91.

田代洋一（1984）「日本の兼業農家問題」松浦利明・是永東彦編『先進国農業の兼業問題』富民協会，pp.165-250.

田代洋一（1985）「高蓄積＝格差構造下の農業問題」梶井功編『昭和後期農業問題論集④農民層分解論Ⅱ』農山漁村文化協会，pp.297-321.

友田滋夫（1996）「直系家族制農業は日本の賃金構造を規定しているか？：吉田義明著『日本型低賃金の基礎構造　直系家族制農業と農家女性労働力』を読んで」『農業問題研究』42，pp.61-70.
曲木若葉（2015）「宮田方式の展開とその今日的問題点：二極化する複合部門の担い手に着目して」星勉・山崎亮一編著『伊那谷の地域農業システム：宮田方式と飯島方式』筑波書房，pp.25-50.
美崎皓（1979）『現代労働市場論：労働市場の階層構造と農民分解』農山漁村文化協会.
山崎亮一（1996）『労働市場の地域特性と農業構造』農林統計協会.
山崎亮一（2010）「戦後日本経済の蓄積構造と農業」山崎亮一編『現代「農業構造問題」の経済学的考察』農林統計協会，pp.18-60.
山崎亮一（2013）「失業と農業構造：長野県宮田村の事例から」『農業経済研究』84(4)，pp.203-218.
山崎亮一（2015）「宮田村における労働市場」星勉・山崎亮一編著『伊那谷の地域農業システム：宮田方式と飯島方式』筑波書房，pp.63-111.
山本昌弘（2004）「1990年代の離農構造：群馬県玉村町を事例として」『農業問題研究』55，pp.32-41.
吉田義明（1995）『日本型低賃金の基礎構造：直系家族制農業と農家女性労働力』日本経済評論社.

第5章

「中心＝近畿型」移行地域における高齢者帰農の展開過程

1．はじめに

第4章では，長野県上伊那郡宮田村N集落を対象とした長期的な地域労働市場分析から，1980年代後半～1990年代前半に地域労働市場構造が「東北型地域労働市場」(「周辺型地域労働市場」) から「近畿型地域労働市場」(「中心＝近畿型地域労働市場」) へと移行したことを実証した．またこの移行は，青壮年男子について，「切り売り労賃」と農業所得の合算で生計を立てていた者が層を成す1930年以前に生まれた世代が地域労働市場から退出するとともに，複雑労働賃金へと展開する常勤的農外就業者で構成される世代が一般化する形で生じていた．このような世代間就業格差は，彼らが地域労働市場から退出後も，世代や時期によって農業への関わり方が異なる可能性を示唆するものである．本章では，農外就業をリタイアした高齢者の帰農という現象に着目し，これが世代によっていかに異なるのか，また「東北型」から「近畿型」への移行が進む中で，彼らが水田保全に果たす役割がいかに変化しているのかを明らかにすることを課題とする．

分析に先立ち，農業構造論における高齢者の帰農現象の位置づけについて先行研究を整理する．田代 (1986) によれば，高齢者の帰農は1970年代においては構造政策の障害になるものとして否定的に捉えられていたが，1980年代以降，水田保全の担い手として肯定的に受け止められるようになった[1)]．これは，「近畿型」へ移行する地域が増加することに伴い，落層的分化の進展が顕在化し始めたことが背景にあると考えられる．

ところで，高齢者の帰農という現象は，従来「定年帰農」という文脈の中で議論されてきた．「定年帰農」とは，澤田（2003）が定義するところによると「他産業に従事していた人が定年退職後，農業に主として従事する現象」（p.89）である．「定年帰農」という現象をいち早く指摘したのは中安（1982）である．中安は「労働市場の重層構造の中で，昭和一桁世代と二桁世代との間に，断層のある就業条件がもたらされた」（p.61）との認識の下，農業センサスの分析から，1975年から1980年にかけ「定年帰農」者が増加したことを指摘している．この時期は昭和一桁世代が定年年齢に差し掛かった時期であるが，彼らは転職の際の就業条件のハンディキャップと老後の所得補償水準の低さという経済的要因から「定年帰農」に至ると主張している．つまり，中安のいうところの「定年帰農」は，就業条件にハンディキャップを持つ昭和一桁世代に特有の現象であるとしている．

他方で澤田（2003）は，農業センサスの分析より，昭和二桁世代が定年に差し掛かる1990～95年においても高齢の帰農者が増加し続けている点を指摘し，「定年帰農」が昭和一桁世代に特有の現象ではないことを主張している．また，1999年に実施した長野県上田市を対象とした意向調査から，近年の「定年帰農」者は必ずしも経済的要因から帰農に至るわけではないと結論付けている．

以上のように，「定年帰農」者の性格が時期によって異なることが明らかにされてきたわけだが，従来の議論にはいくつかの問題点が存在する．第一に，水田保全の担い手と目された「定年帰農」者による水田保全が，実際に地域の農地市場において時期ごとにどの程度の重要性があるのかについての定量的な分析が行われていない点である．第二に，「定年帰農」者の性格の変化が地域の水田保全の在り方に及ぼす影響も明らかにされていない点である．そして第三に，そもそも高齢者の帰農という現象は一様に「定年制を導入した就業先からの定年」をきっかけとしたものなのかが明らかとなっていない点である．中安はさかんに昭和一桁世代の就業条件のハンディキャップを唱えているが，彼らの青壮年期の具体的な就業状況については言及がない．澤田は「定年帰農」を明確に定年退職後の帰農と規定しているが，にもかかわらずその分析方法の中心は統計分析であり，定年制を導入した企業からの帰農者とそうでない帰農者を分類できていない．

そこで本研究では，定年制に基づかない高齢者の帰農という現象も捉えるべく，「高齢者が農外就業先を退職したのち，農業に主として従事する現象」を高齢者帰農と定義しながら，その帰農行動の変遷について分析を行う．分析する際の具体的な定義は後述する．研究方法は，長野県上伊那郡宮田村N集落を対象に過去４回（1975年，85年，93年，2009年）行われた農家調査結果から高齢帰農者を抽出し，これを対象とした分析を行う．

２．高齢帰農者による水田保全の実態

１）高齢帰農者の抽出とその概要

高齢帰農者を抽出するにあたり，まずは調査対象農家を整理する．N集落出身農家の中で調査対象となった農家は1975年調査で44戸，83年で44戸，93年で42戸，09年で40戸である．このうち，①過去４回の調査ですべて調査対象となった農家戸数は28戸[2)]，②85，93，09年について調査対象となった農家戸数は５戸，③93，09年に調査対象となった農家戸数は５戸，④09年のみ調査対象となった農家は１戸である．本研究では，①～④に該当する39戸の農家から高齢帰農者を抽出する．ただし集落の経営耕地面積や借地状況等を確認する際は，各年で調査対象となった農家すべてを対象とした値を参照する．なお，農家番号は当該地域の農業構造分析を行った山崎（1996）表6-2の「農家No.」に倣った．

続いて，いかなる対象を高齢帰農者とみなすかであるが，先述のとおりN集落を対象とした農家調査は過去４回にわたり行われている．この際，ひとつ前の調査時点では他産業に従事していたが，次の調査年時までの間に農業のみの従事となり，かつ帰農時の年齢が50歳以上[3)]であるN集落出身の男子農家世帯員を高齢帰農者と定義する．したがってこの方法では，1975年以前に帰農した男子農家世帯員については検出することができない点はあらかじめ断っておきたい．

そして上記のような抽出方法を取るため，高齢帰農者の検出は（1）1975～1983年（以下，第一期），（2）1983～1993年（以下，第二期），（3）1993～2009年（以下，第三期）の三期にわたって行うことになる．なお，第一期，第二期の高齢帰農者は彼らが健在・健常である限りはその後も農業従事を継続していた．第一期で高齢帰農者と定義される世帯員を含む農家戸数は６戸，第二期はこれに加え新たに７戸が高齢帰農者の定義に当てはまり，総戸数は13戸となった．一方，2009年時は新たに７戸の高齢帰農者が確認されたが，同時に第一期・第二期の高齢帰農者のうち７戸が農業からリタイアしたため，総戸数は1993年と変わらず13戸である．以下，各年時における高齢帰農者総数は“○年時高齢帰農者”，各期で新たに帰農した高齢帰農者は“第○期高齢帰農者”と呼称する．

次に高齢帰農者による水田保全の実態を見ていこう．**図5-1**はN集落の調査対象個別農家の総経営耕地面積のうち，各期の高齢帰農者の占める経営耕地面積を示したものである．これによると，まず個別農家の総経営耕地面積が年と共に減少していることがわかる．次に高齢帰農者の経営耕地面積を見ると，1983年で723a（全体の15％），1993年で1,590a（同37％），2009年で

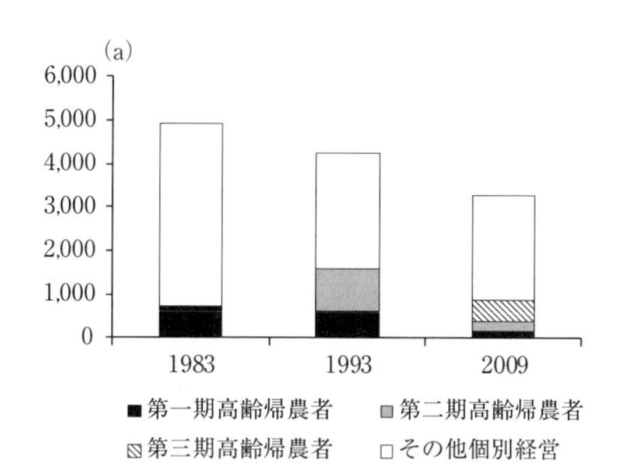

図5-1　N集落調査対象農家の総経営耕地面積に占める高齢帰農者の経営耕地面積

資料：各年農家調査より作成．

883a（同27%）となる．ここから，特に1993年については調査対象となった個別農家の総経営耕地面積のうち４割近くが高齢帰農者によって担われていたことがわかる．これは1993年に至っても総経営耕地面積が大きく変わらない第一期高齢帰農者（723a→609a）に第二期高齢帰農者（981a）が加わる形で構成されている．よって，1993年時は少なからず高齢帰農者が水田保全に果たす役割は大きかったと考えられるが，2009年を見ると第一期高齢帰農者と第二期高齢帰農者の経営耕地面積が大幅に縮小（1,590a→403a）し，新たに第三期高齢帰農者が加わっているものの，その規模は480aに留まっている．しかし先ほどのように各期の新規高齢帰農者数はおおむね一定であり，また1993年と2009年の高齢帰農者はいずれも13戸とこれまた一定である．つまり高齢帰農者の頭数は1993年と変わらないにもかかわらず，2009年時は高齢帰農者の水田保全に果たす役割が後退していることになる．

以上から明らかなのは，高齢帰農者の水田保全能力には時期ごとに差異が存在するという点である．次節では個別農家レベルの詳細な分析を行うが，この際帰農後の水田保全能力を検討すべく，各期の高齢帰農者を経営規模の動向に応じた分類，すなわち経営耕地面積拡大・維持・縮小の３つに類型化しながら分析を行う．

２）各期別高齢帰農者の動向とその性格

（1）1983年時高齢帰農者

1983年時高齢帰農者は第一期高齢帰農者の６戸で構成される（**表5-1**上段）．

まず目に付くのが，６戸の高齢帰農者のうち４戸（６，７，11，17番）の経営規模が150～160a台に平準化しているという点である．この４戸のうち３戸（６，７，11番）に共通するのは，1993年時の年金水準が低く[4]，自作地が140a台で，借地による規模拡大が殆ど見受けられない点である．また表示していないが６，７，17番については帰農後に複合部門の強化（リンゴ・加工トマト・洋シャク・肉用牛など）に取り組んでいる[5]．第４章でみたように，土建業従事者の多くは「切り売り労賃」水準で就業していたわけだが，彼らの年金水準が低く，その大半が国民年金のみであるのは，臨時的な就業ゆえに厚生年金に加入できなかったためと考えられる．よって老後も生活費確保のために積極的な農業展開が必要となる．

しかしこの中で借地による規模拡大を果たしているのは17番のみである[6]．彼らの大半が面的規模拡大を伴わなかったのは，1983年当時の貸し手市場的な農地市場の動向を反映したものと考えられるが，この点は次項でも確認する．

なお，「定年」という観点から彼らを見ると，明確に定年退職から帰農に至ったのは36番（元教師）のみである．36番は年金水準が329万円最も高く，帰農後はむしろ自家用米レベルにまで経営規模を縮小させている．なお，相対的に年金水準が高い29番は規模を縮小してはいるものの，自家用米レベルまでは縮小せず，宮田村で取り組まれる機械共同利用組織である集団耕作組合のオペレーターへの出役も積極的であることから，土建業からの高齢帰農者といわゆる定年帰農者との中間的な性格を示している．

(2) 1993年時高齢帰農者

1993年時高齢帰農者は第一期高齢帰農者６戸と第二期高齢帰農者７戸（**表5-1**中段）の合計13戸で構成される．**表5-2**は93年時高齢帰農者を経営耕地面積順に並べたものだが，規模拡大傾向と経営耕地面積から以下の３つに分類できる．すなわち①経営耕地面積が137a以上（以下「大規模農家」，５戸），②82～120a（以下「中規模農家」，５戸），③33a以下（以下「零細農家」，３戸）である．各階層の特徴を述べると以下の通りである．

第一に，「零細農家」の３戸は世帯主の年金水準が平均で242万円と比較的高い点である．中でも年金水準の高い31，36番は正真正銘の定年帰農者であり，自家消費用の米しか作っていない点で共通している．ただし，13戸存在する高齢帰農者の中で定年帰農者と呼べるのはこの２戸のみで，全体の中でも15%（２戸/13戸）に過ぎない．

第二に，「大規模農家」５戸のうち，４戸が借地による規模拡大を行っている点である[7]．彼らは押しなべて年金水準が低く[8]，帰農前の兼業先が土

表 5-1　N 集落における高齢帰農者の営農状況・年金・定年前の農外就業先

			経営耕地面積（a）			複合部門	「集団耕作組合」出役状況			
	分類	農家番号	1975	1983		83 年時	75 年		83 年	
					借地		日数	役割	日数	役割
第一期高齢帰農者	拡大	17	66	159	105	拡大	なし		1	補助
	維持	6	151	153	10	拡大	8	オペ	10	オペ
		7	176	166	26	拡大	NA		7	オペ
		11	170	153	5	縮小	3	オペ	なし	
	縮小	29	95	70	19	なし	NA		7	オペ
		36	61	22	0	なし	なし		なし	
	分類	農家番号	1983	1993		93 年時	83 年		93 年	
					借地		日数	役割	日数	役割
第二期高齢帰農者	拡大	2	196	331	244	拡大	なし		なし	
		10	82	137	92	拡大	8	オペ	8（5）	オペ（補助）
	維持	18	83	83	0	なし	2	オペ	3	オペ
		20	80	82	17	なし	たまに	オペ	6（1.5）	オペ（補助）
		31	24	24	0	なし	なし		なし	
	縮小	4	285	239	78	縮小	10	オペ	3	オペ
		16	172	85	35	縮小	なし		なし	
	分類	農家番号	1993	2009		09 年時	93 年		09 年	
					借地		日数	役割	日数	役割
第三期高齢帰農者	拡大	15	86	91	0	なし	6	オペ	2〜3	オペ
		23	64	75	12	なし	なし		11	補助
		39	10	94	46	なし	なし		35	補助
		40	9	43	1	なし	なし		なし	
	維持	9	158	157	50	なし	9	オペ	なし	
	縮小	25	60	7	0	なし	1	補助	1	補助
		35	18	13	0	なし	なし		なし	

資料：各年 N 集落悉皆調査データより作成.
注：1）農家番号は山崎（1996）表6-2の「農家No.」にならった.
　　2）表頭「世帯主年金」の「種類」における略字の意.「国」は国民年金,「農」は農業者年金,「厚」は厚生年金,「共」は共済年金,「軍」は傷痍軍事恩給.
　　3）表頭「「集団耕作組合」出役状況」の「役割」欄の「オペ」は,「集団耕作組合」における機械作業従事を指す.

帰農		世帯主年金		
時期（西暦）	年齢（歳）	93年 受給額（万円）	種類	帰農前の農外就業先
1981	63	210	農・厚	農協→土建
1978	51	NA	国	常勤土建
1975	53	70	国・農	土建
1982	68	NA	厚	土建
1983	61	120	国・厚	常勤大工
1981	60	329	共・軍	教師
時期（西暦）	年齢（歳）	93年 受給額（万円）	種類	帰農前の農外就業先
1989	55	NA	国	常勤工員
1989	61	55	国・農	日雇い左官
1985	66	120	国・厚	常勤土建
1986	70	70	国	自営板金
1991	60	278	国・厚	地元大手
NA	57～66	60	国・農	日雇い土建
NA	61～70	110	国・厚	日雇い土建
時期（西暦）	年齢（歳）	09年 受給額（万円）	種類	帰農前の農外就業先
NA	60～65	192	厚	地元大手
2006	60	210	共	公務員
NA	60以降	315	厚	地元大手
1996	64	150	厚	地元大手
NA		120	国・農	日雇い土建
1998	60	NA	共	公務員
2005	60	300	共	大学事務員

4）表頭「帰農前の農外就業先」における「地元大手」は，宮田村に立地する従業員数規模2,900～5,000人の私企業とした.

5）表中の「NA」は回答がなかったことを意味する.

表5-2 93年時高齢帰農者一覧

農家番号	経営耕地面積（a）			93年年金受給額（万円）	生年（年号）	帰農時年齢（歳）
	1983	1993	増減			
②	196	331	↑↑	NA（国民）	昭7	55
④	285	239	↓	60	昭元	58〜66
6	153	180	↑	NA（国民）	昭2	51
7	166	175	↑	70	大11	53
⑩	82	137	↑↑	55	昭3	61
11	153	120	↓	NA（厚生）	大3	68
⑯	172	85	↓↓	110	大11	62〜70
17	159	83	↓↓	210	大7	63
⑱	83	83	→	120	大9	65
⑳	80	82	→	70	大5	70
29	70	33	↓	120	大11	61
㉛	24	24	→	278	大6	60
36	22	14	↓	329	大10	60

資料：表5-1に同じ．
注：1）農家番号に○印は第二期高齢帰農者を示す．
2）表頭「増減」の矢印は，「↑↑」が50a以上規模拡大，「↑」が5a以上50a未満で規模拡大，「→」がプラスマイナス5a未満の規模変動，「↓」が5a以上50a未満で規模縮小，「↓↓」が50a以上規模縮小．
3）年号を基準とした世代間の違いを示すため，生年を年号で表記した（西暦での生年は表5-1を参照）．

建業従事者中心である点で共通している[9]．

第三に，「中規模農家」の一部で規模縮小が見うけられる点である．彼らの年金水準を見ると，17番の210万円を除き110万円以下と低水準で，またおおむね土建業出身者でもある．

以上から，年金水準が低い高齢帰農者は「大規模農家」と「中規模農家」に分化していることがわかるが，彼らには年金受給額の差がないとするならば，体力的な問題が営農行動に影響を与えていることが推測される．この点を確認するため**図5-2**は93年時高齢帰農者の経営耕地面積と年齢の関係を示したものだが，1926年，すなわち大正生まれと昭和一桁生まれを分岐点に規模拡大と縮小の傾向が分かれ，結果的に比較的若い高齢帰農者ほど経営規模が大きい傾向にあることがわかる．よって，大正生まれ世代は高齢化に伴い規模縮小し「中規模農家」を形成しているものと想定されるが，一方で大正生まれでもかつて規模拡大した農家とそうでない農家が存在する．以下この

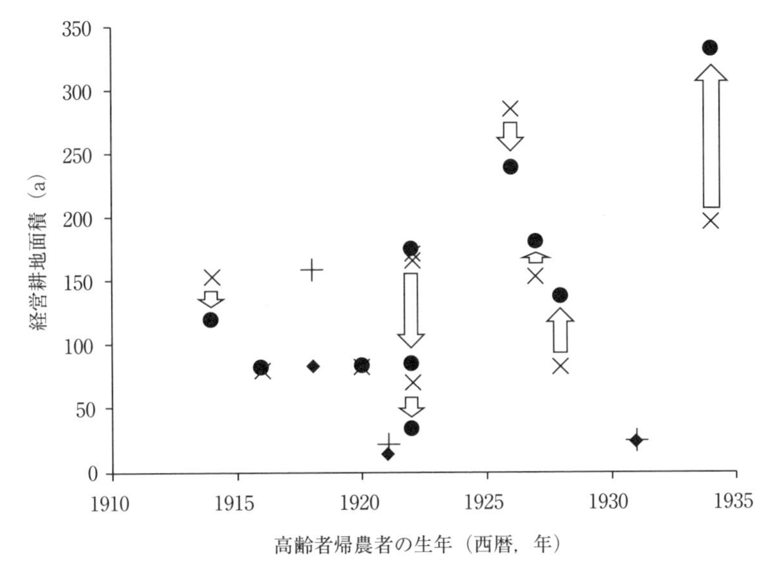

図5-2　93年時高齢帰農者における経営耕地面積と年齢の関係性

資料：表5-1に同じ．
注：凡例は以下の通り．×…83年経営耕地面積（93年時年間年金受給額が120万円以下），
●…93年経営耕地面積（同120万円以下），＋…83年経営耕地面積（同150万円以上），
◆…93年経営耕地面積（同150万円以上）．

点を見てみよう．

まず大正生まれで50a以上規模を縮小した16，17番だが，彼らは1983年当時，稲作と共に畜産，17番に関してはリンゴ作にも取り組み，牧草の確保を主たる目的として転作田の借地を２戸併せて128a行っていた．しかしいずれも93年時点で70歳を超えており，怪我や体調不良を理由に複合部門をやめ，転作田をほとんど返還する形で規模を縮小している．一方で水稲作面積にはほとんど変化がなく，80a台である．

また1983，93年とも経営耕地面積が80a台の18，20番は，83年時点から複合部門への取り組みが見受けられず，帰農は同世代の６，７，16，17番らに比べて遅い．つまり彼らは83年時に60歳代を迎えても体力の続く限りは土建業あるいは自営業に従事し続けていたことになる．彼らは集団耕作組合のオペレーター出役に積極的であり，18番は「農地を貸しに出すつもりはない」と述べ，20番は高齢にもかかわらず規模拡大に意欲を示している．よって，彼らは決して農業所得を軽視しているわけではないが，83年当時の貸し手市場的な農地市場の状況から借地拡大が困難であり，60歳を迎えても農外就業の継続を選択したものと考えらえる．

以上が大正生まれの高齢帰農者の動向であるが，ここで1993年までに50a以上規模拡大した昭和一桁世代生まれの２，10番を見ると，両者とも帰農前から花卉・野菜・リンゴなどの複合部門に取り組みつつ水稲作の借地を拡大し，帰農後には農協から要請されてリンゴを拡大している．２番は稲作用機械一式（トラクター，乗用田植え機，コンバイン，乾燥機・籾摺機）を自己所有し，10番は集団耕作組合のオペレーター出役に積極的である．結果的に２，10番は93年時点で併せて集落内の水田受託面積の22％を担うに至っている．

このように第２期高齢帰農者が1993年時に借地を拡大することができたのは，貸し手市場にあった第一期（75～83年）に比べ，第二期（83～93年）は高齢帰農者以外に規模拡大に意欲的な農家が存在しなかった，つまり借り手市場化が進んでいたためと考えられる．ただしこの２戸の世帯主は2009年時に至り，死亡または高齢化から規模縮小している．

（3）2009年時高齢帰農者

2009年時高齢帰農者は先に述べた通り，第一期高齢帰農者３戸，第二期高齢帰農者３戸，第三期高齢帰農者７戸（**表5-1**下段）の合計13戸で構成されている．彼らの経営耕地面積の増減と年金水準，生年を09年の経営耕地面積順に並べたものが**表5-3**であるが，ここにはもはや経営耕地面積規模に対応した規模拡大と縮小の分岐点を見いだすことはできない．

一方で年齢と経営耕地面積の関係を図示した**図5-3**を見ると，おおむね1930年生まれを境に規模拡大と縮小の分岐点が存在することから，相対的に若い高齢帰農者が規模拡大を試みる傾向は第二期と共通していることが見て

表 5-3　09 年時高齢帰農者一覧

農家番号	経営耕地面積（a）			09 年年金受給額（万円）	生年（年号）	帰農時年齢（歳）
	1993	2009	増減			
⑨	158	157	→	120	昭 11	NA
4	239	150	↓↓	60	昭元	58～66
6	180	139	↓	NA（国民）	昭 2	51
㊴	10	94	↑↑	315	昭 14	60 以降
⑮	86	91	↑	192	昭 18	60～65
㉓	64	75	↑	210	昭 21	60
10	137	72	↓↓	91	昭 3	61
㊵	9	43	↑	150	昭 7	64
36	14	25	↑	600	大 10	60
7	175	14	↓↓	78	大 11	53
㉟	18	11	↓	300	昭 20	40
㉕	60	7	↓↓	NA（共済）	昭 13	60
31	24	3	↓	277	昭 6	60

資料：表 5-1 に同じ.

注：1）農家番号に○印は第三期高齢帰農者を示す.

2）表頭「増減」の矢印は表 2 に同じ.

3）年号を基準とした世代間の違いを示すため，生年を年号で表記した（西暦での生年は表 5-1 を参照）.

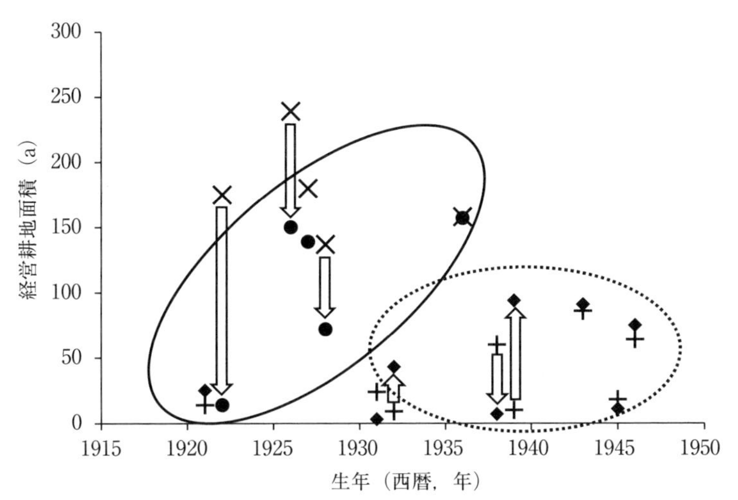

図5-3　09年時高齢帰農者における経営耕地面積と年齢の関係性

資料：表5-1に同じ.

注：凡例は以下の通り．×…93年経営耕地面積（09年時年間年金受給額が120万円以下），●…09年経営耕地面積（同120万円以下），＋…93年経営耕地面積（同150万円以上），◆…09年経営耕地面積（同150万円以上）.

とれる．またこれ以外に第二期と共通した点としては，年金水準の低い高齢帰農者の年齢と経営耕地面積の動向がある．図に示した実線の楕円は年金水準が120万円以下の高齢帰農者グループを囲ったものだが，彼らもまた元土建業従事者であり，帰農後も150aほどの経営耕地を有し，加齢とともに規模縮小を余儀なくされている．

逆に第二期と大きく異なるのが，年金水準の高い高齢帰農者（以下，高額年金帰農者）の動向である．図に示した点線の楕円は年金水準が150万円以上の高齢帰農者を囲ったものであるが，ここから明らかなのは，第一に，高額年金帰農者が第二期と比べ非常に多く，その割合は62％（８戸/13戸）と第二期の15％より大幅に上昇している点である．第三期高齢帰農者７戸のうち６戸は昭和二桁以降生まれで，かつ60歳定年制（09年現在）を設ける大企業や公務員などからの帰農者がその殆どであることが，このような高い年金水準に結びついているといえる[10)]．第二に，彼らの中に規模拡大を試みる農家が４戸も存在するという点である．彼らは青壮年の頃は常勤的農外就業に従事していたことから，農業への関与が概して薄く，39，40番については貸し手農家であった．しかし帰農後，主として貸し付けていた土地を自作化することで規模拡大を果たしている（15番で５a，39番で39a，40番で33a拡大）．さらに23，39番については新たに借地も行い，また集団耕作組合への補助作業に年間合計46日間出役している．これは調査対象農家の集団耕作組合補助出役日数の90％を占めているが，オペレーターへの従事は15番のみで，経営耕地面積が100a以上の農家は存在せず，総じて水稲単作経営である．

一方で，規模を縮小した高額年金帰農者も存在する（25，35番）．彼らは帰農後，自家用米レベルまで経営規模を縮小している．25番は集団耕作組合の補助作業への出役があるが，35番は全くない．一方で彼らは上述した規模拡大した農家と同世代でもある．

以上から，高額年金受給者は年齢・かつての就業先・老後の年金水準いずれも変わらないにもかかわらず，規模拡大する農家と縮小する農家とに分化しているのである．ここで注意しなくてはならないのは，規模拡大した高額年金帰農者にしても，農業に所得確保を求めてはいないという点である．実際，この期間で最も借地を拡大した39番は，自身の農業経営収支を計算し，捉え方によっては「赤字」[11)]であるとしている．しかし節税効果や自給米[12)]の確保という観点から一定の合理性があるとしている．とはいえそこに経済的な逼迫性はなく，あとは帰農者の個人的な農業の位置づけ，すなわち積極的な所得確保とはいかなくとも合理性を感じるような39番と，自家用米レベルまで縮小する帰農者とに立場が分かれるのである．以上から高額年金帰農者の農業継続へのインセンティブは経済的な裏付けがない分弱く，規模拡大する場合も，先に見た年金水準の低い高齢帰農者のような複合化といった行動は見受けられないのである．

もっとも，高額年金受給者が規模を拡大しているのは，単に主観的な問題にとどまらず，2009年時点の当該地域の地域的な事情，すなわち深刻な水田保全の担い手不足があったことも考慮しなくてはならない．というのも，第三期高齢帰農者の中には，これまで水田保全を担ってきた年金水準の低い高齢帰農者が見受けられないのである．このような状況下，年齢が比較的若い高齢帰農者が水田保全を担うという「慣習」が一方で集落内に存続し，規模拡大に踏み切る高額年金帰農者の行動に結びついたと推測される．

以上から，09年時高齢帰農者のうち規模拡大を行う者は，経済的というよりはボランティア的な理由で規模拡大を行っているとみるべきだが，ではなぜ彼らからもはや年金水準の低位な高齢帰農者を検出することはできないのか．

ここで改めて60歳以上の男子に目を向けると，経営耕地面積が150a台前後で世帯主の年齢が68歳を超えているにもかかわらず，農外就業を継続している高齢者が２戸（３，８番）検出される．第一期・第二期高齢帰農者は経営耕地面積が150a台前後ある場合，その大半が50歳代～60歳代前半で帰農していたが，彼らはそうしていないのである．彼らは定年前から常勤的農外就業に従事しており[13)]，３番は1960年から一貫してタクシー運転手（ただし定年以降は正社員から契約社員），８番は政党役員を退職したのち医療生協の理事として農外勤務を継続している．また彼らの年金水準は３番の世帯主が200万円で妻は不明，８番は夫婦合わせて229万円とさほど低い水準にはないが，にもかかわらずこれに農業所得を加えても生活費には足りないがために彼らは農外就業を継続しているのである．彼らは共通して「農業では生活できない」と述べると同時に，「農業がなくても生活できる」ともしていることから，もはや150a近い経営規模であってさえ，農業が老後の所得確保の手段とみなされていないのが2009年時の現状といえよう．

３．高齢者被雇用就業率の高まり

以上，各期間の高齢帰農者の特徴を検討したが，2009年時点では高齢者が農業を老後の所得確保の手段とみなしていない点が明らかとなった．これは農業側の要因としては1993年時と比較した米価の下落傾向によるものと考えられるが，高齢者の農外就業先が地域内に存在しなければ，いかに米価が低下しようとも，年金のみで所得が不足する場合，帰農せざるを得ないはずである[14)]．よって，09年時における地域労働市場の動向にも言及する必要がある．

1993年と2009年におけるN集落の賃金構造を分析した山崎（2015）は，09年は93年と比べ60歳以上の世帯員の中での被雇用就業率が上昇している点を指摘している．山崎（2010）は平成不況（1991～2002年）における全国的な雇用動向の特徴として，高齢者被雇用就業率の高まり＝「高齢者の実質的な労働力化」を指摘しているが，N集落における高齢者の被雇用率の高まりもこうした一般的な流れに沿うものであり，また2000年の法改正に伴う段階的な年金受給開始年齢の引き上げと厚生労働省による高齢者雇用促進事業がこの傾向を後押ししているとしている．

以上から，かつてのように年金水準の低い高齢帰農者による水田保全が見受けられないのは，農業の側からは米価下落に伴う採算性の悪化が，農外からは当該地域における高齢者労働力の需要の高まりがその要因といえよう．

４．結論

以上，本章の分析から明らかとなったのは以下の点である．

第一に，定年に伴う帰農という現象は，少なくとも1975～93年にかけてはマイナーであった点である．実際には，高齢帰農者の前職の大半が定年制を設けていない土建業従事者であった．この点，日本独自の「年功賃金」体系と結びついた「定年」に伴う帰農という概念規定は，実態と大きなずれがあったと言わざるをえない．

第二に，高齢帰農者の農業への取り組みは，昭和一桁世代以前と二桁世代以降では大きく異なっていた点である．すなわち前者の多くは青壮年期に「切り売り労賃」で農外就業に従事しており，年金水準も低位であったため，帰農時の農地市場の状況によってその経営面積規模に差があるものの，農業所得の確保を目的とした，借地拡大含めた積極的な農業への取り組みが見受けられた．一方，青壮年期は常勤的農外就業に従事していた昭和二桁世代以降についても帰農行動が見受けられたが，彼らのうち規模拡大に踏み切る者はむしろ農業を所得確保の手段と見なしていない高額年金受給者であった．ゆえに，その拡大も前者に比べて小規模であった．

第三に，第三期高齢帰農者の中にも年金所得が不足する高齢者が検出されたが，彼らは農業ではなく農外就業で所得を確保していたということである．この要因としては，近年の米価下落傾向の中，自家農業で所得確保を行うよりも，高齢者を対象とした就業機会の拡大を前提としながら，定年後も農外で再雇用されることにより所得を確保することを選択していることによるものであった．ゆえに，第三期高齢帰農者からは第一期・第二期高齢帰農者のように，年金水準が低位な高齢帰農者が規模拡大を行う現象を検出できなかった．

本章での分析から，一口に高齢者といっても青壮年期の農外での就業状況が農外就業をリタイアしたのちの年金水準にも響き，農業への関わり方に影響していたことが明らかとなった．また，年金水準の低い者はいずれの時期にも存在したが，かつて彼らは農業従事を強める方向に向かい，水田保全の担い手としての役割を果たしていたものの，2000年代以降の高齢者を対象とした農外就業機会の広がりから，彼らは農外就業を継続する傾向にあった．今後，段階的な年金受給開始年齢の引き上げに伴い，水田保全をボランティア的に担ってきた高額年金受給者の再生産が困難となる可能性がある．さらなる米価下落傾向や高齢者の農外での労働力需要が高まる今日，農村社会において不可欠な資源である水田を維持保全し続けるには，現在の米価水準に応じた生産性向上と組織的な担い手づくりが求められるだろう．

注

１）また具体的な高齢者の帰農に対する政策的位置づけの変遷は，澤田（2003）第一章第二節にて詳しく検討されている．

２）この中には09年時に家自体が無くなっていたため調査不可能であった農家も含まれる．

３）定年制を設けない日雇い土建業・自営業などへの従事者は早期退職の可能性があるため，幅をもたせて50歳以上とした．

４）83年時の調査では年金水準について聞き取る項目が存在しなかったため，93年時の年金水準を採用した．また６，11番は年金受給額が不明であるが，６番は国民年金，11番は厚生年金であるが中途採用の土建業従事者であるため，年金水準が低いと考えられる．ここで，「年金水準が低い」という点を高齢帰農者間の相対的な基準以外に，家計費の観点からも検証してみよう．『平成６年度家計調査年報』（総務省）によると，93年時の高齢夫婦無職世帯の年間社会保障費は夫婦で合計246万円となり，家計費の85％を占めている．ここで単純に当該地域の高齢夫婦世帯はこれだけの社会保障費を受け取ることが（十分であるかは別として）一般的であると仮定しよう．93年時，60歳以上の世帯主妻の年金受給額はN集落の平均で82万円（09年時は114万円）となっていることから，世帯主の年金受給額はおおよそ165万円以上あれば上記の水準に達すると考えられる．以上から93年時で少なくとも世帯主の年金水準が100万円以下であれば「年金水準が低い」，逆に200万円以上であれば「年金水準が高い」として差し支えないものとした．

５）11番は92年に世帯主の怪我から乳牛の飼養頭数を減らしながらも乳牛を止め

るには至っていないことから，基本的に複合部門の取り組みに積極的な点で一貫していると言えよう．

6） 17番は55歳で定年した元農協職員であるが，すぐに帰農せず運送業に再就職し，土建業に転職したのち，63歳に帰農，先の通り農業の強化に取り組んでいる．17番の年金が比較的高水準にあるにもかかわらず農外就業を継続していた背景には，末娘が75年当時は成人していなかったこと，障害を持つ次女の扶養費を賄う必要があったことが背景にあるものと考えられる．

7） なお，年金水準が低い高齢帰農者の中で唯一規模を縮小した４番についても言及しておこう．４番は83年時点で240aもの自作地を有する元地主であったが，93年には自作地を60aほど転用している．83・93年ともリンゴ作に取り組んでおり，乗用田植え機を自己所有しつつ耕起・代掻き・稲刈りは集団耕作組合に委託，オペレーターにも両年とも出役している．４番が83年調査時点で帰農に至らなかったのは，次女が当時まだ学生であったためと考えられる．一方で家の後継者は同居している次女のみで農業の後継ぎとなる可能性はないため，農業所得を確保でき，かつ体力に見合った程度の規模に縮小したものと考えられる．

8） ２，６番の受給額は不明であるものの国民年金のみの受給となるため，年間60万円前後の受給額と予想される．

9） ２番のみ定年前の就業先は常勤の工員であったが，それ以前は土建業に従事しており，工員の仕事も労働環境が非常に悪いため，83年当時から早期退職を希望していた点から，工員も土建業の延長線上にある就業先と考えられる．20番は自営業だが，年金水準が低く，前掲**表2-1**中段のように集団耕作組合の出役に積極的であり，後述のように農業への意欲が高い点で土建業従事者と共通している．

10） ただし彼らの中には定年後再雇用されたのち帰農した農家も存在する．

11） 39番自ら行った2008年の収支計算では，収入が118万682円，経費が自家労賃を含まずに142万701円，結果24万19円の赤字と算出している．

12） 39番は09年時で自家用米11俵留保しており，2008年の米価を１万5,000円として換算すると，16万5,000円の価値と算出できる．

13） とはいえ彼らの定年前の賃金は，93年時点で「切り売り労賃」水準（山崎（1996）によれば年収263万円）は上回っているものの，同世代の青壮年男子農家世帯員としてはやや低水準ではあった．彼らの93年調査時点（当時50歳代前半）の年収は400万円前後で，当時公務員職に就いていた同世代男子の半分程度である.

14）実際，このような高齢者の帰農行動は，高齢者の農外就業機会が狭隘な「半周辺＝東北型地域労働市場」移行地域においては層として検出されている（本書第３部参照）．また澤田（2008）は，岩手県玉山村の農家調査より，東北地域における高齢者の帰農は，農家層の全般的な高齢化とともに，対象地域における公共事業の縮小から生じていることに言及している.

【引用文献】

澤田守（2003）『就農ルート多様化の展開論理』農林統計協会.
澤田守（2008）「農家労働力の変容と農家就業構造を巡る新しい動向」農業問題研究学会編『労働市場と農業　地域労働市場構造の変動と実相』筑波書房，pp.47-62.
田代洋一（1986）「高齢化問題と農地保有―その地域性把握―」『農林金融』35（12），pp.844-853.
中安定子（1982）「低成長下の兼業農家―80年センサス分析を中心として―」『農業経済研究』54（2），pp.55-62.
山崎亮一（1996）『労働市場の地域特性と農業構造』農林統計協会.
山崎亮一（2010）「戦後日本経済の蓄積構造と農業：労働市場の視点から」『現代農業構造問題の経済学的考察』農林統計協会，pp.18-60.
山崎亮一（2015）「宮田村における地域労働市場」星勉・山崎亮一編著『伊那谷の地域農業システム』筑波書房，pp.63-111.

第6章

宮田方式の展開とその問題点：二極化する複合部門の担い手に着目して

1．はじめに

長野県上伊那郡宮田村は，1970年代の農家による機械共同利用組織から始まり，その後村ぐるみの農地利用調整にまで踏み込んだユニークな地域農業システム「宮田方式」で有名であり，多くの農業経済学者の関心を引き寄せてきた地域である．宮田方式は主として３つの柱となる制度，すなわち「集団耕作組合」，「土地利用計画」，「地代制度」で構成されている．「集団耕作組合」は1971年から実施された基盤整備事業をきっかけに，1973～78年に宮田村村内で集落ごとに成立された稲作機械作業一貫体系の共同利用・共同所有組織である．また，「土地利用計画」，「地代制度」は，後述する集団的な転作対応の実施を目的に1981年から開始された．以下，1970年代を宮田方式の黎明期，この３つの制度が出そろった1981年を宮田方式が確立した年とする．

一方で，宮田村は農業経済学者による同一集落を対象とした集落悉皆調査が定期的に行われ，これに基づく地域労働市場と農業構造の研究も盛んに行われた地域である．同じく上伊那郡に位置する飯島町，中川村含めた直近の研究成果は山崎ほか編（2024）に集約されているが，以下では1975，1983，1993，2009年の宮田村N集落を対象とした調査から明らかになった地域労働市場と農業構造に関する研究に限定しながらレビューする．地域労働市場と農業構造の実態分析から農業生産の担い手を展望する研究としては，田代（1976），今井（1984），山崎（1996，2013）などによる成果がある．三者いずれにも共通する宮田方式への関心は，機械の共同所有・共同利用組織であり，村の基幹作目である稲作の維持存続と大きくかかわる「集団耕作組合」に向けられ，なかでも構成員農家から募るオペレーター出役者（以下，単にオペ）確保が主要な問題として位置づけられていた．

1975年調査を実施した田代（1976）によると，N集落「集団耕作組合」（以下，特に断りの無い限り「集団耕作組合」はN集落「集団耕作組合」を指す）は73年に役場・農協などの行政側が主体となり設立された組織である．その背景には，農地流動化が進まず個別農家レベルでの水稲作拡大が難しい状況下，機械の共同化と省力化によって生産性を向上させ，発生する余剰労働力を各農家の集約的複合部門の強化にあてる狙いがあった．当初，オペは専業農家から確保することを想定していたが，うち酪農家は利用料金の高さや共同出役に合わせられないなどの理由で稲作機械の自己所有を進めたため，オペを務めない傾向にあった．田代はこの点について，「現在のところ…酪農でそのことが強調されているに過ぎない」（田代1976，p.76）と但し書きしつつ，オペ確保と複合部門強化とが矛盾する状況を問題視している．一方で，オペは出役労賃を高水準に設定することによって兼業農家から確保されているとした．もっとも，この高賃金が利用料金の高さに反映し，専業農家のオペ離れにつながっている側面もある．

対して1983年調査を実施した今井（1984）の問題意識は，オペを担う農家の過重労働という実態であった．というのも，当時のオペの半分は土建業を中心とした日雇い賃金で農外雇用されている者で構成されており，常勤的兼業従事者との賃金格差を埋めるため，就業日数が多く，さらに複合部門にも積極的に取り組む過重就業状態にあったためである．

山崎（1996）は「集団耕作組合」の詳細な分析を行っているが，オペ確保面に限定すれば，オペを中核的に担う農家層が今後経営縮小していくことを予想していた．というのも，調査時点の地域労働市場構造は「近畿型地域労働市場」にあり，青壮年男子農家世帯員から農業所得との合算で生計を立てる農家が検出されなくなったためである．とはいえ，高齢化してはいたものの，男子基幹的農業従事者を有する農家層が複合部門，稲作の規模拡大，オペを担っていたが，他方で彼らの同居後継者はおしなべて常勤的農外就業に就いており，農業への従事も限定的であった．当時は1930年代以前生まれが高齢化し農外就業をリタイアしながらもオペを担っていたが，こうした状況も長くは続かない情況を捉えていたといえよう．

また宮田方式は転作対応システムでもあるが，転作は1975年当時，村や集落全体で取り組んでいたわけではなく，個々の農家の複合部門として取り組まれていた．その展開に焦点をあてた研究としては，1983年調査でN集落の農家類型を行った笹倉（1984）の成果がある．笹倉によると，N集落における複合部門の担い手としては，後述するワイ化リンゴ（以下，単にリンゴ）に取り組むと共にオペにも出役する「制度・政策の中心的な担い手」と，飼料転作という形でもっぱら集落の土地利用に関わるものの，オペを務めない担い手＝酪農家の二通りが存在するとしている．また「土地利用計画」，「地代制度」の詳細な分析を行った盛田（1984，1998）は，土地利用調整によるリンゴ団地造成の成功と共に，そのしわ寄せを酪農家がこうむっている点を指摘している[1)]．

以上を整理すると，これまでの研究から以下２点の傾向を指摘できる．第一に，複合部門の担い手が，笹倉の言うところの「政策の中心的な担い手」であるリンゴ＋オペ担い手農家と酪農家とに二極化し，宮田方式確立以降，後者が土地利用面でしわ寄せを被っている点である．しかし，「集団耕作組合」のオペを務めないという点で政策から外れる酪農家に土地利用調整のしわ寄せが行ってしまったのか，またこのことがその後の地域農業の在り方にどのような問題を投げかけたのか，という点は明らかになっていない．第二に，「政策の中心的な担い手」として位置づけられたリンゴ＋オペ担い手農家が1993年時点で体力的限界を迎えつつあるということである．彼らは青壮年期に「切り売り労賃」と農業所得との合算で生計を立てていた農家であったことが予想されるが，1993年時点で青壮年男子農家世帯員に彼らのような就業形態を取る者が再生産されなかった結果，「政策の中心的な担い手」は年々高齢化問題が深刻化することになる．しかしながら，宮田方式はいかなる地域労働市場構造および農業構造を想定しながら彼らを担い手と位置付けたのか，また彼らの高齢化に伴う体力的限界が近年の宮田方式の在り方にいかなる影響を与えているのかは，必ずしも明らかになっていない．

以上から，本章では宮田村N集落を対象に，二極化する複合経営の展開を分析する中から，以下の二点を明らかにすることを課題とする．第一に，宮田方式が開始当初いかなる地域労働市場構造および農業構造を想定しながら構想された地域農業システムであるかを明らかにする．第二に，地域労働市場構造の移行およびそれに伴う農業構造の変化に対し，宮田方式がいかに対応してきたか，一方でいかなる問題が生じたのかを明らかにすることを課題とする．このような課題を設定したのは，当該地域は第４章で明らかにしたように，1980年代後半から1990年代前半にかけ，地域労働市場構造が「東北型地域労働市場」（「周辺型地域労働市場」）から「近畿型地域労働市場」（「中心＝近畿型地域労働市場」）へと移行したわけだが，宮田方式はこの地域労働市場構造の移行期をまたいで継続的に取り組まれていることから，これに伴う農業構造変動に伴い，当初想定していた「政策の中心的な担い手」像が崩れることが想定されるためである．

研究方法としては，先行研究が明らかにした宮田方式の展開を批判的に検討・整理するとともに，1975，1983，1993，2009年にわたり行われた宮田村N集落悉皆調査データ，2012年に行った酪農家（後述の１番）の追跡調査結果，土地利用台帳データをはじめとする宮田村役場資料，農地利用委員会資料などを用い分析を行う．

２．宮田方式と複合部門の特徴

１）集団的転作対応と宮田方式の確立

具体的な分析に入る前に，宮田方式確立の経緯と制度の具体的な内容について明らかにしよう．先述のように宮田方式の三本柱が確立したのは1981年のことであるが，それに先立ち，1970年代には各集落ごとに集団耕作組合が順次設立され，また1978年には「地代制度」の前身となる「共助制度」が開始された.「集団耕作組合」については先述したため，ここでは「共助制度」と「地代制度」,「土地利用計画」について詳述する.

「共助制度」は転作対応者の負担を地域全体で負担する，という趣旨のもと，1978年の水田利用再編対策に伴い開始された制度である．具体的には，水田所有者全員から面積に応じ一定額の「共助金」を集め，これと転作奨励金をプールして原資とし，1978年時には転作対応者に10aあたり11万円を再分配（土地所有者（委託者）に８万円，土地利用者（受託者）に３万円を分配．また自作者には11万円をそのまま分配）することで，転作作目に対し水稲並の所得を補償するというものであった[2)]．「共助制度」は78年から80年までの３年間実施されたが，土地改良が完了した農地が年々増加するとともに転作割り当て面積も増え，これに連動し「共助金」額も増大した（78年時点では10aあたり5,503円の負担→80年には8,896円）．また将来的には転作奨励金の減額も予想されたことから,「共助制度」による転作対応は困難と見通した村行政は，転作枠をある程度埋めることができると同時に収益性の高い，ゆえにあまり補助の必要がない作目に取り組む必要があるとの判断に至った．そして当時としては珍しい，集落ぐるみの転作対応システムを構想し，その具体策として各集落の一角にリンゴ団地[3)]を造成する計画を立てたのである（**図6-1**参照）.

リンゴ畑をわざわざ団地化した理由は，共同作業の効率化と，当時から開始されていた転作奨励金の団地化加算を確実に獲得するためであったが，これの実現のために，事実上の農地の囲い込みが必要であった．しかしこれは，団地指定された農地の耕作者はリンゴに取り組まない限り恒久的に立ち退かざるをえず，農地所有者からもリンゴ作の地代負担力を不安視したことから反発が起きることが予想された．そこで村行政は，耕作者には集落内の別の圃場，すなわち代替地を提供し，同時に農地所有者の地代を一律化する案を打ち出した．そしてこれの実現のために1981年より開始された制度が「地代制度」,「土地利用計画」であり，同時にその実行主体である「農地利用委員会」が立ち上がった[4)].

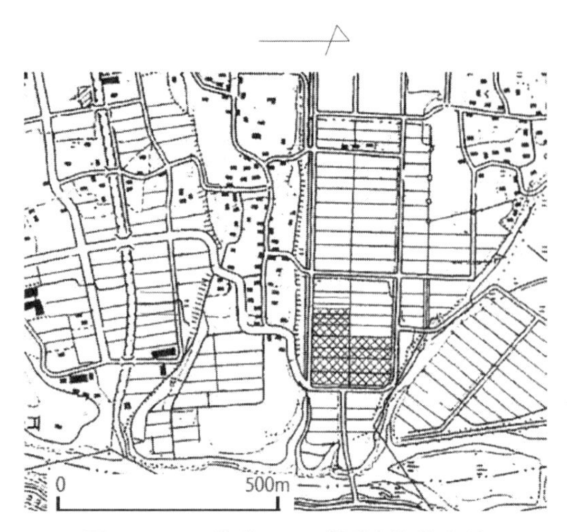

図 6-1　N 集落リンゴ団地化予定地

資料：盛田（1984，p.31）より筆者作成.
注：格子柄部分が団地化予定地.

「土地利用計画」の目的は，リンゴ団地の実質的な囲い込みと円滑な代替地提供のために，文字通り集落内の全ての農地利用を村で「計画」する制度である．計画を立てる際は農家の意向も汲むが，最終的には「土地利用計画」に沿いながら耕作が行われる．

一方の「地代制度」の目的は，(1) 農地所有者の地代を一律にし，(2) 転作を請け負う耕作者の転作負担，つまり水稲作と比較した際の収益性の低さを補償するという二つの機能を果たす制度である．原資は①農地所有者から10aあたり一定額を徴収する「共助金」と②転作奨励金であるが，2000年頃からはすべての耕作者から10aあたり3,000円を徴収する「とも補償」が導入された．よって，2000年以降開始された「とも補償」を除けば，原資確保の面では「共助制度」と変わりがないのであるが，大きく異なる点は，転作負担に対する金銭的な補償にとどまらず，全村一律の地代調整にまで踏み込んだ点である．

その調整過程を示したものが**表6-1**である．まず「農地利用委員会」が，

表6-1　「地代制度」における地代調整過程

<table>
<tr><th colspan="2" rowspan="2"></th><th rowspan="2">基本地代
(A)</th><th colspan="2">原資①（B）</th><th rowspan="2">原資①
再分配
(C)</th><th rowspan="2">転作奨励金
＝原資②
(D)</th><th rowspan="2">実質地代
(E)</th></tr>
<tr><th>共助金支払
(注1)</th><th>とも補償
支払(注2)</th></tr>
<tr><td colspan="2">委託地代</td><td>水稲地代</td><td>5,500円</td><td>-</td><td>作目に関係なく一律</td><td>作目に関係なく一律</td><td rowspan="5">(A) - (B)
+(C)+(D)
= (E)</td></tr>
<tr><td rowspan="2">受託地代</td><td>水稲</td><td>水稲地代</td><td>5,500円
(83年廃止)</td><td>3,000円</td><td>分配あり</td><td>-</td></tr>
<tr><td>転作</td><td>作目ごとに設定</td><td>-</td><td>3,000円</td><td>作目ごとに設定</td><td>作目ごとに設定</td></tr>
<tr><td rowspan="2">自作地代</td><td>水稲</td><td>-</td><td>5,500円</td><td>3,000円</td><td>-</td><td>-</td></tr>
<tr><td>転作</td><td>-</td><td>5,500円</td><td>3,000円</td><td>作目ごとに設定</td><td>作目ごとに設定</td></tr>
</table>

資料：宮田村役場資料より作成.
注：1）1981年開始時は10aあたり8,500円の支払いであったが，1982年に6,000円，1984年には5,500円に値下げされ，以降は5,500円で据え置きである（盛田1998，pp.309-310）.
2）とも補償は2000年頃より開始.
3）表の黒塗り項目は支払を示す（金額は10aあたりの支払額）.

水稲については地域の相場から，転作作目は各作目の収益見通しから基本地代(A)を設定し，その後，原資①（「共助金」＋とも補償）を徴収(B)→原資①を再配分(C)→原資②（プールした転作奨励金）を分配(D)することで最終的な実質地代(E)を設定している．その額は農地所有関係・作目ごとに異なり，また再分配の過程はかなり複雑であるが，この調整過程における大きな特徴は次の4点に絞られる．第一に，作目に関係なく水稲を基準とした地代に一律化されている点である．第二に，第一の点の結果として，土地所有者が受け取る地代額と耕作者が支払う地代額が異なってくる点である．土地所有者が受け取る地代は委託地代，耕作者が支払う地代は受託地代と呼ばれているため，以下ではこのように呼称する．たとえば，転作作目は水稲作よりも地代負担力が低いことを反映し，基本地代は委託地代以下に設定される．第三に，第二の点の結果生じる差額（＝〔委託地代〕－〔受託地代〕）は「地代制度」が埋め合わせなければならない点である．そしてこの埋め合わせのために原資①が集められるわけだが，第四に，水稲自作者は原資①を一方的に支払う主体となっている点である．つまり，「地代制度」はある意味で自作地にも地代が発生する制度となっている（以下，自作地に発生する負担額を自作地代と呼称）．地代額の設定は年によって変化するため，具体的な変遷とその分析については４．にて行う．

２）複合部門の展開

続いて，宮田村における複合部門の展開を行論に必要な範囲で概観する．笹倉（1984）によると，宮田村は戦前から1960年頃までは米＋養蚕の複合経営が一般的な地域であったが，1960年代から1970年代の桑園開田に伴い養蚕は衰退，代わって小規模な畜産（N集落では３～４頭規模の水田酪農）が広がった．しかし1971年以降の基盤整備と「集団耕作組合」設立に伴い兼業化が進んだ結果，水稲単作化が進み，1975年当時の転作率は10％にまで下がっていた．このような状況下，水田利用再編対策を迎えたわけだが，1980年までに転作率は20％にまで急増し，宮田方式が本格的に開始された後の1985年にはさらに26％にまで上昇した．ただし，宮田方式開始前後で転作の内訳は大きく変化している．

図6-2は『農林業センサス』（農林水産省）より，宮田村の水稲を除く作目の類別作付面積の推移を示したものである．ここには畑地も含まれるが，

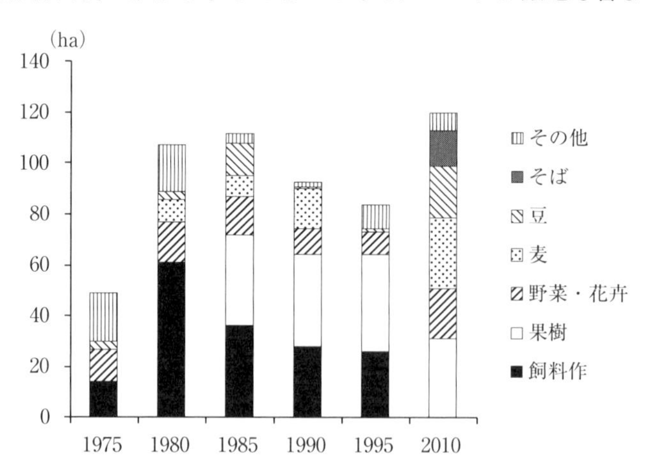

図6-2　宮田村における作目類別作付面積の推移

資料：各年農林業センサスより作成．

宮田村の畑地率は多い年で7～8％程度であるため，田における転作動向とみて差し支えないだろう．まず，1975年から1980年にかけて拡大しているのは飼料作物で，14ha（29％）→61ha（60％）と面積・ウェイトともに大きく伸びている．この間，労力多投型の酪農家[5)]が抜けた一方で，機械による飼料調製作業に本格的に取り組む土地利用型水田酪農が急速に展開したと考えられる．しかし宮田方式確立以降の1985年時は飼料作が36ha（32％）にまで減少し，代わって果樹が増加している（36ha，32％）．その後，1990年代はほとんど構成が変わらないが，飼料作は年々減少傾向にある．そして2000年以降はセンサスに飼料作面積が掲載されていないが，酪農家は2010年までに0戸となったため，ほぼ作付けはなくなったものと推察される．対して，2010年には麦・大豆・そばなどの土地利用型畑作物が増大し，図示していないが転作率も32％にまで上昇した．

以上から，宮田方式確立前後で転作作目の構成が大きく変わっており，特に宮田方式以降の酪農≒飼料作物の作付減少と，リンゴ＝果樹の増加が顕著である点が確認できた．以下，これら複合部門を担う経営についてより詳細な分析を行いたい．

3．N集落における複合部門の展開

1）複合部門の担い手の抽出

分析にあたり，まずはリンゴ団地の担い手と酪農家を抽出する．N集落悉皆調査対象の農家には大別して在来農家と新規就農者が存在するが，新規就農者は2009年に2戸存在するのみである．データの存在する在来農家は1975年で43戸，1983年45戸，1993年44戸，2009年40戸であるが，調査対象となった農家はいくつか入れ替わりがある．過去一度でも調査対象となった農家総数は51戸で，うち過去の調査で一時点でもリンゴに取組んだことのある在村農家は8戸，酪農家は5戸であった[6)]．農家番号については，山崎（1996）**表6-2**と対応した番号を用い，93年調査の対象となっていない1戸（酪農家）については0番とした．

２）リンゴ団地の担い手の展開

表6-2はN集落におけるリンゴ団地担い手農家８戸の経営動向について示したものである．まず，８戸の経営耕地面積の総計を見ると，1,056a→1,385a→1,401a→817aと，1975年から1983年にかけて拡大，1993年にかけて停滞，2009年に急減という状況にある．まずは減少局面に入る前の1975年から1993年までについて見ていこう．

彼らのリンゴ畑面積の合計は1983年時で209a[7)]，1993年時で316aである．1983年時は各農家のリンゴ畑面積は比較的均等であったが，1993年は特定農家への集中が進み，２番が101aと１戸で全体の1/3を担っている．次にオペ出役日数を見ると，総計で1975年65日，1983年で50日，1993年で37日と減少傾向にある．とはいえ，機械性能の向上によって「集団耕作組合」が必要とする総オペ出役日数も年々減少していることから，総オペ出役日数のうち彼らが何％を占めているかを見ると，75年時で46％，83年42％，93年50％となっている．よって，93年時までこの８戸のみでオペ出役の約半分を担って

表6-2　N集落のリンゴ団地担い手一覧

農家番号	世帯主の生年	経営耕地面積（a）							オペ出役日数（日）				世帯主の兼業先
		1975	1983		1993		2009		1975	1983	1993	2009	
				リ		リ		リ					
2	1934	120	196	50	331	101	199	0	0	0	0	3	農専→日雇土建→工員（～80年代後半）
4	1926	219	322	27	239	26	130	26	12	10	3	0	日雇土建（～80年代後半）
6	1936	176	165	26	180	37	118	9	8	10	13	7	日雇土建（～78）→村議（～80年代後半）
7	1927	159	153	0	179	26	10	0	8	7	0	0	土建業（～75年）
9	1936	121	192	26	163	53	157	50	8	13	9	0	日雇土建（～2000年代）
10	1929	92	82	0	137	53	72	0	26	8	8	2	日雇左官（～89年）
13	1938	104	115	28	90	20	52	0	3	2	0	2	農協職員（～96年）
17	1918	66	159	52	83	0	80	0	0	0	4	4	常勤土建（～81年）
総計		1,056	1,385	209	1,401	316	817	85	65	50	37	18	

資料：各年調査票より作成．
注：1）「世帯主の生年」は西暦（年）．なお，世帯主はリンゴ作に中心的に従事していた男子農家世帯員を指す．
　　2）「経営耕地面積」欄の「リ」はリンゴ作付面積を示す．

おり，1975年から1993年にかけ，先行研究で指摘された「リンゴ団地の担い手≒オペ担い手層」という関係性を見てとることができる．ただし，表には示していないが，２番のみ稲作用機械一式を自己所有していたため，1993年時まで「集団耕作組合」を全く利用せず，オペ出役も皆無であった[8)]．

次に個々の担い手に着目すると，世帯主の年齢は1920年代後半～1930年代後半生まれと，いわゆる昭和一桁世代に集中している．また兼業先を見ると，１戸を除き土建業への従事経験があり，しかもそのほとんどが日雇いである．つまり彼らは，第４章で明らかにした「切り売り労賃」と農業所得との合算で農外就業に従事していた世代に相当することになる．ゆえに，今井の指摘する「オペ＝過重就業」という構図は，より具体的には「オペ≒リンゴ団地の担い手≒「切り売り労賃」での農外就業者≒昭和一桁世代男子農家世帯員」と言い換えることができる．

以上が1993年までの動向であるが，2009年時は先述の通り経営耕地面積が大きく減少し，リンゴ畑も1993年の315aから85aに，オペ出役日数の合計も37日から18日へと半減，全体に占める割合も31％に低下している．これはリンゴ団地を担っていた世帯主が全員70歳代と高齢化に伴う体力的限界を迎え，他方で後継者が常勤的農外就業に就き，親世代のような多就業形態はとらないことを反映したものであろう．なお，２番についてはオペ出役日数がのべ３日間に増えているが，これは1993年時の世帯主が死亡し，後継者が一部の自己所有機械を手放して「集団耕作組合」の機械を利用し始めたためである．ただしその後継者も2009年時点で常勤的農外就業に従事している関係でリンゴ畑はすべて手放しており，年間農業従事日数も60～99日に留まっている．

このように，在村農家によるリンゴ団地の維持が世帯主の高齢化とともに厳しくなる中，新しく登場したリンゴ団地の担い手が，表に掲載していないが2005年に県外から参入した新規就農者（専業農家１戸，30代夫婦）である．この経営は09年時点でN集落のリンゴ団地全体の2/3にあたる200aを担っている．ただし，稲作面積は10a程度しかなく，「集団耕作組合」は利用もオペ出役も全くない．また2009年現在，リンゴで手一杯であるため，稲作・リンゴとも規模拡大の意向はないとしている．つまり，新たなリンゴ団地の担い手は，かつてのように「集団耕作組合」のオペの担い手としては位置づいていないのである．

３）酪農家の展開

①酪農家の動向

次に酪農家５戸について検討するが（**表6-3**），５番は1975年，０番は93，09年について調査対象となっていない点に注意したい．まず彼らの総経営耕地面積の推移を見ると，773a→1,492a（０番を除くと1,333a）→1,237a→763aとなっており，75～83年の拡大，83～93年の停滞と2009年の急減という流れはリンゴ団地の担い手と同様である．

次に，リンゴ農家と同様，1993年時までについてみると，いずれの農家も1983年時点で150aを超えているが，１番が800a以上ととびぬけて規模が大きい．また飼料作の総面積は1975年214a→1983年862a→1993年805aと推移し，1983，1993年時についてはリンゴ団地の３倍近い転作を担っている．もっとも，うち75％以上は一貫して１番による作付けである．彼らは11番を除き，「集団耕作組合」の利用・オペ出役ともに殆どないが，これは11番以外，稲

表6-3　N集落の酪農家一覧

農家番号	世帯主の生年	経営耕地面積（a）								オペ出役日数（日）				世帯主の兼業先
		1975		1983		1993		2009		1975	1983	1993	2009	
			飼料		飼料		飼料		飼料					
1	1940	340	120	817	610	830	680	735	0	4	0	0	4	植木技師（～71年）
5	1949	／	／	192	88	202	125	5	0	／	0	0	0	機械工（82～80年代後半、90年代後半～）
11	1914	170	45	153	55	120	0	23	0	3	0	0	0	常勤土建（～82年）
16	1922	148	49	172	64	85	0	0	0	0	0	0	0	日雇土建（～80年代後半）
0	1908	115	0	159	45	／	／	／	／	0	1	／	／	農業専従（90年代以降は不明）
総計		773	214	1,492	862	1,237	805	763	0	7	1	0	4	／

資料：各年調査票より作成．
注：１）「世帯主の生年」は西暦（年）．なお，世帯主は酪農に中心的に従事していた男子農家世帯員を指す．
２）「経営耕地面積」欄の「飼料」は飼料作物の作付面積を示す．

作用機械一式を自己所有しているためである．なお，「集団耕作組合」の取り組みに消極的な理由として，先行研究で指摘された「オペ作業が酪農作業と競合」することを理由としたのは0番（1975年調査時点）のみであるが，それも役員のオペ作業負担が重く，農作業計画が立てられないためとしていた．おそらくは，兼業農家で構成される「集団耕作組合」のなかでは，0番や1番のような専業農家は役員を務めざるをえず，結果，出役負担が酪農作業と競合したものと推察される[9)]．

続いて世帯主の年齢を見ると，1920年代以前生まれと1940年代生まれに二極化している．とはいえ5番は障害から通常の就業が困難であり，これを除くと，最も規模の大きい1番が単独で若く，他はリンゴ団地の担い手よりも10歳程度世代が上である．さらに5番以外の兼業先について見ると，0番は75年調査時点で67歳に達しており，対象期間中に農外就業しておらず，11，16番は60歳代になるまで土建業に従事，1番は76年（36歳）で兼業を辞め，基幹的農業従事者となっている．

最後に酪農業の持続性について見ると（0番は84年以降の動向不明），11，16番については1993年までに，1，5番は2009年までには酪農を廃業，経営耕地面積は1番以外25a未満の自給農家レベルに縮小している．

以上から，11，16，0番の3戸については，比較的高齢な点と「集団耕作組合」の利用・オペ出役がない点以外，経営耕地面積・転作面積の規模や近年の縮小傾向，多就業構造など，リンゴ団地の担い手と大きく異なる点はない．しかしながら，1番は1940年代生まれと相対的に若く，突出して経営耕地面積規模が大きく，また世帯主が青壮年期から既に農業のみの従事である点など，酪農家の中でもリンゴ団地の担い手と比較してもやや異質である．

②1番の経営展開

そこで，今少し1番の経営を詳細に検討する．1番は1959年，現世帯主の父の代から酪農を開始し，当初から稲作との複合経営であった．1番の転機は，78年の水田利用再編対策開始と20頭入り牛舎新設にあった．以降，80年頃までのわずか３年間に，公務員等の常勤的農外就業者からの借地を約７haまで拡大（転作奨励金を地主に全額配分[10)]）し，同時に飼養頭数（育成牛含む）も30頭にまで増頭した．またこれ以外にも，牧草収穫用機械を順次揃えつつ，稲作機械一貫体系の導入，デントコーン収穫組織である「飼料作協同組合」の設立や雇用労働力の導入など，積極的な経営展開を図っていた．**表6-4**は１番の経営成果を聞き取り調査結果から筆者が試算したものであるが，これによれば規模拡大後の83年時の農業所得は「地代制度」から配分されていた地代額（80万円，N集落で最大額）を除いても約600万円となっていた．これを2009年の消費者物価指数でデフレートすると714万円となり，当時の１番世帯主と同年代である40歳代の男子常勤的農外就業者と比較してもかなり高い所得を上げていたといえる（第４章**図4-7**参照）．もっとも，

表6-4　１番の経営成果

（単位：万円）

収入源		内訳	1975年	1983年	1993年	2008年
農業生産	酪農	生乳粗収入	444	1,234	2,100	1,476
		生乳所得	133	370	630	356
		総子牛販売額	NA	190	90	50
	酪農計		133	560	720	406
	稲作	米粗収益	324	272	389	236
		米所得	208.8	99	240	77
	地代収入			91	76	-3
	雇用者労賃（支出）			70	70	70
総農業所得			342	680	966	410
農業生産以外	農外労働	兼業収入	185	240	500～550	
		役員報酬			20	180
	農外労働収入計		185	272	約550	180
	年金		25	74	114	460
農業生産以外の総所得			210	346	664	640
経営全体の所得計			551.8	1,026	1,630	1,050

資料：1番の各年調査票，2012年聞き取り調査，宮田支所水稲経営指標，宮田村総会資料，「農業物価類別価格指数」（農林水産省）より作成．

注：１）兼業収入は1975年のみ世帯主・父の日雇い賃金と妻の兼業収入の合計である．他は妻の収入のみ．

２）生乳所得については，1975，1983，1993年については所得率３割（1993年聞き取り調査より．1975，1983年については聞き取れず），2008年については粗収入から「生産費調査」（農林水産省）から得た生産費を除した値を利用した．

３）子牛を経営副産物扱いし，総子牛販売額をそのまま所得として計上した．また，堆肥は副産物であるが，計上していない．

当時は70歳代の父との協業が基本的な営農スタイルであった点を割り引く必要はあるが.

しかし1981年以降，１番は宮田方式の影響を大きく受けることとなる．まず１番の経営耕地のうち，105aがリンゴ団地化予定地に該当する事態となった．１番はやむなく代替地案を受け入れたものの，酪農経営に対してはリンゴのような計画的な団地化は図られず分散化傾向にあり（**図6-3**），さらには面積で見て83 ～ 88年の間で43％，88 ～ 93年の間で35％の借地が移動して

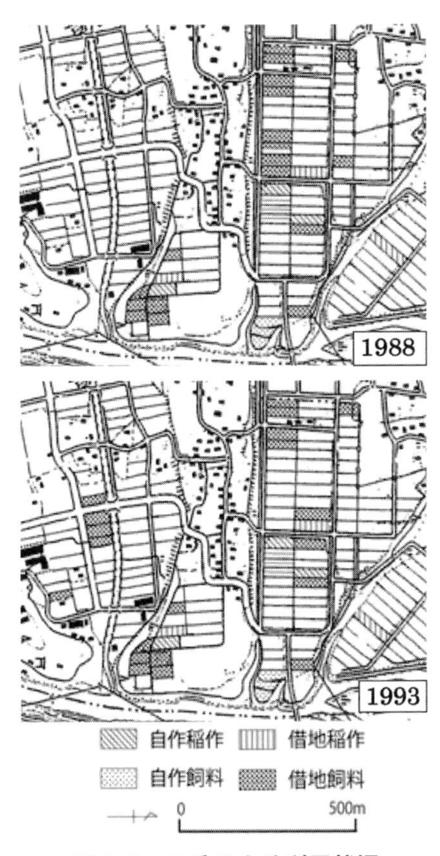

図６-３　１番の土地利用状況

資料：土地利用台帳より作成.

いた[11)].

次に土地利用以外の動向についてみると，81年に新たな牛舎の増築し30頭まで飼養できる体制を整えたが，以後，牛舎の増築は行わず，周囲の物置小屋などを利用しながら育成牛含め最高46頭（2003年時）にまで増頭している．しかし家の後継ぎたる長男が1993年時点で修学他出し，その後も農業後継者としては位置付いておらず，また世帯主も2000年に60歳を迎え，農業労働力の脆弱化は着実に進行していた．

最後に経営成果を見ると，93年時点の１番の総農業所得（自家労賃込）は966万円と，他の常勤的農外就業者の賃金収入と比較しても遜色ない水準であり，また負債も全くない健全な経営と言える．しかしながら，宮田方式以降の土地利用面での制約を受け，以降の経営展開は現状維持的であり，農業後継者も就農に至っていなかった．その後は2003年の乳房炎発生を受け飼養頭数縮小に転じ，最終的に高齢化と飼料価格の高騰を契機に，2008年酪農を廃業した．

４）小括

以上，リンゴ団地の担い手と酪農家の展開を分析したが，確かに酪農家は1975年当時から「集団耕作組合」離れが見られた．しかしリンゴ作に取り組む農家にしても，２番や新規就農者のように農業で生計を立てていくには個別農家レベルでの規模拡大を志向せざるをえず，長期的には「集団耕作組合」のオペから離れている実態が明らかとなった．よって，オペ離れは複合部門の種類の問題というよりも，個別農家の規模拡大志向の問題であり，いち早くそれが顕在化したのが酪農家の１番であった，というべきだろう．

では，なぜ１番の展開は宮田方式確立以降停滞したのか．この原因については次項で検討するが，ここでは何故，宮田方式開始以前から転作を担っていた酪農家の土地利用展開を制約してまで，村行政はリンゴ団地造成を推し進めたのか，という点を考察したい．結論から言えば，宮田方式の転作対応は，「集団耕作組合」のオペを担っていた多就業状態にある農家を農業に引き留め，ひいてはオペの担い手としての立場をより強固なものとしよう，という村行政側の意図が内包されていたと考えられるのである．そしてその農業に引き留める手段がリンゴ団地の存在であった．では何故村行政側はそこまでオペの担い手を必要としていたのかといえば，これは次節で見るように宮田方式の当初の構想と深くかかわっていたことによるものであった．

４．宮田方式の内在的問題点

１）宮田方式の問題点

ここまでの分析から，酪農家の１番は宮田方式以降，飼料作の拡大を制約されていたことが明らかとなったが，制約された作目が飼料作だけならば，徐々に酪農から水稲作へ重点をシフトするという方向性を展望することもできたはずである．しかしそうはならなかったのは，１番がこれを志向しなかった，ないし「土地利用計画」で転作作物である飼料作に誘導されたということももちろん考えられるが，そもそも宮田方式のシステム設計それ自体に個別農家による借地拡大を制約せざるを得ない構造が内在していたのである．以下，「地代制度」と「土地利用計画」の検討からこの点を実証する．

表6-5は1982年時点での「地代制度」における水稲と飼料の委託地代，受託地代，自作地代を示したものである．これ以外にも作物ごとに地代額が設定されているが，紙幅の関係上，他作目については省略し，飼料作で土地利

表 6-5　1982 年「地代制度」

（単位：円）

		基本地代	共助金支払い	共助金再配分	共助金調整	転作奨励金再配分	実質地代
水稲	委託	43,000	▲6,000	6,000	43,000	22,446	65,446
	受託	▲43,000	▲6,000	8,000	▲41,000	0	▲41,000
	自作		▲6,000	0	▲6,000	0	▲6,000
飼料	委託	43,000	▲6,000	6,000	43,000	22,446	65,446
	受託	▲18,000	0	8,000	▲10,000	21,446	11,446
	自作		▲6,000	8,000	2,000	21,446	23,446

資料：盛田（1984）第２章第５表より作成．
注：10a 当たりの額．

用型転作作目を代表した．「基本地代」に対し「共助金」の調整を行ったものが「共助金調整」欄，これに転作奨励金の再分配を加えたものが「実質地代」欄である（▲は支払い）．

見ての通り，水稲の委託地代も飼料作の委託地代も同様の地代額が設定され公平化が図られており，また飼料作の受託地代は10aあたり11,446円の受け取り超過となっている．さらに，仮に転作奨励金がない場合（「共助金調整」欄）でも，委託者は水稲・飼料とも同額の43,000円を受け取り，飼料作は水稲作よりも31,000円少ない支払い地代で済む設定となっている．よって，「地代制度」の２つの目的である(1)農地所有者の地代の一律化と，(2)転作を請け負う耕作者の転作負担の補償が両立していることが読み取れる．

その一方で，1982年「地代制度」は以下２つの大きな問題を抱えている．第一に，全く転作対応に取り組まない主体にも転作奨励金が配分されている点である[12)]．これは，水稲も飼料作も地代を一律化したことによる弊害である．改めて前掲**表6-5**を見ると，仮に82年「地代制度」下で水稲による借地を望む農家が現れた場合，その農家に農地を貸し付ける農家，つまりは全く転作対応とは関係のない委託者に対し，制度上10aあたり22,446円の転作奨励金を配分しなければならないことになる．第二に，受託者および委託者からは事実上「共助金」を捻出できないという点である．これを10aの稲作について考えてみると，転作奨励金配分を除いた場合，委託者は「地代制度」から43,000円を受け取り，受託者は41,000円を支払うことになる．よって，「地代制度」は彼らから「共助金」を捻出するどころか，差額の2,000円を負担する必要が出てくるのである．なお，飼料受託地は基本地代の時点で10aあたり18,000円と低く設定されていることから，受託・委託の地代差がより大きい（奨励金を除き33,000円）．もっとも，この転作の差額を埋め合わせるために原資は集められているのであるが，ともあれ作物にかかわらず，受託地が増えるほどに制度からの支出が増える構造にある．

しかしこれらの問題は，「土地利用計画」と結びつくことで「解決」される．すなわち，集落内に稲作に取り組む自作農が最大限残るように「土地利用計画」を立てるのである．これにより「地代制度」へ一方的に原資を支払う水稲自作者を維持することができるとともに，第二の問題点である農地の受委託の発生を抑えることができる．また，「土地利用計画」で水稲委託地を可能な限り発生しないようにすれば，第一の問題点である水稲委託者に対し転作奨励金を配分する事態は最小限に抑えられる．そして稲作については，「集団耕作組合」が機能していれば，各農家は管理作業を行う労働力を農家世帯員から確保できている限りは農地を維持することが可能である．言い換えれば，「地代制度」が維持存続するために「土地利用計画」でもって水稲自作地を維持する必要があり，そのためには「集団耕作組合」のオペ確保もまた不可欠，という設計になっているのである．これこそ，「政策の中心的な担い手」を引き留めるべくリンゴ団地造成を推し進めた重要な理由といえよう．

以上から，宮田方式とは，稲作に取り組む自作農によって支えられ，ゆえに彼らを最大限維持し続けることを事実上の目的としながら設計された地域農業システムである．言い換えれば，1970年代当時の，「東北型地域労働市場」（「周辺型地域労働市場」）のもとでの零細兼業自作農が残り続ける兼業滞留構造を前提とした制度設計といえよう．しかしながら，当該地域では1970年代末には既に自作農が綻びを見せており，そこに目をつけ1番のように借地による大規模な土地利用展開を目指す農家の萌芽がみられたわけだが，このような農家の育成は「宮田方式」には正当に位置づけられていなかったのである．

2）自作農から貸し手への転化と「地代制度」の変質

しかしながら，宮田方式が前提としていた「稲作を維持する自作農」が年々貸し手へと転化することにより，「地代制度」は変質を余儀なくされることとなる．

図6-4は「地代制度」における10aあたりの委託地基本地代，委託地実質地代（委託地に実際支払われる地代額），米2俵の米価の推移を示したもの

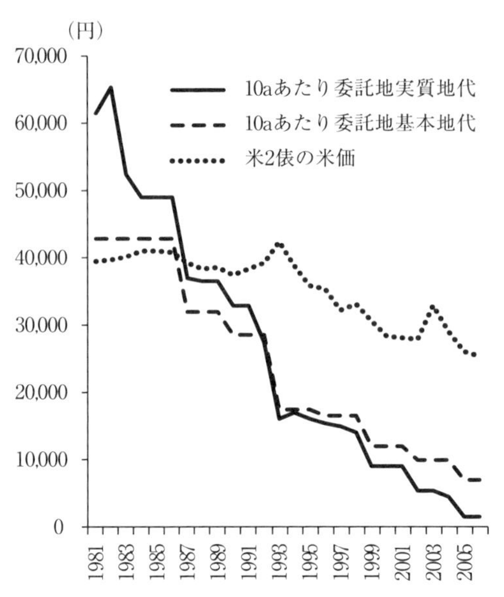

図6-4 「地代制度」水準の変化と米価

資料：宮田村役場資料より作成.

である．これをみると，当初，委託地基本地代は米２俵とほぼ同水準に設定され，委託地実質地代は転作奨励金を上乗せした分，約２万円高額に設定されていた．しかし80年代後半になると，転作奨励金の配分がほぼなくなり，基本地代と実質地代の差額は消滅した．さらには1980年代後半～90年代前半にかけ，基本地代・実質地代ともそれ自体下落する米価と乖離しながら急落している．結果，1994年「地代制度」（表示略）では，委託地への配分額が10aあたり16,000円にまで減少した．しかし他方で，水稲受託地はその半分以下の6,500円に設定されている．つまり，水稲作を請け負う耕作者は低い地代負担での耕作が可能となっている．こうした変化は何を意味するのか．

第一に，米価と乖離した急速な地代の低下は，この間の「東北型地域労働市場」から「近畿型地域労働市場」への移行に伴う落層的分化の結果，急速に借り手市場化が進んだことを意味する．山崎（1996）は1993年調査結果から，農地管理を担っていた親世代（彼らを60歳以上とすると昭和一桁以前に生まれた世代）の高齢化と体力的限界に伴い，自作農が貸し手へ転化していることを指摘しているが，「切り売り」的就業形態を取っていた世代が農業からリタイアするとともにこうした借り手市場化が加速しているといえよう．第二に，第一の点を受け，「地代制度」は貸し手の受取額を少なくし，代わりに水稲受託者を地代面で優遇することで水稲受託の担い手を確保する方向性に変化したと解釈できる．

しかしその結果として，水稲受委託地が10a増えるごとに9,500円「地代制度」の負担が増す制度へと変化してしまっている．82年時は2,000円であったから，7,500円の大幅な負担増である．ゆえに，水稲自作地を残すことによって原資を確保する必要性がより増しているわけだが，そもそもこうした借り手不足は自作農が農地の貸し手へと転化している結果として生じているものである．つまり，水稲受託の担い手確保を目指す地代設定にすることで借り手市場化に対応しようとしているわけだが，このことが同時に水稲作に取り組む自作農を維持するという当初の制度設計の必要性をますます強めるという矛盾が生じているのである．

なお，さらに借り手市場化が進展した2000年代に入ると，原資を水稲自作地のみから仰ぐことを断念している．まず，2005年「地代制度」より，委託地の基本地代は10aあたり7,000円，実質地代に至っては1,500円と無地代同然にまで下落した．一方で，水稲受託地の実質地代は6,000円とほぼ据え置かれたため，水稲受委託地からは差引4,500円の原資を得られる制度となっている．また2006年より，基本地代は水稲・転作関わりなく一律7,000円となった．さらに2010年「地代制度」（**表6-6**）からは戸別所得補償のモデル事業開始に伴い，補助金のプールを廃止して直接耕作者に配分するとともに，「地代制度」の原資から飼料作への補償も廃止された（麦・大豆・そばなどの飼料作以外の土地利用型作物についても同様）．結果，転作は自作・受委託ともに水稲自作と同額の10aあたり8,500円を「地代制度」に支払う設定となっている[13]．

この変化は，水稲自作地が減少していく中で，より多くの主体から原資を

表6-6　2010年「地代制度」

（単位：円）

		「地代制度」による調整					国の補助金	
		基本地代	とも補償支払い	共助金支払い	村独自の補助	実質地代(a)	戸別モデル(b)	最終受取額(a+b)
水稲	委託	7,000	0	▲5,500	0	1,500	0	1,500
	受託	▲7,000	▲3,000	0	4,000	▲6,000	15,000	9,000
	自作		▲3,000	▲5,500	0	▲8,500	15,000	6,500
飼料	委託	7,000	0	▲5,500	0	1,500	0	1,500
	受託	▲7,000	▲3,000	0	0	▲10,000	28,000	18,000
	自作		▲3,000	▲5,500	0	▲8,500	28,000	19,500

資料：宮田村役場資料より作成.
注：1）10aあたりの額.
　　2）補助金配分含めた制度名は，正しくは「作目加算等活性化助成制度」である.
　　3）「村独自の補助」欄は，「共助金」・とも補償から配分される補助金の総称とした．厳密には「転作加算」と「対象外加算」が存在し，「転作加算」は野菜作，「対象外加算」は戸別所得補償の対象ではないリンゴと自家用作目，水稲受託に配分されている．またリンゴ以外はすべてとも補償からの拠出である.

仰ぐ必要が出てきたことを意味しているが，問題はその原資が何に用いられているかである．当初の「地代制度」は，水稲の地代を基準に設定された委託地代と，転作作目の収益性に応じ設定される受託地代との差額の埋め合わせという名目で原資を集めていた．しかし上述のとおり，2006年以降，転作と水稲作の基本地代は同額の7,000円となり，この差額は消滅している．ゆえに，2009年「地代制度」まで転作作物への加算は続けられていたが，これはもはや水稲作と転作との間で発生する地代負担力の差の埋め合わせを目的としたものではなく，村独自の転作奨励金と解釈すべきものへと変質している.

そして2010年より転作への加算は消滅したものの，代わって２ha以上の転作を担う主体に対し10aあたり5,000円を配分する「転作作目担い手加算」が開始されている．またこれ以外に，原資は営農組合活動費，転作田の畦畔管理作業への補助，水田復旧など，多方面に渡る地域営農の取り組みに使われるようになる．つまり，当初の目的であった作物ごとの地代負担力の差の解消，という面影はなくなり，もっぱら水田保全の担い手支援と地域営農の運営に用いられる制度へと変質しているのである[14].

5．結論

一言でいえば，当初の宮田方式は，これが確立された1980年代当時の「東北型地域労働市場」(「周辺型地域労働市場」) のもとで，兼業滞留構造が今後も続くことを前提に，「自作農による稲作農業の維持を事実上の目的としながら集団的転作対応を構想した」地域農業システムであった．そして複合部門の担い手も，これと強く連関することを前提に構想されていた．すなわち，一方では自作農の維持に欠かせないオペ要員を引き留めるべくリンゴ団地造成を推し進めることとなり，他方で借地による大規模化を図った1番(酪農家) の経営展開に，借り手市場化が進む「近畿型地域労働市場」(「中心＝近畿型地域労働市場」) 移行後も土地利用面でブレーキをかける制度設計となったのである．

とはいえ宮田方式は，1981年から約30年間にわたり自作農維持を前提とした水田保全と計画的な転作対応を両立しながら維持し続けた点，地域農業の取り組みとして積極性を有していたことは間違いない．現に，2010年時点での宮田村の耕作放棄地率[15] は，長野県全体で18.8％であるのに対し1.9％と非常に低い水準にとどまっている．問題は，この制度の事実上の担い手，つまりリンゴ団地の担い手＝オペ担い手層にせよ，水稲を担う自作農にせよ，彼らが主として昭和一桁以前生まれ世代によって構成されていたという点である．しかしながら，第4章でみたように，「切り売り」的就業形態を取る農家世帯員数は次世代に再生産されることなく年々高齢化が進行しており，結果，リンゴ団地は「集団耕作組合」への出役に消極的な新規就農者によって維持されざるをえなくなり，農地市場も可能な限り自作農を維持する「土地利用制度」の存在にもかかわらず，否応なく借り手市場化が進展しているのである．

このことを受け，宮田方式もまた変質を余儀なくされた．すなわち1990年代より「地代制度」は水稲受託地への事実上の作付け奨励を開始し，当初の宮田方式の目的との矛盾を深化させながらも，水田保全の担い手を支援するシステムへと舵を切ったのである．そして2000年代後半以降は，借り手市場の深化とそれに伴う地代水準の大幅な低下の結果，原資の当初の使途であった作物ごとの地代負担力差の埋め合わせの必要性が消滅したことに伴い，より全面的に水田保全の担い手支援と地域営農の運営に「地代制度」の原資が用いられる制度へと変質しているのである．

ところで遅くとも2000年代後半以降，「地代制度」は委託者への配分を圧縮することで水稲自作地以外からも原資を調達するようになったわけだが，このことは「土地利用計画」で自作農を最大限維持する積極的な意味も消滅したことを意味する．ゆえに，宮田方式のもとにあっても，かつての１番のように個別農家の規模拡大が制限される事態も解消されたものと推測されるが，むしろ今日の問題は，その拡大を誰が担うかである．2010年に大豆や麦作などの土地利用型転作作目が伸びているが（前掲**図6-2**参照），その多くを担っているのは，１番や隣接する集落在住の元酪農家であり，彼らは2013年現在，70歳に達している．

こうした中，宮田村では2015年３月には全集落の「集団耕作組合」（もっとも「集団耕作組合」は2006年以降，土地利用委員会と合併し営農組合に再編されているが）で構成される農事組合法人「みやだ」が発足した．近年は水田保全の担い手を支援する制度へとシフトしつつある宮田方式の下，農地を面的に担う主体を確保できるのか．今後の宮田村農業の動向が注目される．

注

1） これ以外にも宮田方式に注目した研究成果は数多く，例えば徳田（1984）が宮田村全体を対象にわい化リンゴ団地の担い手に着目した分析を行い，JA伊南・JA長野開発機構（1995）の第二章・第三章では主として93年時点の「集団耕作組合」に焦点を当てた詳細な分析が行われている．

2） 盛田（1998）によると，10aあたり11万円は78年時点での宮田村の水稲単収を10俵とみた際の所得と一致する．なお，土地所有者へ配分される８万円という金額は，当時の特定作目（麦・大豆・飼料作）の転作奨励金額とほぼ一致する．ただし，土地改良事業が施行される前の農地については適応されなかった（1978年時で42.2ha）.

3）ワイ化リンゴが選ばれた理由としては，土地生産性の高さや宮田村の土地条件に合致する点，さらには「一定の手間を必要とし，その結果として一定の所得が得られる作目を導入する事で，兼業へさらに傾斜していっている農家を農業につなぎとめることが期待された」（徳田1984，p.79）という見方もある．なお，N集落では最終的に320a植栽されている．

4）なお，「農地利用委員会」と「集団耕作組合」は2006年に地区営農組合へと再編されているが，煩雑さを避けるため，本章では一貫して「農地利用委員会」，「集団耕作組合」と呼称する．

5）当時はまだ牧草栽培等は行わず，畦畔の草を粗飼料とした零細な酪農が存在した．

6）なお，リンゴについてはこれ以外に自作畑に作付ける農家が1戸存在するが，「リンゴ団地」の担い手ではないため省略した．

7）83年時にN集落植栽面積の320aに達していないのは，N集落のリンゴ植栽が宮田のなかでも最も遅い83年時であったためである．

8）2番は93年時点で203aの稲作にも取り組んでおり，機械を自己所有した方が収益性は良いとしている．野中（1996）は93年時点で水稲作を150a以上耕作する農家については，稲作機械一貫体系を自己所有するほうが経済的に有利であることに言及している．

9）このような負担の重さを，0番は「兼業農家としてはいいのだが，専業農家が被害を受ける」（75年調査）と表現している．作業競合以外の理由としては，（おそらく敷料用の）稲藁を確保のためとする農家も存在したが，「集団耕作組合」利用では稲わらを確保できない理由は不明である．また，1番は75年時から一貫して150a以上の水稲作に取り組んでおり，注8のように，少なくとも93年までは収益性からしても機械を自己所有した方が有利であったと考えられる．

10）78～80年については，飼料作に対し10aあたり81,000円の転作奨励金が配分されていた．これは後述する82年「地代制度」で設定されている基本地代4万円前後よりも4～5万円ほど高い．つまるところ，飼料作は事実上高い地代競争力を有しており，これによって短期間での農地集積を可能としたものと考えられる．

11）盛田（1984）によれば，80年代の宮田村の経営耕地は毎年約1/3が移動しているとしている．これは定年帰農を期に農地の自作を再開する場合や，逆に後継者が他出して貸し付けるケースがあるためとしている．つまり，自作地ができるだけ最大限残るように調整するため，激しく動いていたものと考えられる．ただし１番によれば，農地の移動は毎年のことだが，分散は2012年時点では解消しつつあるとのことであった（2012年聞き取り調査）．これは年々農地を貸し付ける農家が増えることにより，集約が容易になったことによるものと考えられる．

12） 注10で示したように，当該地域では82年当時，稲作基本地代よりも転作奨励金の方が高いため，「転作と水稲の不公平感をなくすため」，水稲委託者にも転作奨励金を配分する設定となったものと考えられる．

13） ただし2011年「地代制度」は転作作物に対し，10aあたり一律2,000円を配分している．

14） ただし同じ原資であっても「共助金」ととも補償とは用途が大きく異なるが，この点を含めた「地代制度」のより詳細な分析は別稿に期したい．

15） 耕作放棄地率は『農林業センサス』より，耕作放棄地面積／（経営耕地面積＋耕作放棄地面積）×100で試算した．

【引用文献】

今井健（1984）「農家世帯員の農外就業実態」農業研究センター農業計画部・経営管理部『長野県宮田村における地域農業再編と集団的土利用（第２報）』，pp.122-132.

笹倉修司（1984）「個別経営の類型とその実態」農業研究センター農業計画部・経営管理部『長野県宮田村における地域農業再編と集団的土利用（第２報）』，pp.97-121.

田代洋一（1976）「長野県宮田村中越集落」関東農政局『昭和50年度農業構造改善基礎調査報告』，pp.49-91.

徳田博美（1984）「わい化リンゴ団地とその担い手農家」農業研究センター農業計画部・経営管理部『長野県宮田村における地域農業再編と集団的土地利用（第２報）』，pp.79-96.

野中章久（1996）「農協の地域営農集団育成を通じた生産過程への関与の形態とその効果」『農業経営研究』34（1），pp.11-21.

盛田清秀（1984）「土地利用調整の実態と論理―果樹団地計画終了をふまえて」農業研究センター農業計画部・経営管理部『長野県宮田村における地域農業再編と集団的土地利用（第２報）』，pp.30-78.

盛田清秀（1998）『農地システムの構造と展開』養賢堂.

山崎亮一（1996）『労働市場の地域特性と農業構造』農林統計協会，pp.190-221.

山崎亮一（2013）「失業と農業構造：長野県宮田村の事例から」『農業経済研究』84(4)，pp.203-218.
山崎亮一・新井祥穂・氷見理編（2024）『伊那谷研究の半世紀：労働市場から紐解く農業構造』筑波書房.
JA伊南・JA長野開発機構（1995）『宮田村農業の現状と課題：宮田地区における土地利用型大型複合法人の育成手法に関する開発研究：調査報告書』，資料No.238.

第3部

「半周辺＝東北型地域労働市場」移行地域：
秋田県，青森県

第7章

北東北における高地代の存立構造：秋田県旧雄物川町を事例に

1．はじめに

「水田小作料の実態に関する調査結果」（全国農業会議所）によれば，2008年時点での収穫高に対する小作料割合は，全国平均で14.2%，近畿・中国・東海地方では10～12%であるのに対し，東北は18.7%と高い水準にある．

こうした東北地域における高地代水準は，地域労働市場との連関のうちに形成されることが従来の研究より指摘されてきた．山崎（1996）は青壮年男子農家世帯員から「切り売り労賃」層が検出される「東北型地域労働市場」地域の事例分析から，対象地域では臨時就業機会の減少とともに農家の一部が旺盛な借地需要を見せるも，高齢者を対象とした農外就業先が展開していないことを背景としながら農地の貸し手層が地域内で形成されず，ゆえに農地市場がひっ迫し高額小作料が形成されることを明らかにした．一方で，本書の第2部で明らかにしたように，「周辺型地域労働市場」（山崎（1996）の定義する「東北型地域労働市場」）から「中心＝近畿型地域労働市場」（「近畿型地域労働市場」）へと移行した長野県上伊那郡宮田村では，複雑労働賃金の一般化とともに農家の大半が「安定兼業」化した結果，落層的分化の進展とともに，地代が急速に低下した．

ここで問題となるのは，「周辺型」から「半周辺＝東北型地域労働市場」へと移行した地域でも，同様に地代の低下が生じているのかという点である．野中（2009）は2000年代前半に実施した北東北各地の実態調査より，青壮年男子農家世帯員から「切り売り労賃」層自体は検出しがたくなりつつあるものの，東北の青壮年男子農家世帯員の賃金は成人1人あたりの家計費にしか相当しない低水準に留まっていることを明らかにしている．そしてこの常勤者の低位な賃金水準は「成人家族全員が同水準の賃金を得ていなければ労働力の再生産が保障されない」（p.10）水準であるとしている．続けて，「東北の農家における20～59歳の成人の数は，…2人強である．これを一組の夫婦とするならば，この夫婦それぞれが同様の所得を得なければならない」（p.10）が，対象地域においては女子は男子よりもさらに低賃金な就業先しか見いだせないことから，家計費を賄うには農業所得が必須であるとしている．

野中の主張するように，「切り売り」的就業形態をとる者がリタイアし，青壮年男子農家世帯員の常勤化が進んだ，つまり本書でいうところの「半周辺＝東北型」への移行が進んだ今日の東北地域においても，世帯の家計費を賄う上で農業所得が必要不可欠な農家層が存在するとすれば，今日も東北地域において高地代が維持される要因になりうると考えられる．しかしながら，野中（2009）では農家就業構造に立ち入った分析は行われておらず，農家世帯員がいかに農業所得を確保しているのか，そのことが農業構造および農地市場にいかなる影響を及ぼすのか，という点については十分に明らかにされていない．

そこで本章では，2010年代の東北水田地帯において全国的に見て高い地代水準が維持されている農業構造上の要因を，地域労働市場構造との連関を分析する中から明らかにすることを課題とする．

研究方法は，2014年に実施した秋田県横手市雄物川町O集落在住の農家20戸を対象とした農家実態調査結果および同年に実施した雄物川地域局産業建設課，JA秋田ふるさと，ハローワーク横手を対象とした聞き取り調査結果を用いた分析を行う．

雄物川町O集落は，1980年に故宇佐美繁氏が，1995年に山本昌弘氏（現松山大学教授）が中心となった調査が行われた集落であり，2014年，東京農工大学主体の下，山本氏からの協力を仰ぎながら，1995年調査と同一農家を中心とした農家調査を実施した．調査は６月に２戸の予備調査を行い，９月に

16戸（うち離農農家１戸），11月に３戸の調査を実施した．

1995年調査ではO集落の農家31戸[1]が調査対象となったが，このうち１戸は1995年時点で離農済，2014年までには５戸が転居により家自体がなくなり，５戸が在村離農していた．つまり1995年から2014年にかけ33％（10戸/30戸）が離農していることになる．2014年調査では残る20戸のうち18戸の調査を実施できた（２戸については調査拒否）．また2014年に新たにO集落において比較的規模の大きい農家２戸（後述の１，２番）を追加調査し，これ以外に在村離農した１戸について聞き取りを行った．なお，聞き取りのできなかった販売農家および在村離農した農家の動向については，集落代表者より補足的に調査を実施したため，適宜そのデータを用いた分析を行う．

２．調査対象の概要

１）調査対象地域の概要

秋田県横手市雄物川町（以下，単に雄物川町）は県南横手盆地の南西部に位置し，2005年の市町村合併に伴い，現在は横手市の一部となっている．町内を南北に流れる雄物川を挟んで東半分は平坦水田地域，西半分は出羽山地と接した中山間地域水田地域が広がっている．総水田総面積は2,485ha，作目は主力の水稲のほかスイカが有名である．

O集落は雄物川町の西半分に位置する集落で，中山間地域に該当し，畑地やリンゴなどの果樹園が他集落と比較し多く存在する．『農林業センサス』集落カードによれば，販売農家の戸数は1995年時点では148戸であったが，2010年は80戸と，この間半減している．ただしO集落では2007年に経営所得安定対策に連動する形でO営農組合が結成されているため，実際よりも減少数が大きく出ている可能性があるが，先述のように1995年調査対象農家のうち2014年までに1/3が離農しており，実際にも農家数は減少している[2]．販売農家のうち，兼業農家率は2010年時点で78％であり，兼業農家のうち84％が第二種兼業農家である．

また雄物川町をはじめとした横手市周辺部[3]は，1970年代前半以降製造業の誘致が進んだ農村工業化地域である．これにより，自動車部品製造業，弱電を中心とした大企業の下請企業や縫製業などが展開し，農家後継者の多くが在宅通勤兼業形態を取ることが可能となった（宇佐美1982）．ただしその展開は多分に分工場経済の様相が強いことは第２章で明らかにした通りである．当該地域は1990年代中盤以降の円高に伴い工場の海外移転が進展し，公共事業も減少している．『国勢調査』（総務省）によれば，1995年から2010年までの就業者数のうち，最も減少幅が大きいのは4,037人減少の農林漁業，次が3,478人減少の製造業で，建設業も2,118人減少している．こうした中，全就業者に占める第三次産業者の比重は39％から47％へ上昇しているが，絶対数はむしろ162人の減少であり，総就業者数はこの間10,428人減少している．これは1995年時の就業者数の18％に相当するものであり，地域労働市場全体の規模は縮小していると言わざるを得ない．

２）地代の推移

続いて雄物川町の地代と米価の推移について確認する．1995年時点でのあきたこまちの自主流通米価格は１俵あたり20,292円だったが，2013年産のあきたこまちの概算金は11,500円（1995年より43％減），2014年産はさらに8,500円（同58％減）まで下落している．ただし1995年の米価を政府買い入れ価格の16,392円/俵で計算すれば，2013年時は1995年より30％減，2014年は同48％減となる．一方で地代は1995年時点では上田で10aあたり36,000円であったものが[4)]，2014年時は平均20,114円と44％下落しており，当該地域でも地代水準の低下を見て取れる[5)]．さらにJA秋田ふるさとへの聞き取り調査によれば，米価下落を反映し，2015年からは18,000円（1995年より50％減）に下がるとしていた．

以上のように，地代額は近年大幅に減少しているが，米１俵あたりで換算した地代水準は，1995年時も2014年現在も10aあたり約1.8俵と変わらない．当該地域の平均反収は10俵であることから（雄物川町地域局聞き取り調査より），小作料割合でいうと18％となり，先述した「水田小作料の実態に関する調査結果」の東北地方の割合（18.7％）とほぼ一致する．なお，調査対象としたO集落は中山間地域に該当するため，2014年時点の田の地代の相場はこれによりやや低い10aあたり1.8万円であった[6)]．

以上より，雄物川町の地代額それ自体は下落しているものの，米１俵あたりでみると低下が見られず，全国的に見れば東北地域全体の傾向と同様，今日も高い小作料水準にある地域と位置づけられる．

３．地域労働市場の動向

続いて，雄物川町O集落の賃金構造を分析する．もっとも，青壮年男子のうち農外で常勤的に就業する者については第１章で既に分析を行っているため，ここでは「切り売り労賃」層の検出や高齢者・女子の動向について詳細な分析を行う．

図7-1は2014年調査より作成したO集落調査対象農家の賃金構造である．調査対象農家のうち，何らかの農外就業（自営除く）に従事している20歳以上の農家世帯員は男21名，女17名の合計38名であり，うち賃金が判明しているのは男15名，女16名であった．就業形態の類型としては，公務員，私企業正規雇用者，非正規常勤者，常勤者以外の非正規雇用者（以下，非正規非常勤者）の３つに分類した．

１）青壮年農家世帯員の賃金構造

①男子賃金構造

まずは賃金構造から「切り売り労賃」層が今日も検出されるか否かを確認する．従来の研究では，「切り売り労賃」は対象地域における単純労働に対応する賃金，すなわちその時々の男子臨時雇賃金に反映するとされてきた．この単純労働の代表的なものは建設業の男子軽作業員であるため，2015年５月時点の横手市ハローワーク求人にある臨時土木作業員の求人８件をみると，その日給は6,000～8,500円であった．よってここではハローワーク求人の最高額である8,500円を「切り売り労賃」の上限値とし，これを年収換算した

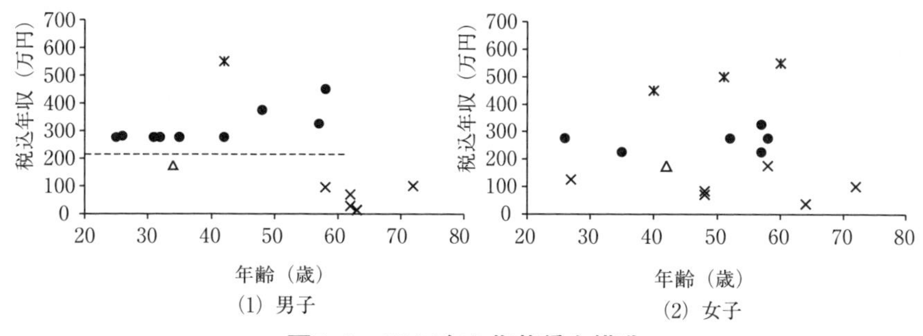

図7-1　2014年O集落賃金構造

資料：2014年Ｏ集落農家聞き取り調査結果より作成.
注：１）各人の税込年間賃金を13階層の中から選択させたうえで，各階層の中央値を図示した.
　　　　最低階層は100万円未満であるが，臨時就業者については日給と就業日数の積を算出した.
　　２）凡例は次の通り．＊…公務員，●…私企業正規雇用者，△…非正規常勤者，
　　　　×…常勤以外の非正規雇用者.
　　３）一部に，調査対象世帯員から聞き取った情報に基づいて，県，就業先企業業種，就業先企業規模，性，年齢階層を考慮しながら『平成28年賃金構造基本統計調査』（厚生労働省）より援用したデータを含む．具体的には，①31歳275万円，②32歳275万円，③35歳275万円，④48歳375万円.
　４）表中の破線は「切り売り労賃」上限値を指す．定義は本文参照.

額を238万円とする[7].

ここで青壮年男子農家世帯員に着目すると，まず「切り売り労賃」上限値以下で就業する者は35歳の非正規常勤者，59歳の非正規非常勤者の２名のみである．また，59歳の１名は年間農業従事日数150－199日と回答しているが，35歳の非正規非常勤者は農業への従事が一切ない．よって，青壮年男子より「切り売り」的な就業形態をとる者は１名しか検出されないことから，もはや「切り売り労賃」層を検出することはできず，ゆえに当該地域の男子単純労働賃金が特殊農村的なまでに低水準に押し下げられているとは言い難い.

そして残る青壮年男子には正規雇用が一般化しているが，その賃金水準は20～40歳代中盤まで200～300万円の間にプロットされる傾向にあり，単純労働賃金を若干上回るにすぎない水準で推移している.

一方で，40歳代後半からは年功的な賃金上昇が見られる者も検出されるが，300万円台前半にとどまる者も検出される．このうち定年間際の50歳代後半

の２名は，進出企業N社（自動車製造業）の正社員である．彼らはいずれも高卒で就業を開始し，勤続年数は35 ～ 38年である．よって，年功や学歴によってこの賃金差が生じているわけではない．ここで調査対象のN社正規雇用者の賃金を詳細に確認すると，最も賃金水準の高い600万円台の者は管理職（学歴，勤続年数は上記２名と同様．ただし調査時点では病気で退職[8)]しているため図示していない），400万円中盤の者は夜勤があり，300万円台の者は夜勤がない．よって，この賃金差は管理職ポストや夜勤の有無といった，職位や労働強度による上乗せによるものであり，複雑労働者として熟練を重んじた結果としての賃金上昇はほとんどないことが分かる．

なお，この間の当該地域の失業状況を見ると，青壮年男子16名中５名で失業経験者が検出された（31.3％）．内訳としては，経営悪化を受け早期退職した50歳代が２名，倒産で失業し再就職した30歳代が３名である．また，農家調査からは派遣労働者を検出することはできなかった．

②女子賃金構造

女子賃金構造からは，①唯一年功的な賃金上昇が見られる公務員層，②200 ～ 300万円台の正規雇用者層，③200万円未満の非正規雇用者層を検出できる．また，女子正規雇用者層の賃金と20 ～ 40歳代中盤の男子正規雇用者層は同額の水準にある．よって，男子は確かに40歳代後半から賃金上昇が見られる層が検出されるものの，20～40歳代中盤までの正規雇用者については男女間で明確な賃金差を見いだすことはできない．

よって，O集落を見る限り，野中（2009）が指摘した2000年代前半時点の「女子は低賃金な農外就業先のみしか見いだせない」という状況にあるとは言い難い[9)]．しかし男子と大きく異なるのは，青壮年女子から非正規雇用者が５名検出され，合計すると青壮年女子農外就業者中31％（５名/16名）と層を成している点にある．よって男女間の賃金構造の差異は，女子の賃金が男子と比較して低いのではなく，非正規雇用者が女子について多いという形で現象している．

③賃金と家計費確保構造

ここで賃金と家計費の関係について整理する．総務省の『家計調査』によれば，2013年の東北地方における勤労者世帯の実支出は年間455万円であった．しかし青壮年男子の賃金のみでこれに達しているのは公務員と一部私企業正規雇用者のみである．つまり多くの青壮年男子私企業正規雇用者の賃金のみでは家計費を賄えないことになることになる．ただし，男女ともに正規雇用者として年収228万円以上で共働きをすれば，上述した家計費の水準に達する．この額は先の「切り売り労賃」上限値＝男子単純労働賃金に相当することから，当該地域の男子単純労働賃金は単身者の家計費しか充足できず，夫婦で正規雇用者として共働きすることで上記の家計費を充足できるということになる．

しかし実際には，私企業正規雇用者よりもさらに賃金水準が低位な非正規雇用者が男女いずれからも検出された．そして調査対象農家のうち青壮年夫婦は11組検出されるが，上述した家計費に達しない夫婦が50歳代夫婦に２組，30歳代以下の夫婦に２組と計４組（36％，４組/11組）検出され，うち３組が私企業正規雇用者と非正規雇用者の組み合わせであった（残る１組は非正規と農業のみの組み合わせ）．ゆえに，少なくともこの３組は夫婦の就業のみで家計費を充足できないことになる．

以上，今日青壮年男子農家世帯員から「切り売り労賃」層は検出されないものの，青壮年男子正規雇用者からはそれのみでは家計費を賄えない水準の者が検出された．さらに青壮年夫婦の中には，夫婦の農外所得を合算しても家計費に達しない事例が検出されたが，彼らの農業所得等も併せた家計費についてのさらなる考察は５．で行う．

２）高齢者の年金受給状況と農外就業状況

続いて，高齢者の農外所得について分析を行うが，高齢者は賃金以外に年金所得が存在するため，これを考慮する必要がある．2014年時点で高齢夫婦に必要と言われる生活費は年間約250万円[10)]である．ここでは分析を単純化させるため，妻の農外所得は国民年金のみの年間60万円である状況を想定すると，残り190万円を何らかの方法で確保する必要がある．

ここで，61歳以上の男子農家世帯員の年金受給額と年間賃金との関係を示したのが**図7-2**である．ここでは年金を満額受け取れていない61歳～64歳[11)]と，満額受け取る65歳以上とに分けて示した．図中の点線は190万円のラインを指し，これを超えると190万円以上の農外所得が確保できていることになるが，ほぼ年金のみでこのラインを超えているのは３名のみで，彼らはいずれも共済年金受給者である．続いてこの３名以外をみると，年金を満額受け取る65歳以上についても150万円前後の者と72万円以下の者が検出され，後者の大半は国民年金のみの受給である[12)]．また満額受給に至っていない61～64歳は３名であるが（１名が国民年金，１名が厚生年金，１名が厚生年金と個人年金），彼らの年金受給額も105万円以下である．この３名はいずれも農外就業に従事しているが，その年間賃金は70万円以下で就業形態はいずれも臨時であり，これと年金所得を合算しても190万円のラインを超える者は検出されない．つまり農外所得では自身の家計費を賄うことが困難な状

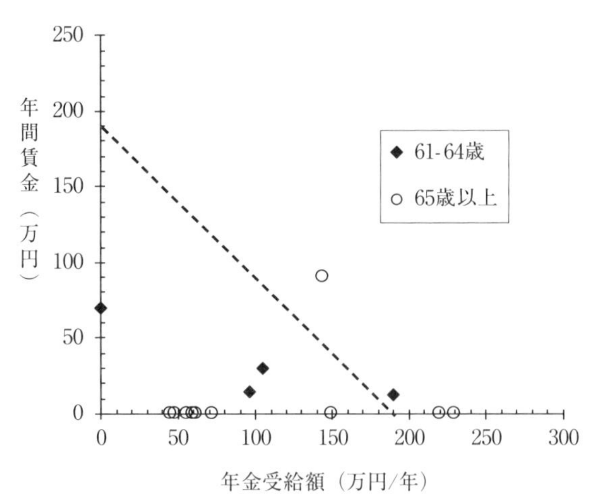

図7-2　61歳以上世帯主の年金受給額と年間賃金

資料：図7-1に同じ．

注：図中の点線は190万円のラインを示す．

況にある高齢者が相当数存在することになる.

４．O集落の農業構造

1）調査対象農家の概要

表7-1は調査対象となった農家20戸を経営耕地面積順に配列した上で大きい順に番号を振り，また農業の中心となる男子農家世帯員を世帯主として表示したものである．ここで経営耕地面積規模別の農家戸数をみると，40a以下が５戸（うち19，20番は販売なし），40～69aは検出されず，70～99aが２戸，100a台８戸，200a台３戸，300a台１戸と100a台が最も多いが，最大規模は325aに留まる．ここであらかじめ40a以下の農家についてみると，①世帯主が80歳以上であるか（15，17，18，19番），②共済年金を受け取っている（16，20番）という特徴がある．つまり零細規模の農家は世帯主の加齢に伴う体力的限界か，年金環境に恵まれている世帯で構成されていることになる.

なお，1995年から2014年にかけ離農した10戸の農家の離農要因を挙げると，高齢夫婦世帯の夫婦死亡が５戸，高齢夫婦世帯の体力的限界が２戸，世帯主が70歳代前半かつ後継者が公務員の世帯で農地をすべて貸し出しが１戸，リンゴ価格の暴落により果樹園をすべて山林に地目転換し離農が１戸，不明１戸であった．つまり離農した農家の大半が後継者不在の高齢夫婦世帯における高齢者の体力的限界によるものであった[13).]

2）農家就業構造

ここで世帯主の就業状況についてやや立ち入ってみてみよう．まず世帯主のうち60歳以下の青壮年期にある者を抽出すると，これは１，10，12，13番のみであり，またいずれも50歳代後半である．うち常勤的農外就業に従事するのは12，13番のみで，１，10番は早期退職した元私企業常勤者であり，１番は基幹的農業従事者，10番は臨時就業者である．また61歳以上で農外就業に従事するのは５名（２，５[14)]，９，11，16番）で，うち11番以外は65歳未

表7-1　2014年O集落調査対象農家一覧

農家番号	経営耕地面積（a）				貸付地（a）
	1995	2014		95年との差	
			うち借地		
1	-	325	150	-	
2	-	290		-	
3	280	225		-55	10
4	183	210	130	27	
5	240	181	37	-59	60
6	180	175		-5	
7	175	156		-19	
8	160	150		-10	
9	150	120		-30	
10	153	118		-35	20
11	91	112	30	21	
12	180	110		-70	
13	102	77		-25	90
14	163	70		-93	5
15	30	40		10	
16	34	36		2	1
17	86	32		-54	50
18	175	15		-160	150
19	78	5		-73	
20	27	5		-22	

農家番号	販売作目				保全管理水田（a）
	水稲			その他作目	
	面積（a）	販売（俵）	反収		
1	110（260）	95	9.8	（スイカ 20a）	45
2	220	187	9.0		70
3	150	105	9.0	スイカ 40a	35
4	90	64	8.0	スイカ 40a	60
5	101	85	8.7		43
6	95	71	8.5		50
7	66	55	10.0	リンゴ 90a	
8				リンゴ 150a	
9				リンゴ 120a	
10	108	110	10.5		10
11	82	77	9.5		
12	110	81	10.0		
13	77	63	10.0		
14				リンゴ 50a、スイカ 10a	
15				リンゴ 40a	
16	12	-	11.0	（燕麦 20a）	
17				スイカ 30a	
18	15	4	6.0		
19	自家菜園のみ				
20	自家菜園のみ				

資料：図7-1に同じ.
注：1）「農家世帯員とその就業」欄の数字は年齢を指す．数字横の英字の凡例は以下の通り．A…250日以上，B…150～249日，C…60～149日，D…30～59日，E…29日以下，F…なし．
　　2）「販売作目」欄の経営耕地面積および販売量，反収は2013年時点の値である．また括弧付は2014年時の面積を示した．

耕作放棄地(a)	家族構成と農業就業状況				
	世帯主世代		後継者世代		その他家族
	男	女	男	女	
畑 10	59C	58E	27E		母 84F
畑 30	63C	60E			母 85F
畑 15	74B	69C	43E	40E	娘 12
	72A	65B		48F	孫 18F、孫 14
畑 40	64B	57D			
	68C	62F	36E		次男 32E
田 12	72A	66A			
	76A	74A	43E		
果樹 30	63A	64A	33E		
	59C	57E			母 83F
	73B	72F	47D		
田 20	60C	58E	34E	27E	父 89B、母 71C
	58C	52F	27F	26F	父 91C、次男 18E
果樹 40	69A	68A	35F	35F	長女 42F、孫 1
	84B	83B			
田 7、畑 1	64C	63E			
	82B	77B	56D	55E	孫 29E、孫嫁 30E、曾孫
畑 7	86C	82F			娘 51F、孫（家計別）
田 19、畑 25	80F	73F	49F	48F	孫 13
田 20、畑 5	71F	65F			

所有機械				作業受委託	
トラクター	田植機	コンバイン	その他	受委託	作業名
24ps	6条共有	4条共有	乾、籾	受	収穫～乾燥調製（組合）12.5ha
24ps	6条個別	4条共有	乾、籾		
25ps	6条個別	4条個別	乾、籾	受	全作業 20a、収穫 70a
25ps	6条個別	3条個別	乾、籾		
24ps	6条個別	3条個別	乾、籾	受	全作業受託 51a
35ps	6条個別	3条個別	乾、籾		
18ps	6条個別		S・S	委	収穫・乾燥・調製 66a
			S・S		
			S・S		
22ps	6条個別	3条個別	乾、籾	委	育苗・田植え 108a
22ps	6条個別	4条個別	乾、籾	受	育苗・機械作業 30a
26ps	6条共有	4条共有	乾、籾	受	1，2番と共同
22ｐｓ	6条共有			委	収穫・調製 77a
10ps			S・S		
			S・S		
プルトラ			籾	委	育苗・田植え 12a
ミニトラ				委	耕起 30a
				委	育苗・機械作業 15a
16ps	4条歩行				

3）「所有機械」欄のうち，「乾」は乾燥機，「籾」は籾摺り機，「S・S」はスピードスプレヤーを表す．また「共有」は他の農家と機械を共有していることを示す．
4）1，2番は95年調査対象外の農家である．

満，また９番以外は元常勤的農外就業者（自営含む）である．つまり50歳代後半から60歳代前半の世帯主の殆どは青壮年期を常勤的農外就業者として過ごしていることになる．

作目構成としては，スイカ・リンゴなどの集約作目に取り組むのは９戸（１，３，４，７，８，９，14，15，17番），うち稲作にも取り組む複合経営が４戸（１，３，４，７番），稲単作農家が９戸（２，５，６，10，11，12，13，16，18番），自家菜園のみが２戸（19，20番）である．ここでスイカ・リンゴなどの集約作物に取り組む９戸をみると，うち７戸の世帯主は65歳以上であり，稲単作農家９戸については，６戸の世帯主が50歳代後半から60歳代前半である．また農業従事日数は集約作物に取り組む９戸については１番を除き[15)]150日以上であり，これ以外は自家菜園のみの19，20番を除き60日以上150日未満である．さらに集約作物に取り組む場合，妻の年間農業従事日数は１，３番以外150日以上と世帯主同様農業への関わりが多いが，これ以外は60日未満にとどまっている．そして常勤的に農外就業に従事している40歳代以下の後継者世代については，男女や世代，作付構成に関わらず農業従事日数は60日未満，その大半が30日未満である．

以上，世帯主が50歳代後半から60歳代前半にある農家については，世帯主

表７-２　稲作作業への従事状況

農家番号	育苗	耕起代掻	田植	収穫	乾燥調製	肥料		
						基肥	根付	穂
1	●○▲	●	共●○▲	共●	共●	●		
2	●○☆	●	●○☆	共●	共●	●		
3	●○☆	●	●○▲☆	●○▲☆	●	●	●	●
4	●	●	●▲☆	●	●	●		
5	●	●	共●○	●○	●	●		
6	●▲☆	●	委●○	●▲	●	●		
7	●○		●○▲△	委	委	●		
10	委	●	●○	●○	●	●		
11	●	●	●▲	●▲	●▲	●		●
12	■●	●	●○▲△■□☆	●○▲△■□	●	●	●	●
13	●○▲	●	共●▲	委	委	●		●
16	委（●）	委	委（●）	●	●	●		
18	委	委	委（●）	委	委	●		

資料：図7-1に同じ．

が農外就業に従事するとともに稲単作傾向にあり，世帯主が60歳代後半以降の場合は集約作物へ取り組む農家が多い傾向にあった．また，後継者世代にあたる40歳代以下の農家世帯員の農業への関わりは総じて限定的であった．

3）稲作作業への従事状況

続いて農作業への従事状況を分析するが，ここでは稲作の動向に限定する．**表7-2**を見ると，田植えや収穫などの基幹作業は家族総出で行っているケースが多いものの，それ以外の作業はいずれの農家も世帯主によって取り組まれている．また反収を見ると，規模の大きい農家で低い傾向が見られる．旧雄物川町の平均反収は約10俵であるが，１番から６番の農家はこれ以下の水準であり，特に４，５，６番は８俵台に留まっている．この３戸をより詳しく見ると，水管理は１日１回以下，また畦畔除草は年間２～３回までとなっており，約10俵を取る10，11，12，13番と比較して回数が少ない．また肥料も基肥のみである．むろん収量差は土地条件もあるため一概にいうことはできないが，規模の大きい農家においてむしろ収量が低い背景には，作業を中心的に担う世帯主が50歳代後半以降と比較的高齢であることから，労力的に土地利用が粗放化しやすいことがあると推察される．

水管理		畦畔除草		除草剤	防除	中干	反収（俵）
作業主体	回数	作業主体	回数/年				
●	1日2回	●	4～5回	●	●	●	9.8
●	2日1回	●	3回	●	●	●	9.0
●	1日1回	委	3回	●	●	●	9.0
●	NA	●	3回	●	●	●	8.0
●	1日1回	●	2回	●	●	●	8.7
●	2日1回	●	3～4回	●	委	●	8.5
●	1日2回	●	3回	●	●	●	10.0
●	1日1回	●	4回	●	●	●	10.5
●	1日2回	●▲	4回	●	●	●	9.5
■	1日2回	●	5回	●	●	■	10.0
●	1日2回	●	3回	●▲	●	●	10.0
●	3日1回	●	3回	●	委	●	11.0
●	1日2回	●	2～3回	●		●	6.0

注：表中の凡例は以下の通り．●…男（世帯主），▲…男（後継者），■…男（父），○…女（妻），△…女（嫁），□…女（母），☆…世帯員以外（雇用者など），委…作業委託，共…他の農家との共同作業．なお，括弧付は補助作業要員であることを表す．

４）機械の保有状況と作業受委託

続いて前掲**表7-1**より機械の保有状況についてみると，稲作用機械を共同所有する農家がいくつか認められる．すなわち，１，12，13番は田植機をそれぞれの親戚と共同所有しており，１，２，12番はO集落の他の１戸（以下，０番と呼称）の計４名で2007年よりコンバインを共同所有している．なお，調査のできなかった０番世帯主は，1995年時点では常勤的農外就業に従事しており，年間農業従事日数もゼロであったが，2014年時点（58歳）は定年前にこれを退職し，臨時就業に従事しつつ，水田120aと枝豆の転作に取り組んでいる．これら４戸のコンバイン共同所有者は収穫作業受託にも共同で取り組んでおり，その世帯主はいずれも50歳代後半から60歳代前半と調査対象農家の世帯主の中では相対的に若い．現在の受託面積（所有者の経営耕地含む）は12.5haであるが，2014年時点では出役労賃を確保するに至っておらず，今後は受託規模を拡大し，これを出せるようにしたいとのことであった．他方，作業を委託する農家も存在し（７，10，13，16，17，18番），委託理由としては機械の更新が困難であることをその理由として挙げている．ただし全作業を委託するのは18番のみであり，これ以外は部分的な委託に留まる．

以上のように機械の共同所有やこれをベースとした受託作業に取り組む農家の動きが見られるが，改めて調査対象農家の機械所有状況をみると，１から13番までは個別にせよ共有にせよ，基本的に稲作機械をトラクターから乾燥調製機まで一式所有している状況にある．またリンゴ農家（７，８，９，14，15番）は規模によらずスピードスプレヤーを所有し，零細規模の16，17，18番はミニトラクター等の所有に留まっている．

よって，作業受委託関係や機械所有の状況に多少の差異は存在するものの，１～15番までについては機械の所有状況やその性能に階層性が検出されるほど明確な差異が見て取れないのが現状である．

５）水田の貸借状況と利用状況

続いて水田の貸借状況について分析を行う．

調査対象農家で水田の借地を行うのは１，４番の２戸のみで，その合計は280aであった．また借地面積も最大で１番の150aに留まり，しかも両者が借地を開始したのは2014年からとごく最近である．また調査対象農家のうち水田を貸し出しているのは３戸（13，17，18番）のみで，貸付地は計250aと借地面積同様多くはない．水田を貸し出す理由としては，育苗用のハウスが倒壊（13番），世帯主の体力的限界（17，18番）といった点を挙げているが，18番は2002年から，13，17番は2012年以降と貸し出しもまた2000年代以降のことである．山本（1997）によれば1995年時点の貸借は畑地と転作田に限定されていたことを考えれば，今日ともかく水田の貸借が行われている時点で農地流動化は進展しているといってよい．とはいえ，水田の貸し手は多くなく，借り手も農業の中心は50歳代後半以降の世帯主であり，若年労働力を主要な農業生産の担い手とした経営体が農地を集積している状況にはない．

なお，水田であっても耕作放棄されている農地が合計78a存在するが，いずれも未整備，機械が入らない，塩害発生などの条件不利地である[16]．また転作は基本的に保全管理水田として対応されており（合計313a），作目が作付けられているのは３番が取り組んでいる15aのスイカのみである[17]．

６）今後の意向

ここで**表7-3**より各農家の今後の営農意向をみてみよう．まず，農業経営に関しなんらかの拡大意向を示しているのは２，９，10，12，13番で，いずれも世帯主が50歳代後半から60歳代前半の農家である．１番は借地拡大，２番は作業受託の拡大，９，13番は新作目の導入を構想している．また，10，12番も拡大意向を示しているが，10番は「頼まれたらやる」という受け身の回答であり，12番は定年後の再雇用期間が１年しかないことを受け，「農外で仕事があればそちらをやりたいが見通しがない」ために借地拡大を希望している．以上のように，その積極性に差はあるが，いずれにせよ拡大意向のある農家が経営耕地面積規模に関わりなく検出される点は注目される．

一方で，３，５，６番は比較的規模が大きい農家であるが，縮小意向を示し

表7-3 農業への意向

2014農家番号	世帯主		今後の意向	備考
	年齢（歳）	農外就業		
1	59	△	借地拡大済	2014年3月に早期退職．2014年に借地を拡大，スイカの作付を開始．
2	63	○ 自営	受託拡大	自営の仕事が減っているため，臨時就業にも従事（不定期）．O営農組合組合長．営農組合を法人化したいがその要件が満たせていない．
3	74	×	縮小	農地をすべて誰かにやってもらいたい．後継者（公務員）は農業の後継者ではない．売却したいが買い手もいないので貸したい．農地が荒れるのは防ぎたい．
4	72	×	現状維持	元気なうちはやる．縮小する場合は食べる分の米だけ作り，他は貸す．孫が農業に関心を示すが，継がせるかは悩みどころである．
5	64	△	縮小	2013年まで土建業に取り組んでいたが怪我が原因でやめる．条件の悪い農地を縮小したい．自分でやりたいので営農組合には入っていない．
6	68	×	縮小	機械が壊れればやめる．割に合わない．その場合は農地を貸す．
7	72	自営	現状維持	農産物販売の自営も行っている．後継者は駅周辺部にいるので農業を継ぐのは無理だろうが，万一彼らが失業した時のためにも体がもつうちは農業を継続する．
8	76	×	現状維持	ずっとリンゴ農家だったが，この代で終わり．現状維持希望だが，歳とともに減ることはあるだろう．息子の給料では生活できないが，技術がない息子は継げないだろう．
9	63	○	新作目導入	面積は現状維持し，新作目の導入を行いたい．リンゴも新品種や，野菜もやってみたい．販路はリンゴの直販を行う中で独自に確保している．
10	59	○	消極的拡大	農業で何かやりたいが，スイカは体力的に厳しい．借地は頼まれたらやる．営農組合の法人化を進めてほしい．
11	73	○	現状維持	農業はなければ困るが現状維持．今後は後継者次第．来年から畦畔管理作業を任せる．営農組合は入っていない．
12	60	○	借地拡大	2014年時点で定年退職，再雇用．ただし再雇用期間は1年のみ．農外に仕事があればそちらをやりたいが見通しはなく，今後借地拡大を希望．
13	58	○	新作目導入	定年を控えており，再雇用期間も1年のみ．コンバインは購入予定なし．高齢なので軽量作目などの複合部門に取り組みたいが金がかかる．組合は法人化してほしい．
14	69	×	現状維持	体力が続く限りはリンゴを続けたいが，この代で終わりだろう．自分で開墾したので本音は続けたい．後継者に意欲があれば今からでもなんとかするが．
15	84	×	現状維持	現状維持で精いっぱい．今後も続けたいが．
16	64	○	現状維持	昨年まで運送業に勤めていたが体力的に厳しいため辞め，今は臨時のみ．自給用米のみ生産．今後残る農地も無償で貸すかもしれない．
17	82	×	現状維持	世帯主の体力的な問題もあり規模縮小，田を多く貸し出す．それでもスイカ作の収入がなければ生活に困る．農地は借りてくれてなんぼというところ．
18	86	×	現状維持	本当は売却したいが，買いたい人もいない．後継者は農業を継がない．営農組合の法人化は規模の違う農家が集まる状況ではなかなか難しいのではないか．
19	80	×	自家菜園のみ	世帯主の体が弱ったため，農業を辞めた．農地は基盤整備がなされていないため買い手借り手もおらず，何も作つけていない．息子が草刈りのみ行っている．
20	71	×	自家菜園のみ	2011年までは稲作を行っていたが，田植え機を壊れたことをきっかけに稲作を辞めた．今後も再開予定はない．

資料：図7-1に同じ．
注：「農外就業」欄の意味は以下の通り．○…2014年調査時点で農外就業あり，△…前年（2013年）まで農外就業あり，×…農外就業なし，自営…農業以外の自営業あり．

ている．５番は世帯主の体力的な問題を挙げており，３番は高齢化，６番は採算が合わないことから縮小としている．なお，３，６番は共済年金を受け取っているか，後継者が公務員であるため，比較的生活が安定していることが縮小に踏み切れる背景にあるものと考えられる．

そしてこれ以外の農家は年齢にかかわらず現状維持で，体力が続く限りは農業継続を求める農家が多い（４，７，８，11，14，15，17番）．以上から，大半の世帯主は年齢にかからず，農業所得を重視する傾向にあるといえるが，他方で体力的限界とともに集約作物への取り組みは残しながらも縮小せざるをえないとする農家も出現している（17，19番）．

7）小括

以上，O集落の農業構造分析から明らかになったのは以下の点である．

第一に，40歳代以下の後継者世代にあたる農家世帯員は自家農業への関わりが限定的ということである．

第二に，50歳代後半以降で構成される世帯主世代についても，年齢によって農業への取り組みに差異が存在していたということである．すなわち60歳代後半以降の者については稲作とともに集約作物にも取り組んでいたが，自身が元公務員ないし後継者が公務員の農家や，世帯主が体力的限界にある農家について，農地の貸付を行う，あるいは規模縮小を考えている農家が検出された．一方，青壮年期の大半を常勤的農外就業者として過ごした者が多い50歳代後半から60歳代前半は稲単作傾向にあるが，その一部が規模拡大や作業受託に取り組んでおり，また借地拡大や新作目の導入など，農業への拡大意向を示す農家も少なからず検出された．

第三に，第二の点のような違いが見られる一方で，現時点では50歳代後半以降の農外就業リタイアを目前に控えた，あるいはリタイアしている男子農家世帯員を農業生産の担い手としながら機械を一式所有しつつ自家農業を維持している点では共通していたということである．機械を自己所有した場合，10aあたりの所得は2013年度産のあきたこまち概算金で反収10俵と想定すれば5.9万円となるが，機械作業を委託した場合は1.8万円にまで落ち込む[18]．つまり少しでも所得を多く確保する目的から機械を自己所有している農家が層を成しているのが現状であった．

第四に，第二，第三の点の結果として，対象地域では農地を一手に集める農家が形成されていなかった．

５．考察

以上，ここまでの分析から，40歳代以下の青壮年農家世帯員の農業への関わりは総じて限定的な一方で，50歳代後半以上の世帯主世代が自家農業を維持し続けており，中でも50歳代後半から60歳代前半の者については農業拡大への意向を示す者が少なからず検出されることが明らかとなった．問題は，農家世帯の家計費確保構造が当該地域の高地代といかなる関係性にあるか，という点である．

まず，賃金構造分析から明らかなのは，青壮年男子農家世帯員からは「切り売り労賃」層が検出されず，大半が正規雇用者として常勤化する一方で，その賃金は複雑労働賃金への展開が見られない層が検出された点である．こうした点は既に野中（2009）によって指摘されていたが，野中の主張と異なる点も存在した．

第一に，青壮年女子農家世帯員からも正規雇用者層が検出され，また雇用形態が同様であれば男女で賃金差が見られないという点である．ゆえに，青壮年夫婦が私企業正規雇用者として共働きすれば，農外所得のみで家計費を確保することが理論上は可能であった．しかし実際にはこのような就業形態をとることができない，すなわち男女いずれかは非正規雇用者の青壮年夫婦が検出された．

第二に，私企業正規雇用者と非正規雇用者の組み合わせにある青壮年夫婦において，農外所得のみで家計費を確保できない事例が検出されたが，40歳代以下の農家世帯員については農業への関わりは限定的であったということである．つまり，農外就業と農業とを両立する就業構造にはなく，また野中

(2009) では賃金水準の低位な青壮年女子の農業従事への言及があったが，こうした状況も検出できなかった．このような背景には，①兼業と結びつきながら展開してきた稲作の収益性が悪化していること，②休みが固定せず，農作業の予定を立てながら自家農業に就業することが難しいサービス業に非正規就業者の多くが従事していること，③非正規雇用者にも常勤者が検出され，農業に割く時間がとれないといった事情があると考えられる[19]．

では，自らの確保する所得のみで家計費を充足できない青壮年夫婦はいかにして不足分を補っていると考えるべきか．一つには，親世代との同居による居住費および生活費の節約があるが，それでも不足する場合，親世代である高齢者は自身の労働力再生産費のみならず，後継者世代の不足する家計費を補うことが求められると考えざるをえないだろう．しかしながら，当該地域の高齢者の年金水準は大半が高齢者自身の家計費さえも賄えない低位な水準にあり，また高齢者を対象とした農外就業機会は乏しい状況にあった．こうした中にあっては，高齢者の多くは機械を自己所有しながら自家農業を維持し，少しでも多く農業所得を確保する意向を持たざるをえない．さらに，現時点で農外所得のみで家計費を確保できている青壮年夫婦についても，青壮年男子でさえ失業経験者が３割という不安定な就業条件下にある中，失業と隣り合わせにある中では，農業は青壮年世帯員の就業先として位置付くかはともかく，彼らの生活を支えるセーフティネットとしてはなお重要な位置を占めていると考えられる．

以上の分析結果を踏まえれば，当該地域においては，青壮年夫婦の中には常勤的に農外就業に従事したとしても家計費を充足できず，親世代との同居によってこれを補う必要性のある農家世帯が一定数形成されていることが明らかとなった．ただし，こうした家計費充足のあり方が当該地域では順調に再生産されているとは言い難い．というのも，調査対象農家のうち，後継者と同居する農家世帯は20戸中12戸と60％にとどまり，さらに後継者世代が夫婦のケースは６戸と30％に過ぎない．また先述のとおり1995年から2014年にかけ10戸が離農していたが，その多くは後継者不在の中での高齢夫婦の体力的限界に伴うものであった．よって，むしろ強調すべきは，後継者の他出傾向が強く，そもそも当該地域で次世代の労働力含めた労働力再生産を試みること自体が回避されており，これが離農の要因となっているという点である．このことは結果的に，農地流動化が進む要因となるだろう．

しかし他方で，たとえ後継者が他出したとしても，高齢者の大半は体力が続く限り自身の不足する家計費を賄う必要性に迫られていることから，農地の貸付を躊躇している状況にあった．また今日，農外就業のリタイアが迫った，あるいはリタイアした50歳代後半から60歳代前半の元私企業常勤者が農業での拡大意向を示しており，中には水田を借地する事例さえも存在した．彼らがこのような行動をとらざるを得ないのは，全国的に年金受給開始年齢の引き上げが行われている中にあるにもかかわらず，対象地域においては高齢者を対象とした農外就業機会が乏しいことが背景にあると思われる．そしてこのような構造が，当該地域で農家数が減少しているにも関わらず，なお全国的に見て高地代が維持されている要因と考えられるのである．

6．結論

本章では，秋田県横手市雄物川町O集落の農家実態調査の分析を行う中から，今日の東北水田地帯においてなお全国的に見て高地代が維持されている要因を，地域労働市場分析および農業構造分析を行う中から明らかにすることを課題とした．

分析結果から明らかになったのは以下の点である．まず，「半周辺＝東北型地域労働市場」にある当該地域では，家計費を充足するには正規雇用者として夫婦で同額の所得を確保する必要のある青壮年夫婦が一定数形成されざるを得ないことが明らかになった．しかし実際には，私企業正規雇用者よりもさらに低位な賃金水準で就業する非正規雇用者が男女とも検出され，夫婦で常勤的に共働きしても家計費を確保できない事例が検出されたが，40歳代以下の世帯員については総じて自家農業への関わりは限定的であった．そのため彼らの不足する家計費は同居する彼らの親世代によって確保される必要があったが，高齢者の多くは年金所得が自らの家計費を賄う水準にさえ達しておらず，また高齢者を対象とした農外就業機会も限られていた．そのため，彼らは自家農業に就業の場を確保せざるをえない状況にあった．

一方で，青壮年夫婦が親世代の所得も含めた中で家計費を充足する状況が順調に再生産されているとは言えず，むしろ強調されるのは，後継者の他出傾向が強い，つまりそもそも当該地域で次世代の労働力含めた労働力再生産を試みること自体が回避されているという状況であった．そしてこのことは，残された親世代の高齢化と体力的限界という形で離農と農地の貸し手層形成に結びついていた．

よって，当該地域では離農を通じた貸し手層の形成と農業構造変動それ自体は確かに進展していた．そして，後継者世代は農外就業先で受け取る賃金が単純労働賃金の水準にある者含め，農業従事は限定的であった．にもかかわらず，特定の経営体へ一手に農地が集積する状況にはないのは，複数の高齢者が農業に就業の場を求め，また借地拡大に活路を求めざるを得ない状況にあり，このような構造が対象地域において高地代がなお維持されている要因であると結論付けた．

以上の点は，農家層から若年労働力を確保する農業生産力の担い手形成を展望しえるのか，という観点から考えれば，土地利用型農業について言えば，少数の経営体が農地を一手に集積することが困難な点でこの可能性を制約するものである．実際，O集落で現在も営農を継続する農家層からは質的な差異を見出すことができなかった．もっとも，O集落ではなお出稼ぎ等の「切り売り」的就業形態をとっていた世代が営農を継続している状況にあり，彼らのリタイアに伴い，今後地代は低下するものと考えられる．しかしながらリーマンショック後，製造業の撤退がさらに進む当該地域において，今後複雑労働賃金の一般化や高齢者を対象とした農外労働市場が広く展開する状況を想定することは困難であり，ゆえに自家農業内に所得確保の機会を見出す高齢者が一定数形成される傾向は継続するものと考えられる．とはいえ農業情勢によっては，農業所得による補填では家計費を充足することが困難となり，高齢者のみならず農家世帯そのものの貧困化がすすみ，にもかかわらず農家層からは農業生産力の担い手を見いだすことができない状況につながる可能性がある.

これに対する一つの解としては，高齢者に雇用の場を積極的に設けながら，農地を集積する主体を展望することができるだろう．渡部（2015）によれば，東北の集落営農組織の中にも法人化をすすめ，農地を集積することに加え集約部門も設けながら雇用の場を作り出す事例が報告されている．とはいえ法人化し，借地を行うようになったとしても，当面高地代を支払う必要性に迫られる以上，それだけの経営展開が可能かということが課題とならざるをえない．また水田は高地代である一方で，中山間地域にあたるO集落では畑地・果樹園や条件不利地の水田が耕作放棄地化していた．こうした課題に対する具体的な解決方法の提示は今後の課題であるが，これも今日の地域労働市場並びに農家就業構造を踏まえたうえで展望される必要があるといえよう.

なお，王（2012）によれば，都府県の水田価格は1999年から2008年にかけ平均19％の下落であったのに対し，東北のみでは28.1％と都府県全体よりも10ポイント近く大きく下落している．またO集落においても，1995年時点では10aあたり100万円以上であった水田価格が2014年は40万円程度と半分未満にまで下落しており（農家調査より），その下落幅は地代の下落幅よりも大きい．本稿の分析結果を踏まえれば，こうした高地代が維持される一方で急速な地価下落が進む要因の一つには，農地を受容する主体の多くが高齢者であることから長期的な土地利用を展望できず，農地購入に至らないことが背景にあるものと考えられるが，この点についての実証的な分析は今後の課題としたい.

補論　秋田県横手市雄物川町における組織経営体の展開

1）はじめに

第７章では農家層を対象とした分析を行ったが，2007年の品目横断的経営安定対策を契機としながら，東北においても集落営農組織をはじめとした組織経営体の展開が見られるようになった．このような動き受け，東北においても組織経営体を対象とした研究が盛んに行われるようになった．例えば東北において品目横断的経営安定対策に対応して設立された集落営農組織は「枝番管理型」あるいは「政策対応型」と呼ばれるような，助成金の受け皿としての集落営農組織が多く，その組織内ではなお個別農家が維持されているとするものがある（安藤編2013）．とはいえ，その中からも，構成員の就業の場として複合部門を取り入れ，就業の場を設けるなど，経営としての内実を持つ組織経営体の存在も指摘されているが（たとえば渡部（2024）），他方で東北を対象とした地域労働市場構造を踏まえた農家就業構造の展開と組織経営体との連関を分析した研究は必ずしも多くない．

そこで補論では，秋田県横手市雄物川町を対象に，「半周辺＝東北型地域労働市場」における組織経営体の展開を素描した上で，若干の考察を行うことを課題とする．

対象とするのは，2014年に行ったO集落に設立されたO集落営農組合，旧雄物川町内の平場地域で展開する２法人の計３つの組織経営体である．

2）雄物川町における組織経営体の概要と集落ごとの農業構造の相違

2010年『農林業センサス』によれば，旧雄物川町内で展開する法人は８法人，法人化していない組織経営体は18経営体存在する．法人化していない組織経営体の大半は2007年の品目横断的経営安定対策の際に立ち上げられたものである（JA秋田ふるさと聞き取り調査より）．以下では，旧雄物川町の平場地域において大規模に借地展開を行う２法人および中山間地域であるO集落で設立されたO営農組合の調査結果から，旧雄物川町で展開する組織経営体の実態を明らかにしていきたい.

組織経営体の分析に入る前に，集落調査の対象となった中山間地域であるO集落と平場地域である他集落との農業構造の相違について言及しておこう.**図7-3**の（1）がO集落，（2）が1980年時点でO集落と農業経営体数がほぼ同数である平場地域のM集落，（3）が後述のT法人が展開するT地区の一集落であるU集落の経営耕地面積規模別経営体数である．ここからわかるように，1980年時点でO集落は0.5～1.0ha層が最も多かったが，平場地域に該当するM集落，U集落は1.0～2.0ha層が最も多い．こうした状況は2014年時点も変

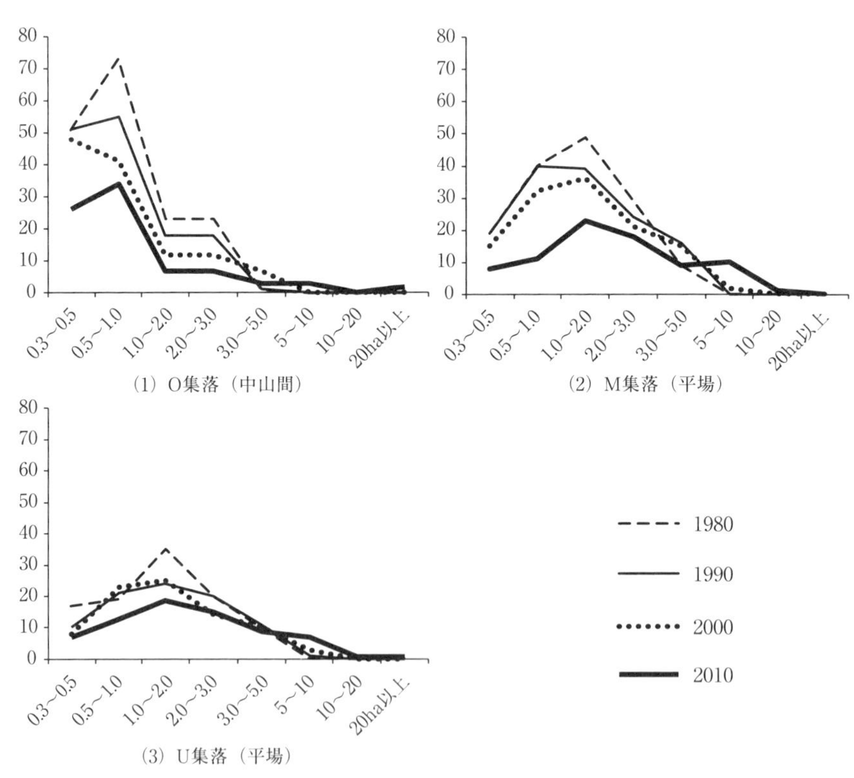

図7-3　O集落，M集落，U集落の経営耕地面積規模別農業経営体数

資料：2010年農林業センサス農業集落カード(農林統計協会)より作成.
注：縦軸は「経営体」.

わらないが，特に2000年から2010年にかけ3.0ha未満層が減少，かわって５ha以上層が増加している状況にある．またO集落では20ha層が増加しているが，これは後述するO営農組合である．また，O集落において5.0ha未満層が減少しているのは，この規模の農家がO営農組合に参加したためと考えられる．なお，M集落およびU集落では2010年時点では20haを超える経営規模の農業経営体が存在していない．ともあれ平場は中山間に比して個々の農家の経営耕地面積規模が大きい傾向にあるといえる．

ただし農業経営体数の推移と田の借地面積の推移をみると（**図7-4**），2010年時点でO集落，M集落，U集落とも傾向に大きな違いはない．すなわち農業経営体数は1980年代中盤以降一貫して減少傾向にあり，また2005年から2010年にかけ田の借地面積が大幅に増加している．以下の分析ではこうした相違点に留意しながら分析を行う．

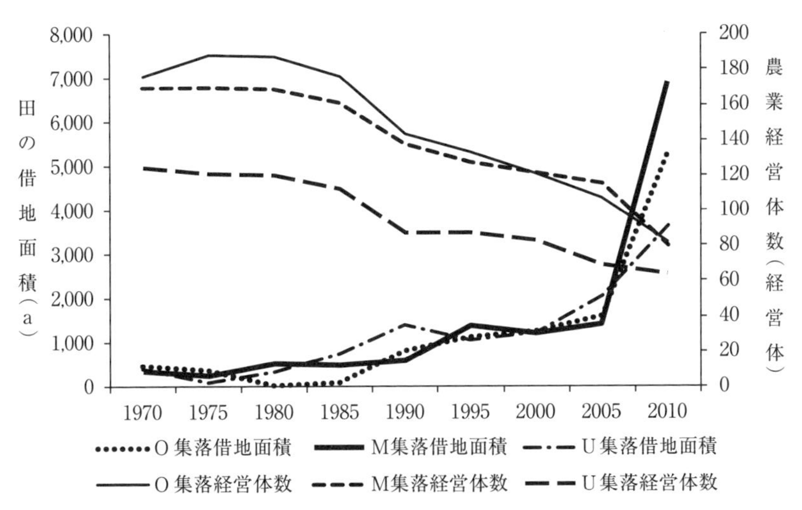

図7-4　地区・集落別農業経営体数および田の借地面積の推移

資料：2010年農林業センサス農業集落カード（農林統計協会）より作成．

３）O営農組合

O営農組合への聞き取り調査は，2014年３月および2015年１月に組合長より行った．

O営農組合は2007年の品目横断的経営安定対策に伴い設立された集落営農組合である．組合員は当初34戸であったが，戸別所得補償へと政策が変わると，加入のメリットがないなどの理由で早々に農家が離脱し，2014年現在16戸と半減している．組合員費はないが，運営費として事業の一つである米の共同販売を行う際，米１俵あたり40円を徴収している．2014年時点で組合員全体の経営耕地面積を合算すると32haであるが，すべて個々の農家によって耕作されており，組合として借り受けている農地はない．また個別農家の営農は維持されており，農地の共同的な利用も行われておらず，主な事業は資材の共同購入と米の共同販売に限られている．以上から，O営農組合は組織としての営農実態に乏しい典型的な「枝番管理型」集落営農として展開しているといえよう．

ただし，2007年より組合員のうち４戸がコンバインの共同所有と共同での収穫作業受託を開始し，2014年時は12.5ha（共同所有者の農地込）のコメの収穫作業を受託している（構成員の詳細は第７章参照）．また受託収入は2014年時で213万円であったが，費用[20)]でほぼ消えるため，労賃拠出にも至っていないのが現状である．ただし今後は作業受託を拡大し，これを支払えるようにしたいとのことであった．

このように一部農家による作業受託の動きが見受けられるものの，これは営農組合全体の活動としては位置づいているとはいえず，どちらかといえば個々の農家による協業的な取り組みである．なお，組合長によれば今後も組織として農地を請け負う見通しはなく，条件不利地等の農地保全を行うことも難しいとのことであった．

４）G農事組合法人

G農事組合法人（以下，G法人）への聞き取りは2015年の１月に法人の代表理事から行った．

G法人は旧雄物川町のS地区で展開する農事組合法人である．法人の設立は2005年で，現在の代表理事であるK氏が利用権設定を行う農地が増えたことをきっかけに，機械を共同所有していた元兼業農家のT氏に法人化の話を持ちかけ設立に至った協業法人である．現在構成員はK氏とその妻，T氏とその妻の計４名で，いずれも2014年時点で50歳代である．現在K氏とその妻，およびT氏は基幹的農業従事者であるが，T氏の妻は役員ではあるものの，兼業が中心である．資本金は一人頭25万円で合計100万円である．

現在の法人全体の経営耕地面積は27haであり，また稲作の全作業受託が３ha存在する．このうちK氏，T氏の自己所有地が4.9ha含まれているが，農地はすべて法人に貸し付ける形態を取っている．また借地はK氏，T氏の農地を除き総勢15名から借り受けており，すべて利用権設定を結んでいる．貸し手は農外就業からの退職者や，世帯主の死亡により貸し出したケースが多い．地代は一律で10aあたり2.2万円で，地目はすべて田である．

作物は14haが水稲であるが，うち３haは土地の貸し手の意向により全作業受託の形態を取っている．コメの品種はあきたこまちが11.8ha（反収9.5俵），もえみのり2.2ha（７俵）である．もえみのりは育苗ハウスの不足に対応するとともに，労力を軽減するため試験的に導入した直播用の品種である．また転作作物を７ha作つけているが，これはすべてデントコーンである．デントコーンは農協に勧められて開始し，播種と管理作業，耕起をG法人が行い，収穫は畜産農家に任せている．デントコーンは畜産農家に無償で提供され，G法人は転作奨励金が収入となる．また残る１haは組合員の自家菜園用の土地である．

作業は基本的にK氏，T氏の２名で行う．両者は法人で常勤雇用者として雇用される形態を取っており，給与は月15万円である．またこれに従事分量配当を年間90万円ずつ加算し，さらにK氏は農機具の貸し出しやハウスの貸出代で100万円を法人から受け取っている．妻は決まった報酬はなく，作業時間に応じた賃金を支払っている（時給1,000円，それぞれ年間10万円程度）．

また春には３名，秋には１名臨時雇用を行う．春の３名は２名男性，１名女性で，秋は男性１名である（たまに妻が入る）．主に播種の準備（苗運搬）用，収穫物の運搬用に雇用している．時給は1,000円で，退職した地元の人（65～70歳代）を雇用している．

法人で所有する機械は50馬力のトラクター，６条コンバイン，６条田植機である．またこれとは別に，K氏の個人所有の６条コンバインと乾燥機４台，籾摺り機２台，育苗用ハウス６棟をK氏に利用料を支払う形で用いている．また直播用の機械は農協の機械を無料で借りるが，これはもともとK氏が所有していた機械を農協に無料で譲ったものである．

なお，土地利用面については法人化してはいるが，K氏については個人の経営部門も残っている．K氏は農地をすべて法人に貸し付けているため，個人として土地利用型農業には取り組んでいないが[21)]，法人とは別にハウス５棟（育苗用とは別）と木造小屋２棟でシイタケを１万４千個栽培している．こちらは2013年度の売り上げが1,000万円で，所得率は３割である．作業は妻が中心的に担っている．シイタケの栽培に必要な作業は主に毎日の収穫と冬場の菌床運搬作業である．菌床運搬作業のために２名を年間50日間雇っている（時給800円× １日４～５時間）．いずれも40歳代の女性で，近隣に在住する知人である．なお，K氏は後継者夫婦と同居しているが，彼らはほとんど農業にかかわっていない常勤的農外就業者である．

今後の意向としては，規模拡大しても米価が下がっている中では儲からないため，当面現状維持としている．受託ならば収入になるが，この受託料金も今後下がるためあまり先を見通せない．法人自体もどうなるかわからない．労力的には規模拡大できるが，肥料・農薬・土地改良費がかかるため難しい．今後の農業情勢がわからないため，後継者に農業を継いでくれてとも言えない状況にある．

５）T農事組合法人

T農事組合法人（以下，T法人）の聞き取りは，2015年１月に法人の事務を担当する農協職員から行った.

法人の設立年時は2007年3月だが，品目横断的経営安定対策に伴い設立したわけではなく，旧JA雄物川（現JA秋田ふるさと雄物川支店）のライスセンター業務を法人管理とするために設立したものである．資本金は構成員一人あたり10万円×15戸× 2口で合計300万円であり，2014年度の積み立ては150万円であった．当初は乾燥調製作業の受託やコンバインの収穫作業受託がメインであったが，2008年からライスセンターの利用者から農地を預かってほしいという要望が増えたため，土地利用部門も開始した.

2015年1月現在の組合員数は15名，うち役員数は8名である．いずれも年齢は50歳代後半以上で，特に60歳代が多い．役員の法人での年間農業従事日数は一人あたり25～40日で，従事日数が突出した者はいない．役員報酬はない．常雇はおらず，下記に示す通り臨時雇用者を雇用している．事務は農協職員がボランティア的にあたっている．また構成員の経営をすべて法人に移転したわけではなく，個別経営は維持されている.

組合員の経営耕地を含む組織全体の面積は35ha，うち転作面積は15haで，ほぼ水田である．うち，法人が実際に経営する経営耕地面積は13.67haで，法人所有地は65a（田），これ以外はすべて借地である．作付構成としては食用米水稲を5.67ha，残り8haは転作で，その内訳は飼料用米5ha，スイカ2.7ha，燕麦20a，トマト（ロッソナポリタン）10aである．そして組織が経営する以外の農地の転作7haは，構成員が備蓄用米，加工用米，トマト，きゅうり，スイカ，ホウレンソウなどに個々に取り組んでいる.

農地貸借状況は下記の**表7-4**のとおりで，大きくは7つのブロックに分散している．地代は10aあたり1.8～3.7万円とばらつきが大きい．3.7万円は特定農作業受託を行う農地であり，契約期間は1年間で，土地の地代代わりに転作奨励金をすべて地主に回すため高い水準となっている．ただし2015年から1.8万円に改定予定である．またこれ以外の土地にも地代のバラつきはあるが，これは借りた時期が異なるために生じたものであり，土地条件による差ではない．10年契約の農地は10年間契約時の地代で我慢する必要がある.

表7-4 T法人の借地状況

	面積（a）	借地開始時期	契約期間	地目	地代 （万円，10aあたり）	貸借方法
1	673	2008年	10年	田	2.3万円	利用権設定
2	112	2011年	10年	田	2.3万円	利用権設定
3	35	2012年	10年	田	2.3万円	利用権設定
4	310	2014年	10年	田	2.1万円	利用権設定
5	179	2012年	1年	田	3.7万円	特定農作業
6	35	2014年	1年	田	3.7万円	特定農作業
7	70	2014年	1年	田	1.8万円	特定農作業

資料：T法人聞き取り調査結果より作成．
注：「貸借方法」の「利用権設定」は利用権設定で契約した農地，「特定農作業」は特定農作業受委託契約に基づいた農地である．

2015年には7名から7ha法人として利用権設定を行う農地が増える予定で，法人の経営耕地面積は20ha以上となる予定である．7名の内訳は，高齢でできない法人構成員3名と，法人構成員ではなく，作業受託を行っていたわけでもないが，頼まれた4名から受けた．ライスセンター利用者の農地はライスセンターの稼働率を保つため，無条件で引き受ける方針であり，構成員外でもできるだけ頼まれた農地は引き受けるようにしている．

土地利用部門以外の主な事業は作業受託である．大きくは収穫・運搬作業とライスセンターによる乾燥調製作業の受託がある．

収穫・運搬作業の総受託面積は2014年時点で45ha，総収入540万円である．受託件数は39件であるが，ここには法人構成員のオペの農地も含まれる．受託料は10aあたり12,000円で，これは雄物川町の標準作業料金より5,500円安いが，6条コンバインを購入した際，40％の補助を貰った関係で，農家に還元しようと思いこの値段にしたとしている．作業は構成員の3名があたり，費用のうち労賃は全部で70万円，総出役日数70人日である．またこれとは別に籾運搬作業を委託しており，これに21万円かかっている．

またライスセンターの乾燥・調製作業の受託面積は現在165ha，件数にすると112件に及ぶ．料金は1俵1,410円で，2014年総額2,300万円である．作業は5名（うち1名が管理運営に貼りつく），労賃総額250万円，総出役日数は

表7-5　T法人の所有機械一覧

機械名・施設	馬力・規模	購入年（年）	新品 or 中古	購入価格	補助金の利用など
トラクター	40ｓｐ	2013	新品	600万円	県の補助金を利用（150万円）
コンバイン	6条	2009	新品	1200万円	480万円補助金．償却済
管理機		2013	新品	80万円	
ブロードキャスター		2014	新品	31万円	

資料：T法人聞き取り調査結果より作成．

60人日である．

なお，法人の管理する農地の作業は，田植えは構成員が作業のついでに無償で行うものが2ha，他が委託である．耕起・代掻きは法人自前の機械で構成員に労賃を支払いながら実施する．

先述したように常雇はいないが，臨時雇用者は（構成員を除き）2014年時点で15名を雇用している．全員地元に在住の者で，高齢者が殆どである．彼らは一般の農作業に350人日（うちスイカ200人日，田の管理作業に90人日，ライスセンターに60人日）従事している．賃金は時給800～850円で，障害者1名は時給675円，またライスセンターの管理運営者1名は専門的な知識が必要なため，時給1,200円で雇用している．また深夜・残業手当がつく．構成員からの雇用としては，収穫～運搬までを行うオペレーターとして3名を70人日雇用しており，彼らの日給は13,000円である．労災は昨年まで農協の障害共済に加入し，2015年から労災保険に切り替える予定である．

機械の所有状況は**表7-5**のとおりである．育苗ハウスは組合員のものを無償で使用しているが（育苗管理費は支払う），これでは間に合わなくなりつつあり，2015年度は3間×20間の育苗ハウスを2棟増やす予定である．同時に田植も今まで組合員に委託していたが，8条・側条施肥機つき田植機（380万円）を法人の自己資金で購入予定である．

2013，2014年の収入は**表7-6**のとおりである．特に作業受託の収入が多く，地域の標準料金より安いにも関わらず，収穫作業受託で330万円，ライスセンター受託でも330万円の収益となっている．さらに営業外収入の転作奨励

表7-6 T法人の作目販売額および受託・営業外収益

作目	作付面積 (a)	2013年10aあたり収量	販売量	販売先	販売金額		備考
					2013	2014	
水稲	620	9.8俵	608俵	JA	700万円	600万円	
スイカ	130	2.5 t	32.5 t	JA	305万円	870万円	
トマト	10	2.5 t	2.5 t	JA	25万円	25万円	
飼料用米	500			JA	0円	0円	後述の転作奨励金が収入になる
項目名	面積 (a)				収益		備考
					2013	2014	
収穫受託	4,500				330万円	330万円	←の収益は費用（労賃込）を差し引いた額.
乾燥調製受託	16,500				330万円	330万円	
転作奨励金	500				340万円	400万円	スイカ・飼料用米の転作奨励金

資料：T法人聞き取り調査結果より作成.

金を加味すれば，作物の販売を含めずとも1,060万円の収益を得ていることになる．ここで得た収益は主に積み立てや施設・機械の導入に使われている．

今後の予定としては，貸付依頼が増える中，依頼された農地は請け負うことにしているので規模拡大の意向となる．最終的にはライスセンター利用者総面積＝法人面積になるかもしれない．最低でも50haは行くだろう．また作業受託も頼まれたらできるだけ引き受けるつもりでいる．法人の構成員の後継者で法人の担い手としてやっていく意向を示している者が３～４名おり，彼らのためにも規模は拡大する必要がある．彼らは「個人で農業をやる時代は終わった」と考えており，法人で就農する考えを持っている．具体的には決まっていないが，観光目的のイチゴなどの６次産業化を行いたいとも考えているようである．また高齢者は60～70歳代まで仕事ができることから，彼らの所得を増やすにはその支援が必要であり，法人が雇用機会を積極的につくる必要もあると考えている．そのために青果物の作付けを増やす予定である．なお，T法人の事務をボランティア的に担う農協職員も，定年後はT

法人で雇用されることを希望していた.

法人の懸念事項は，現在の農政があまりに変わりすぎている点である．飼料用米も補助金を外されたら終わりである．法人は補助金ありきでやっているため，２～３年ではなく長期的な展望を立てた上で農政に取り組んでほしいとのことであった．米価8,500円/俵は機械の減価償却費を考えなければ，T法人的には何とか赤字にならない額である.

6）まとめ

以上，雄物川町で展開する組織経営体の事例を分析する中で明らかとなったのは以下の点である.

第１に，すべての組織経営体は農地保全を目的として組織されたものではないということである．すなわちO営農組合は品目横断的経営安定対策の補助金受給条件を満たすために設立されたものであり，G法人は協業法人，T法人はライスセンターの受け皿のために設立され，その稼働率を保つために土地利用型部門を開始した組織であった．よって，設立の経緯は異なるものの，いずれも当面の経営上の課題を解決するために組織化した点においては共通しており[22)]，そこに地域の農地を保全するという意識は希薄であった．むしろ，集落営農組織であるO営農組合は農地保全に対し消極的な意向さえ示しており，その主要な事業部門は農作業受託にあることを踏まえると，O営農組合は集落営農組織の体はとっているものの，その内実は個々の農家の協業組織という側面が強く，内実としてはG法人に近いものといえる.

第２に，組織経営体の構成員は50歳代以上が大半という点である．O集落の農業構造分析においても，農業の中心は50歳代後半以上の世帯主であり，後継者世代は農外就業に常勤的に就業し農業への関与が限定的であった．この結果は，平場の組織経営体についてもO集落と同様の農家就業構造が貫徹しており[23)]，ゆえにG法人，T法人とも彼らを主要な農業労働力とした同質的な農家の集まりであることを裏付けている．とはいえ，T法人においては後継者世代が将来的に法人の中心となる意向を示しており，世代交代期には青壮年労働力を中心とした経営体へと展開する展望が示されていた．一方で，O営農組合とG法人は後継者が就農する展望を描けていなかった．

第3に，「枝番管理型」であるO営農組合はともかく，法人化している組織経営体についても構成員の個別経営は維持される傾向にある点である．この理由として，経営的な側面から考えれば，土地利用部門については機械や施設の共同利用による合理化が可能だが，労働集約的な作物についてはその合理性を見いだせない，土地利用型部門についても未だに機械を自己所有している場合は組織に農地を預ける，あるいは作業を委託する段階にまで至っていない，米価が不安定な中，個別農家レベルでリスク分散を行っている，等の可能性が考えられる．しかしそもそも，構成員の所得が不足していること，しかし法人での就労のみでは構成員が十分な所得を確保することが困難なことが自営部門を継続せざるを得ない背景にある．このことは50歳代の壮年世代のみならず60歳以上の高齢者についても同様である．

図7-5は雄物川町と2014年の雄物川町O集落と，第2部で分析した「中心＝近畿型」移行地域である2009年の長野県上伊那郡宮田村N集落の聞き取り調査より作成した，61歳以上の男子の年間年金受給額と年間賃金の関係性を示したものである．N集落にも年間年金受給額が低位な者は存在するが，彼らはいずれも農外で雇用されており，その合計額はほとんどが200万円を超えている．結果，N集落では賃金と年金の合計額が150万円を下回るものは1名しか検出されない．対して，雄物川町では年金受給額が100万円未満にもかかわらず農外就業に従事していない者が層として検出され，また農外で雇用されている者もマイナーである．結果，その多くは150万円未満にプロットされている．よって彼らは農業に所得確保の場を求めざるをえないわけだが，前章で見たように当該地域の農地市場は貸し手市場下にあることから，面的な規模拡大は容易ではなく，土地利用部門については組織経営体で部分的に共同化を図り，合理化する他ない．よって，複合部門を中心とした個別経営部門の維持が追求されるのである．

以上，2000年代後半以降雄物川町で設立された組織経営体は，平場地帯含

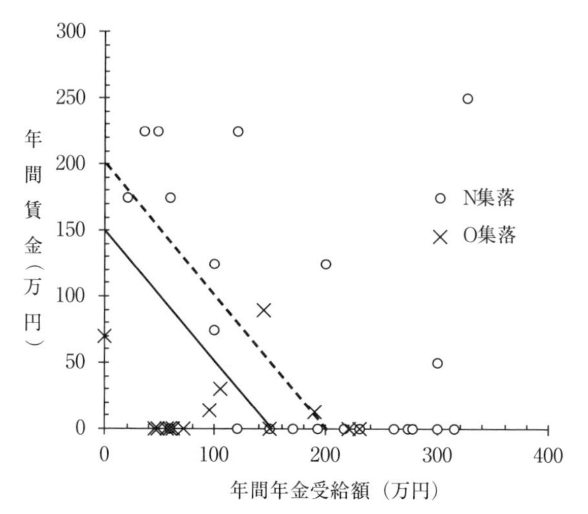

図 7-5　地域別賃金と年金の関係（61 歳以上世帯主）

資料：2009 年宮田村 N 集落聞き取り調査および 2014 年雄物川町 O 集落聞き取り調査結果より作成.

注：図中の直線は年金と農外所得の合計が 150 万円を超えるラインであり，点線はこれが 200 万円のラインである.

め，O集落の農家調査から得られた農家就業構造と同様の傾向が見られ，その現象形態が協業組織やライスセンターを母体とした受託組織といった形で表れていることが明らかとなった.

とはいえ，T法人は臨時雇用ではあるものの雇用を大量に導入する，受託事業で高い収益を上げている，後継者が法人への就農意向を示している点で注目される．T法人は巨大な資本を必要とするライスセンターを背景とした受託による収入が存在しており，これが土地利用部門においても積極的な投資と経営拡大を進める源泉として位置付いているといえよう.

ところで，今後積極的な経営展開を展望するT法人はO集落で見られた貸し手市場・高地代といった問題にどのように対処しているのか．まず農地については，直近で貸し付け依頼が増加している．O集落でも貸し付け自体は行われていたが，借地拡大を展望する個々の農家がおのおの農地を借り入れており，特定の経営体に一手に集まる状況にはなかった．対してT法人は法人構成員を抱えていること，もともとライスセンター事業を行っており，作業受託費用も低位な水準に抑えていることなどから，貸し手予備軍を多く抱えており，T法人に農地が集積しやすい状況にある．また構成員外からの農地貸し付け依頼も来ているが，これは後継者世代を法人に取り込む意向を対外的にも示していることから，経営継続面での安定性が評価されているものと考えられる．とはいえ，これによって高地代が即座に解消されているわけではなく，地代は10aあたり1.8～3.7万円とO集落以上に高い水準にある．今後，後継者世代を常雇として導入する場合には，こうした高い地代水準のもとでいかに土地利用部門でも収益を上げていくかが課題となるだろう．

とはいえ，農地を貸し付けた主体もまた高齢者によって構成されているとすれば，彼らは所得確保面ではどのように対処しているのか．T法人における貸し手の動向については調査を行っていないが，その一つの解として考えられるのが，T法人が高齢者を対象とした雇用機会を自ら積極的に設けている点である．このことが高齢者にとって所得確保を行う場として位置付いているとするならば，彼らが体力的限界を迎える以前にT法人へとスムーズに農地が移行する理由となり得るだろう．

もっとも，T法人は元々JAで行っていたライスセンター業務を請け負う法人として設立された点で特異な組織経営体であり，このような経営の再現性については検討の余地がある．とはいえ，高地代の解決はすぐには難しくとも[24]，組合員や委託者に便宜を図ることで，結果的に組合への農地集積につながっている点は，東北における組織経営体のあり方に多くの示唆を与えるものである．T法人の取り組みが後継者世代の確保にいかに位置付くのか，今後の展開が期待される．

注

1） 山本（1997）は1995年調査の調査対象農家を選定する際，O集落S区在住の農家のうち，「農業センサス実施のために作成された「世帯用照査表」記載」（p.13）の農家群を調査対象としたとしている．またこの農家群は1980年に宇佐美（1982）が調査対象とした農家と同一である．なお，山本はこれとは別に，他集落の農家１戸の調査を実施している．

2）なお，O営農組合の実態はいわゆる「枝番管理型集落営農」である．ここでいう「枝番管理型集落営農」は，「個別経営をそのまま継続し形式的な組織化を図る」（p.2）集落営農とする（『集落営農の発展に向けた経営戦略と管理方策』，中央農業総合研究センター）．O営農組合の詳細は補論参照．

3）旧雄物川町の通勤圏内は合併後の横手市とほぼ一致する．

4）「雄物川町農委速報」（雄物川町農業委員会）．

5）「横手市賃借料情報」（横手市農業委員会）．

6）JA秋田ふるさと聞き取り調査より．

7）年収換算にあたっては，日給に１年間の労働日数の限度である280日をかけて算出した．

8）なお，この50歳代のN社元社員（管理職）は，本社の関連工場のある海外への赴任を言い渡され，そこで体を壊し，会社を早期退職した．

9）ただしこれが2000年代前半からの地域労働市場の変化に起因するものか，当該地域の特性によるものかは，より多くの東北地域の実態調査から明らかにする必要がある．

10）『家計調査』（総務省）の東北地方の高齢者世帯（夫婦２名）の家計収支（総世帯）を参照した．

11）1950～1953年生まれ（2014年時点で61から64歳）男子は60歳から厚生年金の報酬比例部分の受給が開始し，65歳から通常の老齢年金（厚生年金（基礎年金部分含む），国民年金）の受給が始まる．

12）65歳以上のうち，70歳代後半以上で国民年金のみの者は1970年以降の企業進出の際も地元企業には就業せずに出稼ぎに出ていた者であり，60歳代後半から70歳代前半はリンゴ専業農家が多いことから国民年金のみに加入するケースが多いと考えられる．

13）なお，集落代表者からの補足調査によれば，在村離農した農家が所有している水田のうち，貸し出しているのは58a，転用した農地が51a（道路），不明が19aであった．また不在農家の1995年時点での田の面積の合計は108aであった．

14）ただし５番は体調悪化のため，2014年調査時点では農外就業に取り組んでいない．

15）この年間就業日数は前年の2013年時のものであるが，１番は2014年よりスイカの作付を開始しているため，2014年度は１番も150日以上農業に従事している可能性が高い．

16）なお，畑地の耕作放棄地面積は合計113aで，１，２，３番のように規模の大きい農家についてもこれが生じている．

17）この圃場以外にもスイカの作付が行われているが，すべて畑地である．

18）『平成25年度産米生産費調査（東北）』（農林水産省），「横手市賃借料情報」（横手市農業委員会）より算出．経営規模は１～２ha規模を想定した．なお，所得には自家労賃および米の直接支払交付金を加算した．

19）青壮年男子非正規雇用者の１名は介護職員で常勤者ある．また女子のパート就業者５名のうち，３名がサービス業，１名が選果場，１名が縫製業に従事していた．

20）2014年時点での費用は，減価償却費125万円（なおコンバインは2014年度に購入し，その価格は725万円であった），保険料30万円，ガソリン代10万円，保管費・整備費４万円，雑費10万円，次年度準備金34万円であった．

21）かろうじて畑地を20a所有し，2011年ごろまで自家用野菜を栽培していたが，手が回らないため2015年現在耕作放棄地状態である．

22）またこれ以外にも基盤整備事業の補助金受給要件を満たすために法人化した事例がJA秋田ふるさと管内には存在するとしている（農家からの聞き取り調査より）．

23）ただし，彼らが兼業農家から基幹的農業従事者となったかは不明であるが，50歳代以降の農外就業先は限定されていることを踏まえれば，一度離職した者が基幹的農業従事者となったケースも十分考えられる．もっとも，JA秋田ふるさとや農家からの聞き取り調査によれば，平場地域は中山間地域であるO集落よりも専業農家が多いとのことであった．

24）もっとも，本章を執筆している2024年現在，雄物川町の地代は2022～2024年の田の賃借料の平均額は10aあたり12,554円まで低下している（2024年で最高額2.2万円，最低額1,000円）．（横手市農作業標準料金・農地貸借料，https://www.city.yokote.lg.jp/shisei/1001171/1009950/1001379/index.html，2024年11月24日閲覧）．

【引用文献】

安藤光義編（2013）『日本農業の構造変動』農林統計協会．
宇佐美繁（1982）「東北地方の兼業農家」『農村文化運動』88，pp.36-65．
王倩（2012）「農地価格と小作料の下落の動向とその要因」『日本地域政策研究』10，pp.27-34．

野中章久（2009）「東北地域における低水準の男子常勤賃金の成立条件」『農業問題研究』81(1)，pp.1-13.
山崎亮一（1996）『労働市場の地域特性と農業構造』農林統計協会.
山本昌弘（1997）「労働市場再編下の農業構造―秋田県の水田地帯を事例として―」『鯉淵研報』13，pp.10-25.
渡部岳陽（2015）「集落営農組織における雇用創出力の規定要因―秋田県平坦水田地帯の組織を対象に―」『秋田県立大学ウェブジャーナルB（研究成果部門）』２，pp.105-110.
渡部岳陽（2024）『枝番集落営農の展開と政策課題』筑波書房.

第8章

今日的低賃金層の形成と農業構造：青森県五所川原市を事例に

1．はじめに

本章の課題は，「半周辺＝東北型地域労働市場」移行地域を対象に，次の二点を明らかにすることを課題とする．第一に，「半周辺＝東北型」移行地域において，今日農業と結びつかない新たな低賃金層が検出されるか否か，第二に，第一の点を含めた当該地域の地域労働市場構造が農業構造の展開に与える影響である．

第1章で見たように，東北においても2000年代以降，青壮年男子農家世帯員から「切り売り労賃」層を検出し難くなりつつあることが指摘されており[1)]，かつてのような農業と結びついた低賃金，すなわち特殊農村的低賃金が検出される地域労働市場構造の存在を想定することは困難となっている．しかし筆者は，今日の東北の一部地域では，特殊農村的低賃金とは異なる新たな低賃金層が形成されているのではないか，という問題意識を持つ．その理由は次の2点にある．

第一に，雇用劣化の進展である．雇用劣化は，1990年代後半以降の非正規雇用の急増に象徴される日本社会を特徴づける社会事象である[2)]．ただし，氷見（2020）は雇用劣化を，雇用形態問わず企業が複雑労働と単純労働とに分けて労働条件に差をつける労働力峻別の動きと規定しており，本章もこの規定を青壮年男子に限定しながら用いる[3)]．もっとも，青壮年男子が単純労働賃金で就業すること自体は必ずしも低賃金であることを意味しないが，賃金所得のみでは家計費を充足できない労働者層の存在が指摘されている今日[4)]，かつてのような特殊農村的低賃金とは異なる新たな低賃金層が形成されている可能性を考慮した地域労働市場分析が求められている.

第二に，東北の一部地域では，賃金所得のみで家計費を充足できない青壮年夫婦層の存在が指摘されている．野中（2009）は2000年代前半に，東北の中でも工業化が遅れ，製造業就業者の比率が低い秋田県旧西木村，青森県黒石市，宮城県旧川北町の３地域を対象とした農家調査を実施した．ここから，対象地域の青壮年男子常勤者の賃金は，公務員を除き，夫婦で同額の賃金収入を確保しなければ家計費を充足できない低位な水準にあることを明らかにしている．しかしながら，女子の農外就業機会はパート等に限られるため，夫婦で同額の賃金所得を稼得することは困難であることから，不足する家計費を農業所得で補うために，農家は自営農業を維持し，結果的に農業構造も兼業滞留構造を呈することを展望していた.

つまりここでは,「切り売り労賃」層の消滅後も賃金所得のみで家計費を充足できない低賃金労働力層の存在が示唆されている．しかしながら後述のように，この低賃金が農家世帯に特有のものか，労働者世帯からも検出されるものかについては十分な検証が行なわれていない．さらに，近年東北全体の傾向として，女子の農外就業機会拡大とともに低賃金が解消されつつあり，これに伴う農業構造変動の進展を指摘する議論も存在するが，この点も十分に実証的な研究は行われていない.

以上から，冒頭の課題について，青森県五所川原市T集落の農家世帯，非農家化した世帯を対象とした集落悉皆調査結果を用いながら明らかにする．T集落の調査は2018年12月に実施し，調査対象は農家世帯，土地持ち非農家世帯，および直近で農地を売却した非農家世帯の計40戸で，うち農家19戸，非農家17戸の計36戸を調査することができた[5)]．調査対象地域の選定理由および非農家世帯も調査対象とした理由は後述する．また必要に応じ，2017年に五所川原職業安定所に対して行った調査結果，2017年に実施した五所川原北部土地改良区，2018年に実施した五所川原市役所と農地利用委員会への調査結果，および各種統計資料[6)]を用いる.

本章の構成は以下の通りである．２．で先行研究の整理から，低賃金の概念と東北を対象とした地域労働市場および農業構造に関する議論を整理した上で，対象地域の選定理由を述べる．３．で対象地域の概要を示し，４．で賃金構造分析から地域労働市場の実態を明らかにする．５．で就業構造を分析する中から，地域労働市場構造が農業構造に与える影響を分析し，６．で結論を述べる．

２．先行研究の整理と対象地域の選定

１）特殊農村的低賃金と今日的低賃金

まずは低賃金の概念を整理する．本章では低賃金を，資本が労働者に対して正常な労働力再生産費を支払っていない状態と規定する．山崎（2021）によれば，労働力再生産費は，労働力養成費，即時的労働力再生産費（労働者本人の衣食住費），失業期間中の生活費，引退後の生活費からなる．労働力再生産は世帯単位で行われるため，賃金は価値分割的に複数家族員によって稼得される場合や，単独の世帯員によって稼得される場合などがあるが，ともかく賃金や失業手当等の間接給付の形で受け取る賃金によって正常な労働力再生産費が充足されていない場合，その賃金は低賃金となる．

ただし山崎は上記の規定に加え，資本から受け取る賃金所得のみでは不足する労働力再生産費を「非資本制部門に対し外部化している状態」（p.5）であることを付け加えている．つまり，低賃金の概念に不足する労働力再生産費が農業等の自営部門によって充足されることが含まれている．この規定を含まないのは，今日，労働力再生産費が充足されない労働者層の存在が橋本（2019）により指摘されているためである．

橋本は社会統計調査の分析から，2000年代に入り急増した，パート主婦を除く非正規雇用の労働者階級を抽出した上で，これを「アンダークラス」と規定している．その特徴として，雇用が不安定，賃金が個人収入・世帯収入ともに低位，未婚率が際立って高い，貧困率が高い，といった点を挙げている．そしてアンダークラスを，労働者階級の一部であるが，結婚して家族を形成することが難しい，つまり次世代を含めた労働力再生産が難しい点で，

「従来からある労働者階級とは異質な，一つのグループ」（p.18）であるとしている．

アンダークラスは雇用劣化による非正規雇用の増加に伴い形成された労働者層と位置付けられるが，彼らは次世代を含めた労働力再生産費を支払われていない点で本章の低賃金の定義に当てはまる．また特殊農村的低賃金のように，再生産費の不足分を自営部門で充足することもできず，貧困率および未婚率の高さなどの形で，次世代を含めた労働力再生産自体に支障をきたしている点で特徴的である[7)]．本章では，雇用劣化に伴い形成され，農業等の自営部門とは結びつかない低賃金を，今日的低賃金と規定する．

なお，実態調査データを分析するにあたっては次の点に留意する．まず橋本はアンダークラスを非正規雇用のみから抽出しているが，雇用劣化は雇用形態にかかわらず進展していることから，実態調査を行う上では正規雇用を含めた分析を行う．また，子のいる核家族の勤労者世帯の家計費を労働力再生産費の指標とする[8)]．

ところで，特殊農村的低賃金が検出された当時，農村部の男子単純労働賃金は下記に見るような特殊農村的要因によって押し下げられていたため，青壮年男子の賃金が単純労働賃金の水準にあることと低賃金は同義であった．

田代（1984）は1960～1980年までの全国を対象とした統計分析から，農家の限界家計費（＝（家計費－農業所得－1/2農家経済余剰）/農外労働時間）コストと農村日雇賃金（＝農村部の単純労働賃金）の一致度が極めて高いことを確認している．そして「兼業労働が負担すべき限界家計費コストが，農家労働力の最低供給価格として，日雇的・切り売り的労働市場の賃金を規定してきた」（p.205）とした上で，農村日雇賃金の「特殊農村的」な性格規定を確認している[9)]．さらに，「切り売り労賃」層が検出されていた時期の青壮年女子の賃金は，雇用形態にかかわらず，公務員を除き男子よりも低位である[10)]．ゆえに，仮に夫婦で共働きをしても賃金所得のみで家計費を充足することは一般に困難であることから，農村日雇賃金は低賃金となる．

一方，東北でさえも「切り売り労賃」がマイナー化した2000年代以降，単純労働賃金が「特殊農村的」に低位な水準に押し下げられているとは考え難いが，労働力再生産費を充足する水準に上昇したとも言い難い．従来，単純労働賃金の指標として用いられてきた『屋外労働者職種別賃金統計』（厚生労働省．以下，『屋賃』）の男子軽作業賃金の最終調査年度である2004年時点の年収換算額[11]は，全国平均で289万円であった．これは家計費の指標となる『家計調査』（総務省）における2004年の二人以上の勤労者世帯実支出（全国）である499万円の57.9％に過ぎない．一方，同年の勤労者・単身世帯の実支出は同年で298万円と，ほぼ男子軽作業賃金と一致する．以上から，男子単純労働賃金は労働者本人の即時的（＝世代の再生産を考慮しない）労働力再生産費に均衡する水準にはあるものの，次世代の労働力再生産を含めた再生産費を充足する水準にはない．

ただし近年，全国的に青壮年女子の労働力化・常勤化とそれに伴う共働き世帯の増加が見られる[12]．地域労働市場研究においても，2016年に北関東の茨城県稲敷市を対象とした集落悉皆調査を実施した氷見（2018）は，青壮年男子から契約社員を含む不安定就業層を検出する一方，夫婦の常勤的共働きによって家計費を充足できることを背景とした離農の進展および特定の経営体への農地集積の進展に言及している．よって，夫婦共働きにより労働力再生産費を価値分割的に稼得[13]できるだけの雇用機会がある地域労働市場下であれば，青壮年男子から単純労働賃金層が検出できたとしても，これが今日的低賃金層であることを必ずしも意味しない[14]．言い換えれば，地域労働市場から今日的低賃金層を検出するにあたっては，青壮年男子から単純労働賃金層を検出するのみならず，夫婦共働きであっても賃金所得のみでは家計費を充足することが可能なだけの就業機会を見出すことが困難であることを実証する必要がある．

なお，賃金の稼得は個人で行われる一方，低賃金は世帯として労働力再生産費を充足することができない状況を指す概念だが，本章では分析の煩雑さを避けるため，青壮年女子の賃金水準や就業状況を踏まえながらも，低賃金にかかわる概念規定を青壮年男子に限定しながら用いる[15]．

2）東北における低賃金と農業構造

では，2000年代前半の一部東北地域で検出された低水準な男子常勤賃金は今日的低賃金にあたるのか，また農業構造に対しいかに作用しているのか．東北の地域労働市場及び農業構造に関する研究としては，野中氏による一連の研究がある．

まず野中（2009）では，2000年代前半に行った東北各地の農家調査から，公務員を除いた男子常勤者の賃金が成人一人当たり家計費に相当する水準にしかないことを実証している．またここでは女子の農外就業機会はパート等に限られるため，夫婦共働きであっても賃金所得のみでは家計費を充足できないとしている．ゆえに，妻は農外でパートに従事するのみならず，自家農業にも従事し，農業所得も併せて稼得することによって家計費を充足する必要があるとしている．

この男子常勤賃金のもとでは，夫婦で共働きをしても賃金所得のみで家計費を充足することができない以上，本章で定義した意味での低賃金にあたる．ただし，氏はこれを農業所得との合算により家計費が充足される賃金と説明しているように，労働力再生産費が充足されない性格の今日的低賃金としては把握していない．また，男子常勤賃金は間接的にせよ農業所得と強く結びついて成立するため，農業構造は兼業滞留構造を呈することを展望していた．

なお，氏は上記の議論に地域限定を加えている．すなわち「低水準の男子常勤賃金は切り売り労賃の影響を受けて低いとされたように，工業化が遅れている中で形成された賃金と考えられることから，事例は従来議論された東北地域の要素をより明確に持った地域から選定することが望ましいといえる」（p.3）とした上で，対象地域を「製造業の比率の低い青森，秋田，宮城」（p.3）から選出している．ここでいう「製造業の比率が低い」ことの意味は，男子就業者に占める製造業就業者の比率が低位なことを指す．また，「低水準の常勤賃金は他の賃金との対比によって明らかになるため，できるだけ多様な賃金が把握できることが望ましい」ことから，「事例として純農村と地方中核都市近郊を含んだ調査地」（p.3）である，秋田県旧西木村，青森県黒

表 8-1　男子就業者に占める製造業就業者，農林業就業者の比率（2015 年）

		製造業就業者率（%）	農林業就業者率（%）	製造業以外の第２次産業就業者率（%）
全国		20.0	3.7	11.1
東北		16.6	8.1	15.6
	青森県	10.7	10.9	15.4
	秋田県	15.7	10.9	15.6
	宮城県	14.0	4.2	15.7
	岩手県	16.5	10.3	16.0
	福島県	20.9	6.6	16.3
	山形県	21.8	10.3	13.7
	青森・秋田・宮城	13.5	7.5	15.6
青森県	黒石市	13.7	16.8	16.6
秋田県	旧西木村	9.7	21.8	26.8
宮城県	旧河北町	15.9	10.1	27.1
青森県	五所川原市	10.7	14.8	18.3
	（旧五所川原市）	11.1	14.2	17.4
	青森市	6.5	2.9	13.2
秋田県	旧雄物川町	17.9	25.7	12.9

資料：『国勢調査』（総務省統計局）より筆者作成.

石市，宮城県旧川北町を対象地域として選定している.

ここで**表8-1**より，東北における上記３地域の位置付けを確認する．男子就業者に占める製造業就業者の比率は，2015年時点で全国が20.0％であるのに対し，東北は16.6％と低く，青森・秋田・宮城の３県は13.5％とさらに低い．加えて，野中氏が対象とした秋田県旧西木村，青森県黒石市，宮城県旧川北町における男子就業者に占める製造業就業者の比率は9.7～15.9％と青森・秋田・宮城の平均に均衡する水準にあるものの，東北平均よりも低い点で共通する．また，農林業就業者の比率は３地域とも10％以上と，東北平均の8.1％よりも高い．一方で，青森市のような地方中核都市は，製造業就業者の比率が6.5％と上記３地域よりも低いが，サービス業就業者が多いこともあり，農業就業者は2.9％と非常に低い.

よって，上記の議論は①東北の中でも農村工業化が遅れた青森県，秋田県，宮城県を対象としており，②県内でも地方中核都市ではなく，その周辺部あるいは純農村に位置し，③ゆえに男子就業者に占める製造業就業者の比率が東北平均よりも低く，かつ農林業就業者の比率は高い地域に限定されている．以下，本章ではこの条件に当てはまる地域を「北東北」と呼称する．

その後，氏は東北の中でも工業化が進んだ山形県，福島県では，低水準な男子常勤賃金が農業所得と結びつかずに成立しているとした．すなわち野中（2018a）では，2010年代中盤に実施した福島県川俣町を対象とした調査より，青壮年男子から家計費の半分にしか満たない水準の賃金層を検出する一方で，対象地域では青壮年女子に対し正社員としての雇用機会が広がっていることを明らかにしている．そして，「夫婦とも正社員としての共働きが標準化している世帯主世代は，所得面から見て農業が継承されない構造」（p.14）にあり，ゆえにこれを背景とした離農の進展や特定の経営体への農地集積が進展しているとした．つまり，山形県，福島県のように製造業の展開が広く見られる東北地域では，価値分割的に労働力再生産費を稼得できる地域労働市場が展開していることになる．

さらに野中（2018b）では，山形県，福島県以外の東北地域においても女子の農外就業機会が拡大する地域労働市場へと変化する途上にあることを仮説的に提起している[16]．つまり氏の議論には，農村工業化が早期に進展した山形県，福島県における女子の農外就業機会拡大が，工業化の遅れた「北東北」を含む東北地域へと波及し，これに伴い低賃金が解消される，という段階論的視点が含まれている．ただし東北における企業進出や女子の就業機会の拡大は緩慢なことから，離農や農業法人等の農地集積主体による農地集積は緩慢とならざるをえず，圃場も分散する傾向にあるとしている[17]．

以上が氏による一連の議論であるが，「北東北」に関し，いくつかの点で実証的な分析が不十分であると筆者は考える．

まず，氏は「北東北」で検出した低水準な男子常勤賃金が今日的低賃金である可能性について検証していない．氏はこれを農業所得と合算しなければ家計費を充足できない賃金としているが，では「北東北」の労働者世帯はいかにして家計費を充足しているのか，という点は依然疑問として残る．労働者世帯の青壮年夫婦は農業所得との合算が不可能であることから，労働者世帯は①低水準な男子常勤賃金のもとで家計費を充足できずにいるか，②そもそも低水準な男子常勤賃金層自体検出されず，青壮年男子の賃金所得のみで家計費を充足できている状況を想定しなければならない．①が一般的であれば低水準な男子常勤賃金は今日的低賃金にあたるが，②が一般的であれば，低水準な男子常勤賃金は農家世帯に限り検出されるものとなり，ゆえに低賃金も農家に特有のものとなる．しかしながら，「北東北」を対象とした氏の調査対象は農家世帯に限られているため，この点は検証されていない．

もっとも，氏は「北東北」を含む東北地域で女子の農外就業機会が拡大しつつあるとしている．であれば，低水準な男子常勤賃金層が検出されたとしてもこれを低賃金と呼ぶことはできないが，これも氏の段階論的な視点に基づく仮説的な提起にとどまっており[18]，実証はされていない．ゆえに，「北東北」を含む東北地域で現在生じている農業構造変動が，低賃金の緩やかな解消過程を要因としながら生じている，という点も実証されていない．これらの点を明らかにするには，「北東北」を対象とした地域労働市場及び農業構造分析が求められる．

本章では，青森県五所川原市T集落を分析の対象地域とした．現在の五所川原市は，2005年に旧五所川原市，北津軽郡金木町，市浦村の合併により誕生したが（以下，単に五所川原市といった場合は合併後の新五所川原市を指す），T集落は旧五所川原市に位置する．また同市は1985年に高度技術工業集積地域開発促進法（テクノポリス法）の承認を受け，市内に工業団地（青森テクノポリスハイテク工業団地漆川）が設置されるなど，農村工業化の展開も見られた地域である[19]．しかし前掲**表8-1**を確認すると，2015年の五所川原市の男子就業者に占める製造業就業者の比率は10.7％と東北の平均よりも低く，農業従事者は14.8％と平均より高い．また旧五所川原市に絞っても同11.1％，14.2％と同様の傾向を示している．

以上より，同市は典型的な「北東北」地域に位置付けられることから，これを対象地域として選定した．なお，集落悉皆調査対象であるT集落は，農地が平坦かつ基盤整備済みである点で，平地農村地域である旧五所川原市の典型的な姿を映し出している[20]．

３．対象地域の概要

１）五所川原市の概要と農外産業の動向

2015年時点の五所川原市の就業者数は総計20,206人で，うち第一次産業就業者の占める比率は14.1％，第二次産業が19.7％，第三次産業が66.2％である（『国勢調査』，総務省）．かつては日本有数の出稼ぎ地帯であったが，近年はマイナー化している[21]．2017年の平均有効求人倍率は五所川原で0.7倍と，全国平均の1.5倍を大きく下回る[22]．

先述のように，五所川原市は1985年に農村工業化が開始されたが，その展開は限られたものであった．**図8-1**は五所川原市における製造業の動向を示したものである．事業所数，従業者数が1971年から増加傾向にあり，特に農村工業化開始後の1985年から1992年にかけては，従業者数は1,964人から3,000人を超え，事業所数も80事業所から100事業所へと増加した．また製造品出荷額も1985年時点の358億円から1992年には590億円へと上昇し，原材料使用額等，粗付加価値額，有形固定資産年末現在高も上昇傾向にあった．

その後，1992年以降は事業所数・従業者数ともに横ばいとなるが，製造品出荷額は1992年から1997年にかけ590億円から1,516億円へと急増した．また，従業者一人あたり給与額も，1985年の206万円から，1992年には262万円，2001年には350万円程度にまで上昇しており，出荷額の拡大と賃金上昇が併進していた．

ただし，製造品出荷額は1997年をピークに急減し，2012年には162億円とピーク時の９分の１にまで減少，事業所数も67事業所にまで減少している．こうした中，従業者一人あたり現金給与額は300～350万円台で頭打ちし，従業者数は1999年時点の3,027人から2015年には1,283人と半分以下にまで減少している．つまり，五所川原市の製造業の発展期は1980年代後半～1990

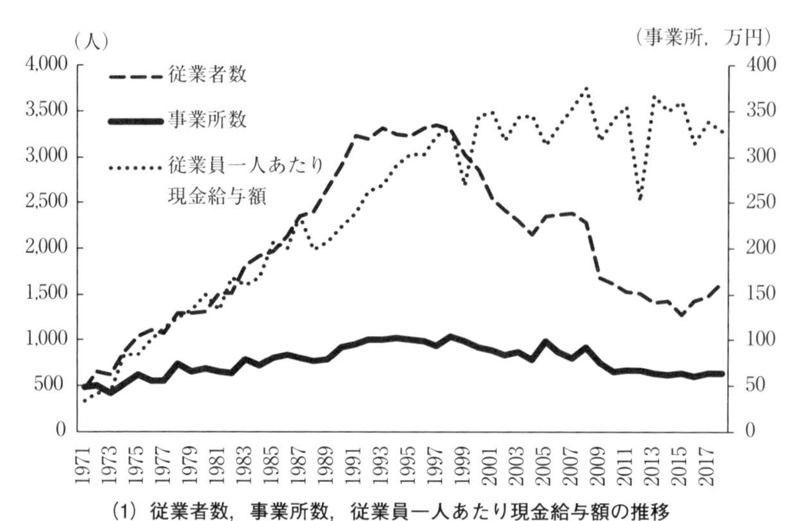

(1) 従業者数，事業所数，従業員一人あたり現金給与額の推移

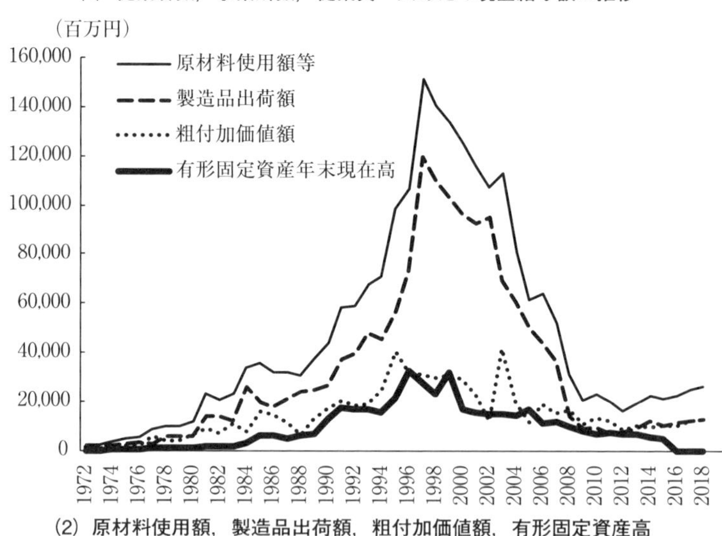

(2) 原材料使用額，製造品出荷額，粗付加価値額，有形固定資産高

図8-1 五所川原市における製造業の動向

資料：『工業統計調査』（経済産業省）より筆者作成.

年代後半までの約10年間という非常に短い期間に限られており，結果，前掲**表8-1**でみたように，2015年時点の男子就業者に占める製造業就業者の比率は東北の中でも低位な水準にとどまっている．

２）対象地域における農業の動向

『農林業センサス』（農林水産省）によれば，2015年時点の五所川原市の総農家数は2,385戸，うち1,963戸（82.3％）が販売農家，自給的農家は422戸（17.7％）であり，これ以外に土地持ち非農家が2,057戸存在する．販売農家のうち専業農家は846戸と全体の43.1％を占め，都府県平均の32.2％を大きく上回る．兼業農家は第１種が424戸（全体の21.6％），第２種が693戸（同35.3％）である．販売農家の減少率は2005-2010年で16.8％，10-15年で18.6％と，都府県並みの減少率を示している．組織経営体数は2015年で35経営体である．

五所川原市の主要な農産物は米とリンゴである．2015年の農業産出額（推計）は98億１千万円であり，米の51億７千万円，果実の32億４千万円の比重が大きい．主食用米は業務用として扱われることが多い，いわゆるB銘柄が多く，品種としては「まっしぐら」や「つがるロマン」が多い．平均反収は高く10俵を超えている．

T集落の地代水準は平均10aあたり３俵[23]，2018年度産まっしぐら（1.2万円/俵）で換算した額は3.6万円/10aである．ただし，償還金の返済は完了しているものの水利費・経常賦課金が７千円/10aかかり，T集落においては通常地主負担であることから，これを差し引いた額は2.9万円/10aとなる．もっとも，2018年時点の田の借賃水準は全国平均で1.1万円/10aであるから（『平成30年農地の権利移動・借賃等調査結果の概要』，農林水産省），水利費等を差し引いてもT集落の地代は全国平均の倍以上と非常に高い[24]．

４．地域労働市場の構造

１）データの整理

図8-2は調査対象地域の賃金構造を男女別に示したものである．世帯員数は男子が58名でうち30名が被雇用者（賃金が判明している，または推計可能がうち27名），女子は59名でうち19名が被雇用者（同17名）であった．上記以外に，別居しているものの五所川原市内に在住する者についても，調査対象地域の地域労働市場の実態を反映していることから，賃金が判明している，あるいは推計可能な者については賃金構造に加えた[25)]．なお，別居している世帯員については，たとえ親元が農家世帯であっても別家計となることから，賃金構造分析では非農家世帯として処理した．また，出稼ぎ労働者は地域労働市場に登場しないが，比較のために図示している．

ここで対象地域の男子単純労働賃金を確認する．『屋賃』の最新年度（2004年）より青森県男子軽作業賃金を年収換算した額は258万円である．とはいえ，このデータは14年も前のデータである．そこでハローワーク五所川原の資料から2017年の常用者求人平均賃金を確認すると，月17.9万円であった．これは中途採用者の初任給の平均にあたるが，賞与を2.5か月分[26)]と仮定した年間所得は260万円となり，先に算出した『屋賃』の年収換算額と大きく変わらない．以上から，本章では258万円を青壮年男子単純労働賃金の上限値として設定する．

２）男子賃金構造

男子賃金構造（**図8-2（1）**）からは，一見して①51～60歳から検出される年収300万円未満層，②41～60歳から検出される450万円以上層，③20～40歳から検出される300万円未満層，④61歳以上から検出される100万円未満層の４層を確認できる．

①は５名であるが，うち４名が非正規雇用である．４名のうち農家世帯員は２名であり，１名は農協の臨時職員として常勤的に就業，もう１名は冬期

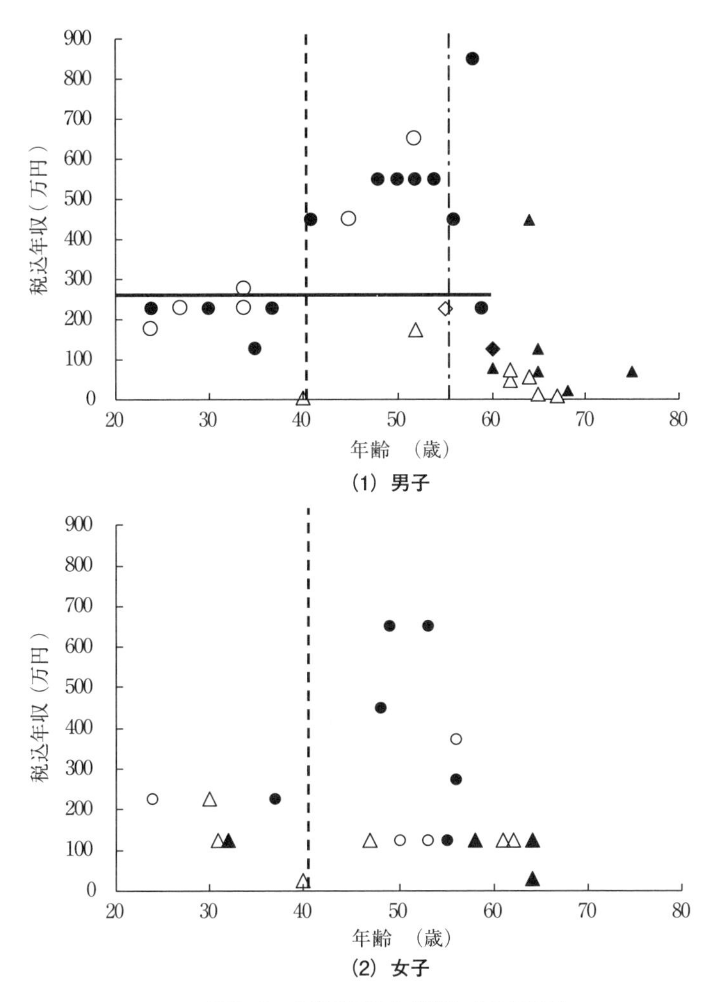

図8-2　T集落賃金構造（2018年）

資料：五所川原市T集落聞き取り調査結果より作成.
注：１）各人の税込年間賃金を13階層の中から選択させたうえで，各階層の中央値を図示した．最低階層は100万円未満であるが，臨時就業者については日給と就業日数の積を算出した.
２）凡例は以下の通り．○…正規雇用者かつ農家世帯員，●…正規雇用者かつ非農家世帯員，△…出稼ぎ除く非正規雇用者かつ農家世帯員，▲…出稼ぎ除く非正規雇用者かつ非農家世帯員，◇…出稼ぎかつ農家世帯員，◆…出稼ぎかつ非農家世帯員.
３）図中の破線は41歳，一点鎖線は51歳，直線は単純労働賃金上限値を示す.

出稼ぎに従事しながら，両者とも年間150日農業に従事している．また２名は非農家世帯員で，１名は出稼ぎ，１名は臨時の測量に従事している．残る正規雇用の１名は市内に他出した非農家世帯員で運送業に従事している．

よって，５名中４名が非正規雇用者かつ出稼ぎ等の古典的不安定就業に従事しているが，農業所得との合算で生計を立てる農家世帯員は２名のみと，もはや「切り売り」的就業形態を層として検出することはできない．ただし，非農家世帯員のうち非正規雇用の２名は，後述のように元々農業所得との合算で生計を立てていた農家が非農家化したケースにあたる．よって，彼らは「切り売り」的就業形態を取っていた最後の世代と解釈すべきである．

②は９名が該当し，全員正規雇用かつ１名を除き勤続年数20年以上である．残る１名も勤続13年で，前職は同業種（測量会社）であった．よって，この層は年功に伴い賃金が上昇した複雑労働賃金層と位置づけられる．また，９名中７名が非農家世帯員である．

③は９名が該当し，うち非正規雇用者は２名であるが，１名は障害者枠で常勤的に働く非農家世帯員であり，１名は基幹的農業従事者である．そしてこの２名を例外的存在とすれば，この層では正規雇用が一般化している．ただし②と異なり，農家世帯・非農家世帯の区別なく，その賃金は200万円付近にプロットされている．

また20～40歳の正規雇用者は９名（うち賃金不明２名）であるが，うち７名（78％）は2015年以降職業移動や雇用形態の転換があった．すなわち，３名は非正規雇用から正規雇用への転換が見られ，理由としては「正規雇用者になる見込みがなかったため転職」，「前職は社会保険がなかったため転職」といったように，就業条件の好転を求めた転職であった．また残る４名のうち，１名は遠方への転勤を命じられたため転職，１名は東京からUターン後に運送業に転職，残る２名は詳細不明である．

よって，この世代の男子正規雇用者は詳細不明な者を除けば会社都合による失業は検出されず，正規雇用への転換や雇用条件の改善を目指した転職といった前向きな変化も見られる．ただし，８割近くで職業移動や雇用形態の変化が見られること自体，この世代の正規雇用者の就業状況が不安定であることを物語っている．

もっとも，彼らの賃金が単純労働賃金の水準にしかないのは，その大半が転職から日が浅い未熟練労働力であることも考慮する必要がある．そこで年功に伴う賃金上昇が望めるであろう30歳代後半の正規雇用者２名の賃金を確認したところ，１名は四大学卒業後に同一の製造業に14年勤続し200万円台前半，１名は2015年以降に転職し100万円台前半であった．よって，30歳代後半であっても１名は非年功型賃金，１名は転職直後で賃金水準が低位という点を鑑みれば，今後，この世代で年功に伴う賃金上昇が一般化する状況を想定することは難しい．

最後に，61歳以上からは農外就業者が10名検出されるが，全員非正規雇用である．うち８名が単純労働賃金上限値よりさらに低い100万円未満で就業し，④層を形成している．また常勤的に就業している者も10名中２名のみであった．

３）女子賃金構造

図8-2（2） は女子の賃金構造を示したものだが，ここでも世代による差が見られる．以下では41～60歳と40歳以下の２つに区切りながら分析する．

41～60歳は12名で，うち正規雇用９名，非正規雇用３名と，正規雇用の比率が高い．しかし正規雇用者の賃金は，100万円台～600万円台と非常に賃金差が大きい．彼女らの賃金は農家・非農家による差はなく，勤務形態も全員フルタイム就業かつ週休１～２日であることから，労働時間の違いも見られない．600万円台の２名は医療関係者であるが，これ以外は職種による賃金差も見られない．以上から，この世代の女子正規雇用者からは医療職等の複雑労働従事者のみ年功賃金が検出され，さらに51～60歳からは100万円台とパート並みの賃金層が検出される点で特徴的である．非正規雇用者はいずれも時短勤務者で，賃金の判明している２名の賃金は100万円台前半である．

なお，この世代で2015年以降に転職した者は55歳の１名のみである．彼女は2018年に勤務先の保育所が閉鎖したため失業し，給食製造業に正規雇用者として再就職している．

次に40歳以下は７名であるが，正規雇用３名（うち賃金判明が２名），非正規雇用４名（同４名）と若干ではあるが非正規雇用者が多い．正規雇用者のうち賃金が判明している２名はいずれも200万円台前半であるのに対し，非正規雇用者は100万円未満～200万円台前半以下にプロットされている．よって，正規雇用者の賃金水準は同世代の男子と変わらないが，その数は男子９名に対し女子３名と，男子の33.3％にとどまる．

また，2015年以降に職業移動がみられた者は３名（42.9％）であるが，2013年にまでさかのぼると５名であった（71.4％）．その理由を見ると，製造業の正規雇用者だったが工場の撤退により失業し接客業に転職が２名，保育園から別の保育園への転職が１名，他地域からUターン後に小売店に就職が１名，製造業下請けパート勤務者が美容関係の職種に正規雇用者として転職予定の者が１名であった．よって，同世代男子と同じく頻繁な職業移動が見られるが，会社都合による失業が見られる点で異なる．

４）今日的低賃金層の検出

以上，男子賃金構造からは単純労働賃金層と年功賃金＝複雑労働賃金層が検出された．うち，51～60歳から検出された単純労働賃金層は「切り売り」的就業形態を取っていた最後の世代であり，雇用劣化によって形成された今日的低賃金にはあたらなかった．一方，20～40歳の単純労働賃金層は農家・非農家問わず正規雇用者で構成されていたが，同じ正規雇用者でも，41～60歳では複雑労働賃金が一般化していた．以上より，対象地域からは，正規雇用者について複雑労働と単純労働への峻別が進む雇用劣化の動きが確認できる．もっとも，これが世代間賃金格差として現象している点で特徴的であるが，その背景には，40歳以下の世代が直面した，全国および対象地域の新規学卒労働市場における大幅な雇用情勢の劣悪化の影響を想定せざるをえない．すなわち40歳以下の世代が新規学卒者（高卒を想定）として地域労働市場に登場する1990年代後半以降は，全国的に雇用劣化が顕在化した時期であると同時に，五所川原市の製造業が縮小局面へと転じた時期と重なるのである．

続いて，20 ～ 40歳の男子正規雇用者の賃金が今日的低賃金にあたるのか否かについて検証する[27]．まず賃金と家計費の関係を確認する．2018年の東北の勤労者世帯（２人以上の世帯）の実支出を確認すると[28]，年間460万円（総務省『家計調査』）であった．よって，複雑労働賃金層の年間賃金400万円台以上はそれのみで家計費の大半が賄える水準にあり，実際にこの層の大半は非農家世帯員であった．対して，単純労働賃金は家計費の約半分に過ぎず，2018年の北海道・東北の単身世帯（うち勤労者世帯）の年間実支出241万円とほぼ一致する．つまり単身家計費の水準に留まるため，青壮年夫婦が家計費を充足するには，妻も同程度の所得額を確保する必要がある．

一方，青壮年女子は41 ～ 60歳からは正規雇用者であってもパート賃金並みの水準の者が検出されたが，20 ～ 40歳の正規雇用者は同世代男子と同水準にあることが確認できた．よって，この世代は正規雇用者として夫婦で共働きをすれば家計費を充足することが可能である．しかし同世代男子と比較し，女子正規雇用者数は約３割にとどまり，会社都合による失業も見られた．つまり，この世代の女子正規雇用者の賃金の下限は上昇する一方，同世代男子と比較し正規雇用者としての就業機会は大きく限られている．

このような状況下，この世代の青壮年夫婦がいかにして家計費を充足しているのかを確認するが，その前に，この世代は農家・非農家問わず同居青壮年夫婦の存在自体がマイナーであることを指摘しなければならない．**表8-2**は調査対象世帯の20 ～ 40歳の子弟の動向を示したものである．これをみると，調査対象のうち20 ～ 40歳の成人の動向を聞き取れたのは農家11戸，非農家12戸であるが，このうち青壮年夫婦が同居するケースは農家で２戸（18.2％），非農家で２戸（16.7％）にとどまる．

この青壮年夫婦４組の家計費の分担状況を子細にみると，農家２組のうち

表8-2 40歳以下の子弟の動向

（単位：戸）

	調査対象世帯計	同居・他出計	同居		他出		未成年	不明・不在
			夫婦	単身者	市内	市外		
農家	19	11	2	5	1	3	3	5
非農家	17	12	2	5	1	4	1	4

資料：図8-2に同じ．
注：1）40歳以下の同居者・他出者いずれもいる世帯については，同居者の状況を優先して分類した．
2）表頭「未成年」は，同世帯の40歳以下の子弟に未成年しかいない世帯である．

1組は専業農家で，夫婦ともに基幹的農業従事者であり，農外賃金と農業所得との合算を問題としていないが，聞き取りから家計費は家で一括して管理していると回答している．もう1組は正規雇用共働きであり，夫婦ともに自家農業への従事はない．また非農家のうち1組は正規雇用共働き，1組は男子が正規雇用，女子は専業主婦である．よって後者は賃金所得のみで家計費を充足できないが，非農家ゆえに農業にも従事できないことから，同居する親の年金所得等との合算で生計を立てていると考えざるをえない．

よって，この世代からは男子常勤者とパートおよび農業に従事する妻で構成される青壮年夫婦は検出されず，また夫婦共働きにより家計費を均等に分担しながら充足するケースも農家と非農家1組ずつ（2戸/23戸，8.7%）のみであった．つまり，女子の農業従事により農業所得と合わせ家計費を充足するケースも，正規雇用共働きにより同額の賃金所得を稼得しながら家計費を充足するケースもマイナーである．しかしながら，青壮年夫婦のみで家計費を充足せず，同居する親世代と家計費を共にするケースも農家・非農家から1組ずつ（2戸/23戸，8.7%）しか検出されなかった．むしろこの世代で強調しなければならないのは，同居者に単身者が多く，かつ市外への他出が進んでいる点である．すなわち単身者が同居する世帯の比率は農家で45.5%，非農家で41.7%，市外へ他出した比率は同27.3%，33.3%と，いずれも青壮年夫婦同居率よりも高い．

以上のように，ここでは農家・非農家ともに，単身者化・晩婚化や他出などの形態を取りながら，当該地域労働市場内で次世代含めた労働力再生産自体を回避する傾向が強い．つまりは労働力再生産に支障を来たしている以上，この世代の男子単純労働賃金は，労働力再生産費を充足できる水準にはない今日的低賃金であると判断せざるを得ない．ここでは，「半周辺＝東北型」移行地域において今日的低賃金が層として検出される地域労働市場構造の賃金構造類型を「北東北型地域労働市場」と規定する．

なお，61歳以上の高齢者は就業形態が臨時かつ賃金所得100万円未満が大半であった．高齢者は年金等，賃金以外にも考慮すべき所得があるため，上記の点は必ずしも高齢者の農外就業機会が限られることを意味しないが，少なくとも農家・非農家に関わらず常勤者が少ないことは指摘できる．そしてこのことが，のちに見るように高齢者の農業への関わり方にも大きく影響しているのである．

５．就業構造と農業構造

１）分析にあたって

続いて，就業構造と農業構造の関係について分析を行う．

表8-3は調査対象世帯の一覧を，**表8-4**は農家経営の詳細を示したものである．前節までの分析から，世代によって賃金水準が異なる点を踏まえつつ，世帯員を男子の年金受給額が満額となる66歳以上[29]を第１世代，今日的低賃金層が検出される20～40歳を第３世代，これ以外の41～65歳を第２世代に分類した．

また40歳以上は賃金が重層化していた点を踏まえ，第２世代男子（不在の場合は第１世代男子）の青壮年期の就業状況に応じ[30]，調査対象世帯を次の４つに類型した．すなわち，基幹的農業従事者（ただし青壮年期に正規雇用者であった場合を除く）である世帯をⅠ型，非正規雇用者である（あるいはあった）世帯をⅡ型，正規雇用者である（あった）世帯をⅢ型，農業以外の自営業従事者をⅣ型とした．Ⅰ型は６世帯，Ⅱ型は11世帯，Ⅲ型は15世帯，Ⅳ型は４世帯である．世帯番号は経営耕地面積規模順（経営耕地がない場合

表 8-3 T集落調査対象世帯一覧

類型		世帯番号	経営耕地面積(a)	うち借地(a)	貸付地(a)	所有地面積(a)	2000年以降の購買農地(a)	第1世代 男	第1世代 女
Ⅰ型	農家	1	1,525	880	0	645	147	67A役	62A
		4	720	300	0	420	140	75A	71A
		5	720	0	0	720	470		
		6	650	180	0	470	100		86F
		7	507	48	0	458		86A	80A
		15	280	102	0	178		79B	76B
Ⅱ型	農家	9	458	198	0	260			80B
		10	440	0	0	440		81B	76B
		14	284	91	0	193		90C	85C
		16	237	9	0	228	17		
		17	230	95	0	135		80E	75E
		19	65	0	0	65		81D	
	非農家	22	4		70	74			82
		25	0		150	150			
		27	0		100	100	-20		86
		28	0		92	92		75非	70
		34	0		0	0	-56		
Ⅲ型	農家	2	913	607	0	306		72A	71A
		8	493	255	0	238	10	67A非	64A
		11	400	0	0	400		77F	73A
		12	330	0	0	330			85F
		13	291	0	0	291			87B
		18	80	0	0	80	-25	78C	75C
	非農家	20	10		130	140		75	70
		23	4		198	202			84
		24	0		191	191		67	64非
		26	0		106	106		68非	61
		29	0		50	50			83
		30	0		30	30			75
		32	0		12	12			
		35	0		NA	NA			
		36	0		0	0	-130	72	69
Ⅳ型	農家	3	887	0	343	1,230		78C自	76C
	非農家	21	5		23	28		80自	81自
		31	0		27	27		79自	
		33	0		0	0	-2		

資料：図8-2に同じ.
注：1）空欄は該当なし，「NA」は存在するがデータなしを意味する.
　　2）表頭「2000年以降の購入農地」のうち，マイナスの表示は売却を意味する.
　　3）表頭「就業状況」の数字は年齢，アルファベットは農業従事日数（A…200日以上，B…150～199日，C…60～149日，D…30～59日，E…29日以下，F…なし），漢字表記は農外就業状況（正…正規雇用者，出…出稼ぎ，非…出稼ぎ以外の非正規雇用者，役…役員）を意味する．また下線は世帯主，括弧内は未成年.

就業状況				その他世帯員	他出者	農業後継者
第2世代		第3世代				
男	女	男	女			
				89F	37男，34女，32女	×
		40A非	40B非	（10女，7女）		◎
56A	58A	28A			33E男	◎
61A	60A				33E男正	○
49A	49A			（17男）	（18男）	-
					49女，47男正	×
55B出	53F正			（18男）		-
					52D男正，50D男正	○
62C非	56F正	27E正		32F女正	34女	×
65A役	61C非	34E正			?女	?
52A非	50C正	24E正	24E正	（18男，1男）		?
					59E男正，54女正，50女非	×
60出	58非		25正		*24男正*	
	63				?女	
60非					28男正，25男正，22男正	
					55女，52女	
65非	60	30正			32女	
45D正	44E			（10男）		?
					43E男正，39E男正	?
52D正	47E非		20F		23男	?
64A役	62E非	34E正		30F女非	32女	?
62B非	60C				31男	×
50F正					*53女*	×
					48男正	
56正	55正				23女，20男	（○）
		35正	37	（5男）		
		38		34男非		
58正	53正			（17男）		
54正	56正		32非		28女正，21女正	
65非	62自	37正	37正	（8女，1男）		
64非	64非				*41男正，32女*	
				90女		
					53E男正，*48F正女*	?
59自	56自		27		23女	

4）表頭「就業状況」について，同世代の男女に記載している場合は夫婦である．また夫婦で世代区分が異なる場合は，男子のものに合わせた．同世代に夫婦を除く複数名の世帯員が存在する場合，男子，高齢の者を優先的に記載し，それ以外は「その他世帯員」に記載した．

5）表頭「他出者」は聞き取れた範囲内の他出者を表記した．数字は年齢，アルファベットは農業従事日数（凡例は3）に同じ．市内在住者はイタリック体），漢字表記は農外就業状況（凡例は3）に同じ）を示す．農業従事日数および農外就業状況については聞き取れた者のみ表記した．

6）表頭「農業後継者」の凡例は以下の通り．◎…農業後継者がすでに就農，○…農業後継者が存在，×…農業後継者不在，？…農業後継者が確定していない・不明，－…後継者世代が未成年．

表 8-4　T 集落調査対象農家営農状況一覧

類型	世帯番号	土地利用型作目作付面積（a）			ハウス	
		主食用米	加工用米・備蓄用米	その他	のべ面積（㎡）	棟数（棟）
Ⅰ型	1	629		麦 864	350	3
	4	510	200		2,318	8
	5	350	338		2,095	7
	6	290		WCS130	505	7
	7	237		麦 216	2,416	10
	15	168		麦 97	339	4
Ⅱ型	9	242		麦 191	120	2
	10	200	160			
	14	132	150		528	4
	16	109		麦 107	NA	2
	17	230				
	19	38	27			
Ⅲ型	2	295	295	不明 373	486	5
	8	261	56	麦 162	496	3
	11	194	76	麦 90	NA	4
	12	100		麦 220		
	13	166		麦 125	135	1
	18	70			300	1
Ⅳ型	3	390		麦 100，大豆 428	165	1

資料：図8-2に同じ．
注：１）空欄は該当なし，「NA」は存在するがデータなしを意味する．
　　２）表頭「園芸作物」は特に断りのない限りハウス栽培である．

は貸付面積順）に振り，１～19番が農家，20～36番が非農家である．

２）各類型の特徴

(1)　Ⅰ型

Ⅰ型は専業農家６戸で構成される．経営耕地面積は５ha以上，全農家で借地または2000年以降100a以上の農地購入があり，最大規模は１番の15haである．いずれも稲作と園芸作に取り組む複合経営であるが，4,5,7番はハウス規模が2,000㎡を超える施設園芸中心の農家である．

世帯員の年間農業従事日数は4番の第3世代女子，15番の第1世代夫婦が150～200日であり，これ以外は200日を超えている．またⅠ型は全類型で唯一第３世代の基幹的農業従事者が検出されるが，いずれも施設園芸中心の農家２戸であり（4,5番），それぞれ３haの拡大意向を示している．一方，T集落最大規模の１番は農業後継者を確保できておらず，今後の営農も現状維

園芸作物	機械（台）			今後の意向
	トラクター	田植機	コンバイン	
セロリ2棟，ホウレンソウ1棟，露地レタス20a	3	1	1	→
キュウリ13.2a，トマト2.3a，ホウレンソウ8.3a	2	1	1	↑
キュウリ70a，ほかコマツナ，ホウレンソウなど	2	1	2	↑
キク7棟	2	1	1	→
トマト・キュウリ10棟，露地野菜30a，リンゴ20a	3	1	1	→
キュウリ1.3a，露地ホウレンソウ	1	1	1	↓
露地ネギ10aほか	1	1共	1	→
	1	1	1	→
ホウレンソウ1棟	1	1	1	→
	1	1共	1共	→
	1	1共		↑
	1			↓
	2	1	1	→
キュウリ3a	2	1	1	→
	1	1	1共	→
	1	1	1	→
	2	1	1	→
	1	1		↓
	2	1	1	→

3）表頭「機械」のうち，「共」とあるのは共同所有を意味する．
4）表頭「今後の意向」の凡例は以下の通り．→…現状維持，↑…規模拡大，↓…規模縮小．

持と回答している．もっとも，1番も2015年に娘夫婦（30歳代）が新規就農を試みたことがあったが，早々に兼業への深化を強め，9か月程度で就農を断念し，調査時点では他出している．

残る3戸のうち，6，7番は現状維持意向だが，6番は他出した息子（31歳）が定年後に農業を継ぐと回答している（7番は後継者が未成年のため不明）．15番はⅠ型で最も規模が小さく，農業後継者不在で規模縮小意向を示している．

(2) Ⅱ型

Ⅱ型は11戸中6戸が農家である．経営耕地面積は19番以外230～458aであり，農家によっては1ha前後の借地が見られるが，2000年以降の農地購入は16番が17a購入したのみで，園芸作への取り組みも9，14番の2戸に限られる．

世帯員の年間農業従事日数は16，17番の第２世代男子が200日以上で，これ以外は200日未満である．第２世代女子の農業従事日数は150日未満で，16番以外正規雇用者である．また第３世代の農業従事日数は30日未満と非常に限定的である．以上のようにⅠ型よりも世帯員の農外就業への傾斜が強いが，一方で２ha未満かつ唯一離農意向を示す19番を除き，第２世代男子の農業労働力もしくは農業後継者を確保している．すなわち，9，14，16，17番は調査時点で50歳代～60歳代前半の第２世代男子が農業の中心であり，10番も市内に他出した52歳の息子が定年後に帰農する意向を示している．

さらに，一部で上向展開を目指す動きも見られる．17番第２世代男子（52歳）は非正規常勤者，その妻は正規雇用者として農外就業に従事しているが，両者の賃金所得を合算しても300万円程度しかない．そのため，「農業がなければ生活ができない」と回答するとともに，５haの規模拡大意向を示している．16番は第２世代女子（61歳）がパートを辞め，野菜作を始める意欲を示している．

次に非農家は５戸であるが，うち４戸（22，25，27，28番）は第１・２世代男子が青壮年期から出稼ぎや日雇いの土建業等に従事していた（ただし25番男子は調査時点で死亡）．残る１戸（34番）は元々正規雇用者だったが労働条件の劣悪化によりこれを退職し，2017年から農園でアルバイトをしている．彼らは2000年代以降農地を貸付・売却しているが，その理由をみると，夫の死亡（25番），母親の介護（27番），農業機械の故障と高齢化（28番），持病持ち（34番）等を挙げている（22番は不明）．よって彼らは決して経済的に余裕があるわけではないものの，高齢化・介護・病気等の労働力不足から非農家化に至ったケースと位置付けられる．

(3) Ⅲ型

Ⅲ型は第２世代男子（不在の場合第１世代男子）が青壮年期に正規雇用者であった世帯である．この世代の正規雇用者は複雑労働賃金が一般化していたことから，青壮年期は必ずしも農業所得を必要としない類型だが，15戸中

６戸が農家である．

農家の経営耕地面積は18番以外291a以上，借地は2番が607a，8番が255a取り組んでいるが，2000年以降の農地購入は８番が10aを購入するのみで，複合部門も8番がキュウリに取り組むのみである．また規模拡大意向のある農家も見られない．

ここで就業構造に着目すると，8，12，13番は定年後に帰農したケースであり，うち12，13番は第２世代男子が農業の中心である．8番は第１世代が農業の中心だが，市内に他出した長男（43歳）が農業後継者候補である．2，11，18番は第１世代が農業の中心であるが，2，11番は同居する第２世代男子（正規雇用）が年間30～60日農業に従事しており，11番は定年後農業後継者としても確定している．よって，少なくとも半数が第２世代男子の農業労働力ないし農業後継者を確保しており，全くあてが無いのはⅢ型で唯一離農予定と回答している２ha未満の18番のみである．なお，第２世代女子は非正規雇用者のみであり，農業従事日数は13番を除き30日未満，第３世代も同30日未満と限定的である．

次に非農家は９戸である．彼らは青壮年期に必ずしも農業所得を必要としないことから非農家化したと説明できるが，一方で23番の第２世代男子（56歳）は定年後に農業を再開する意向を示している．23番は元々土日に農作業をしながら農業を維持していたが，手が足りず2008年に相対で198aを貸し付けた．自給用の農地面積が４aあることから，予定通り帰農すれば２ha規模の定年帰農者となる．一方，26番第３世代男子（38歳）は無職者であるが，親が1998年に所有地をすべて貸し付けており，本人に農業従事経験が欠如していることもあってか，農業再開の意向は示していない．

（4）Ⅳ型

自営業者で構成されるⅣ型は４戸であるが，農家は3番のみである．経営耕地面積は887aと全農家中３番目に大きいが，世帯主夫婦は70歳代と高齢化しており，農業従事日数も60～149日にとどまる．また労働力不足から343a

の農地を貸し付けている．世帯主は自営する建設会社の代表取締役会長であり，調査時点でも役員として複雑労働賃金を超える水準の役員報酬を得ている．よって農業所得は必要ないが，他県に他出した息子（53歳）に定年後農業を継いでもらうために営農を継続しているとのことであった．残る３戸の非農家は所有地が30a未満と非常に小規模であり，商店や建築関係等の自営業に専念している．総じて，Ⅳ型からは農業所得をあてにしたケースは見られない．

3）農業構造と高地代の影響

以上，T集落では専業農家で構成されるⅠ型のうち施設園芸中心の農家で第３世代の農業労働力を確保していたが，これ以外の農家については第３世代の農業従事は限定的であった．またⅡ型で労働力不足，Ⅲ型は複雑労働への従事，Ⅳ型は自営業の専念を背景とした離農が進展するとともに，２ha未満の農家についても離農意向が見られた．よって，T集落では離農をベースとした農業構造変動の進展が確認できるが，これは青壮年女子の農外就業機会の拡大に伴う低賃金の解消過程の中で生じているわけではない．低賃金層が検出される中で生じているのである．今日的低賃金が兼業農家の自営農業維持と結びつかないのは，前節で明らかにしたように，今日的低賃金層を形成する第３世代は次世代を含めた労働力再生産自体を回避する傾向にあることによるものである．

もっとも，なぜ集落内最大規模の専業農家でさえも今日的低賃金にあえぐ第３世代を農業に取り込むに至っていないのか，という点は依然疑問として残る．これは次に見るように，専業農家以外の類型で離農が進む一方，経営耕地面積２ha以上の経営については第２世代男子労働力を確保する傾向にあり，これが農地の貸し手市場形成に結びついていることが背景にある．

すなわち，「切り売り」的就業形態を取っていたⅡ型農家の大半は第２世代の男子農業労働力を確保しており，中には農業での上向展開を図るケースも検出された．またⅢ型も定年帰農をベースとしながら，少なくとも半数が第２世代の男子農業労働力ないし農業後継者を確保していた．さらには非農家世帯員からも定年帰農の意向を示すケースが検出されるとともに，Ⅰ，Ⅱ，Ⅳ型からそれぞれ１戸ずつ，定年後のUターン就農の可能性が示唆された．

ここでT集落における農地の需給動向を確認すると，Ⅰ型の4，5番（それぞれ＋３ha），Ⅲ型の17番（＋５ha）の３戸が拡大意向を示しており，総需要面積は11haに及ぶ．一方，規模縮小・離農意向を示すのは15，18，19番であるが，彼らがすべての農地を放出したとしても合計面積は425aにとどまる．よって，直近で農地市場に供給されるであろう農地は需要の38.6％しか満たせないことから，貸し手有利の市場であると言わざるをえない．

さらにこのことは高地代構造を引き起こし，借り手の農業所得を大きく圧迫している．以下，農業所得と自家労賃評価の関係からこの点を詳細に検討する（**表8-5**）．自家労賃評価と比較する際の指標として，青壮年男子の単純労働賃金の上限値である258万円を時給換算した1,152円，当該地域における複雑労働賃金の下限となる400万円を時給換算した1,786円を用いる．

ケース①は自作地５ha規模の専業農家の農業所得を2018年度産米（１俵12,000円）について試算したものである．これをみると，(3) 自作地５haの時間当り農業所得は2,696円と複雑労働賃金の下限を大きく上回るが，総農業所得（1）は241万円と単純労働賃金上限値相当にとどまる．ここで，この農家が新たに第３世代男子を基幹的農業従事者として確保しようとする場合，最低でも彼らの農外での機会費用にあたる単純労働賃金相当の農業所得を実現する必要がある．そして土地利用型農業のみでこれを実現するには，新たに13.4haを借地しなければならない[31)]．もっとも貸し手市場にある中でこの規模の借地を行うことは容易ではないが，仮に借地ができた場合 (4)，自作地＋借地の時間あたり農業所得 (9) は1,518円と単純労働賃金を上回る．しかし，借地のみの時間あたり農業所得 (6) は1,078円と単純労働賃金の下限を下回る．さらに米価が１俵あたり10,000円にまで下がった2017年度産米で試算すると（ケース①'），借地の時間あたり農業所得 (6') は715円と2018年の青森県最低賃金（762円）をも下回り，自作地＋借地の時間あたり農業所得も

表8-5　自作地・借地別農業所得試算結果

（単位：円，時間）

	ケース① 2018年度 自作地 5ha	ケース① 2018年度 借地 13.4ha	ケース①' 2017年度 自作地 5ha	ケース①' 2017年度 借地 13.4ha	ケース② 2018年度 自作地 2ha	ケース② 2017年度 自作地 2ha	ケース③ 2018年度 自作地 1.5ha	ケース③ 2017年度 自作地 1.5ha
収入　品代　主食用米	3,360,000	9,004,800	2,800,000	7,504,000	1,344,000	1,120,000	1,008,000	840,000
転作	1,650,000	4,422,000	1,375,000	3,685,000	660,000	550,000	495,000	412,500
助成金	704,000	1,886,720	914,000	2,449,520	281,600	365,600	211,200	318,300
合計［a］	5,714,000	15,313,520	5,089,000	13,638,520	2,285,600	2,035,600	1,714,200	1,570,800
支出　水利費・経常賦課金	350,000	0	350,000	0	140,000	140,000	105,000	105,000
物財費	2,948,100	7,900,908	2,948,100	7,900,908	1,407,800	1,407,800	1,162,770	1,162,770
地代	-	4,824,000	-	4,020,000	-	-	-	-
合計［b］	3,298,100	12,724,908	3,298,100	11,920,908	1,547,800	1,547,800	1,267,770	1,267,770
農業所得［c=a-b］	2,415,900 (1)	2,588,612 (4)	1,790,900 (1')	1,717,612 (4')	737,800 (10)	487,800	446,430	303,030
投下労働時間［d］	896 (2)	2,401 (5)	896 (2')	2,401 (5')	527 (11)	527	407	407
時間あたり農業所得（円/時）［e=c/d］	2,696 (3)	1,078 (6)	1,999 (3')	715 (6')	1,401 (12)	926	1,096	745
自作地＋借地								
総農業所得［f=c①＋c②）］	5,004,512	(7)	3,508,512	(7')				
投下労働時間［g=d①+d②）］	3,297	(8)	3,297	(8')				
時間あたり農業所得（円/時）［h=f/g］	1,518	(9)	1,064	(9')				
貸した場合								
地代収入（i）					720,000	600,000	540,000	450,000
水利費・経常賦課金支出（j）					140,000	140,000	105,000	105,000
地代所得（k=i-J）					580,000	460,000	435,000	345,000
農業所得と地代所得の差（l=c-k）					157,800	27,800	11,430	-41,970

資料：聞き取り調査，「水田活用の直接支払交付金単価表」（五所川原市役所資料），『平成30年度農産物生産費調査』（農林水産省）より筆者作成．

注：1）転作率は，五所川原市全体で2017年度は46.3%，2018年度は40.8%であったため，間を取り44%とした．

2）1俵あたりの品代は，主食用米（まっしぐら）は2018年度産で12,000円，2017年度で10,000円，加工用米（まっしぐら）は2018年度産で7,500円，2017年度産で6,250円とした（聞き取り調査より）．

3）助成金は「水田活用の直接支払交付金単価表」より，2017年度，2018年度ともに加工用米は32,000円/10a，主食用米は2017年度のみ7,500円/10aとした．

4）単収は聞き取り調査の平均収量を参考に，米（まっしぐら）で10.0俵とした．

5）聞き取り調査より，水利費・経常賦課金は7,000円/10a，地代は3俵/10aとした．水利費・経常賦課金は通常地主負担であることから，借地の場合は除外している．

6）物財費，投下労働時間は『平成30年度農産物生産費調査』の東北の値を参照した．物材費は土地改良費及び水利費を除外した値を用いた．ケース①，ケース①'については5ha以上規模，ケース②は2～3ha規模，ケース③は1～2ha規模の値を参照した．

7）農地を貸し付けた場合の地代収入は一律で10aあたり3俵とした．

1,064円（9'）と単純労働賃金の上限値を下回る．

以上のように，時間あたり農業所得について，借地は自作地のそれを大幅に下回っており，米価によっては自作地＋借地でさえも単純労働賃金を割ってしまう状況にある．これはT集落の10aあたり３俵という高地代に起因するが，こうした中では第３世代男子は正規雇用としての農外就業機会が開けている以上，大規模借地農業経営の展開を目指すよりも農外就業を選択することになる．

一方，「切り売り」的就業形態を取るⅡ型の17番世帯主（52歳）は５haの規模拡大を希望していた．彼は非正規雇用者であることから賃金上昇は見込めず，年収も150～199万円，時給換算すると670～888円に過ぎない．つまり彼の自家労賃評価は最低賃金の水準にしかなく，ゆえに米価が2017年度の水準まで低下しても借地を拡大する判断が働きうる．

次にケース②は所有地２ha以上のⅢ型で定年帰農が盛んであったことを踏まえ，２haの自作地で稲作に取り組む農家の農業所得を試算したものである．その総農業所得（10）は2018年度産米で73.8万円だが，時間あたり農業所得（12）は1,401円と単純労働賃金上限値を上回る．ただし，2017年度産で試算した時間あたり農業所得は926円と単純労働賃金を下回るが，最低賃金は上回る．

なお，自作した場合と貸し付けた場合の所得差は，２ha規模では2018年度産米で15.7万円，2017年度産米の場合は2.8万円程度自作地で得られる所得が高い．よって，労働力投下の機会が限られ，さらに昨今の年金受給開始年齢の段階的な引き上げもある高齢者にとって，２ha以上の自作地を有する場合であれば，自家農業は貴重かつ割のいい就業機会であるとともに，貸し付けるよりも自作することで少しでも多く所得を確保することを目指すこととなる．

一方，1.5ha規模で自作した際の農業所得と貸し付けた際の所得差を見ると（ケース③），2018年度産米では自作した場合の所得の方が1.1万円高いが，2017年度産米では農地を貸し付け地代を得る場合の所得のほうが自作する場合よりも4.2万円高い．よって，２ha未満の場合は米価によっては自作するよりも貸し付けた場合に得られる所得が多く，貸し付けする判断が働くことになる．

以上，Ⅱ型からは自家労賃評価が最低賃金水準にあることから，追加借地分の時間あたり農業所得が最低賃金水準まで低下しても拡大意向を示すケースが検出されることを示した．またⅢ型は高齢者の農外就業機会の乏しさから，２ha以上の自作地を有するのであれば自家農業は貴重かつ割のいい就業機会として位置づけられることを明らかにした．しかし農地市場にとって，前者は高地代下での借地需要を下支えし，後者は所有地面積が大きい農家ほど離農が抑制される状況に繋がる．結果，これが貸し手市場および高地代構造を引き起こし，大規模な借地展開によって第３世代男子が求める自家労賃相当の農業所得を実現することを困難としていたのである．

なお，施設園芸をメインとした農家の一部では第３世代の農業後継者を確保することに成功していたが，園芸作は土地利用型農業と比較し，単位面積当りの収益性が一般に高く，地代負担の影響を相対的に弱めつつ農業所得向上と後継者への就業機会の確保が可能となる．このことが，高地代構造下にも関わらず第３世代の基幹的農業従事者確保に成功している背景にあるといえよう．

６．結論

本章では，「半周辺＝東北型」移行地域の「北東北」に位置する青森県五所川原市T集落を対象としながら，地域労働市場構造の実態，とりわけ今日的低賃金層が検出されるか否かを明らかにした上で，地域労働市場構造が農業構造の展開に与える影響を明らかにすることを課題とした．

分析の結果，対象地域における男子賃金構造から「切り売り労賃」層は検出されなかったが，50歳代からはなお出稼ぎや臨時就業などの古典的な不安定就業者層が検出された．一方，正規雇用者は，41～60歳については年功賃金=複雑労働賃金が一般化していたが，20～40歳では単純労働賃金が一般化し，就業状況も不安定という雇用劣化の動きが確認できた．なお，「切り売り」的就業形態を取る世代が地域労働市場から完全に退出するより前に雇用劣化が進展していることから，当該地域では複雑労働賃金の一般化は経なかったものと考えざるをえいない．

もっとも，20～40歳の青壮年女子正規雇用者の賃金は同世代男子と同水準にあり，夫婦で正規雇用者として共働きをすれば家計費が充足可能であったが，青壮年女子の正規雇用者としての就業機会は同世代男子よりも大きく限られていた．こうした中，農家・非農家に関わらず，この世代は単身者化・晩婚化や市外への他出など，当該地域労働市場内で次世代を含めた労働力再生産自体を回避する傾向にあった．以上から，この世代の男子単純労働賃金は，雇用劣化により形成され，十分な労働力再生産費を支払われていない今日的低賃金であると結論づけるとともに，これが層として検出される地域労働市場構造の賃金構造類型を「北東北型地域労働市場」と規定した．

そして上記の点は農業構造に対し次のように作用していた．すなわち，今日的低賃金層を形成していた20～40歳の農家世帯員は，施設園芸中心の専業農家を除き農業従事は限定的であり，農家層全体としても，経営耕地面積２ha未満の農家が非農家化する形で農業構造変動が進展していた．つまり，今日的低賃金はかつての特殊農村的低賃金のように兼業農家による自営農業維持とは結び付かず，農業構造変動の進展に結びつくという，従来の地域労働市場論では指摘されなかった新たな現象が明らかになった．

しかし一方で，青壮年男子農家世帯員に複雑労働賃金の一般化が見られた「中心＝近畿型地域労働市場」移行地域や，茨城県や福島県で確認された夫婦共働きによる価値分割的な労働力再生産費稼得の一般化をベースとした低賃金の解消が見られた地域のように，構造変動に伴う特定経営体への農地集積といった現象はみられなかった．すなわち，専業農家以外から，青壮年期に「切り売り」的就業形態を取っていた50歳代～60歳代前半の農業労働力を確保する経営耕地面積２ha以上の農家層が検出されたが，彼らの中には自家労賃評価が最低賃金の水準にしかなく，追加借地分の時間あたり農業所得が最低賃金の水準に低下した場合も規模拡大意向を示すケースが検出された．また青壮年期に複雑労働に従事していた者も，退職後は高齢者を対象とした農外就業機会が乏しい中，２ha以上の所有地を有する場合は活発な定年帰農の動きが見られた．

以上のように，「北東北型地域労働市場」のもとでは，農業構造変動自体は進展するものの，単純労働賃金よりも更に自家労賃評価が低い50歳以上の男子農業労働力（候補）を有する農家層が形成されており，これが貸し手市場および高地代構造の形成に結びついていた．結果，専業農家であっても，借地拡大により今日的低賃金にあえぐ20～40歳男子の自家労賃評価にあたる単純労働賃金相当の農業所得を実現することは困難となっていた．

もっとも，今後高地代下での借地需要を下支えしていた世代（「切り売り」的就業形態を取っていた世代）の高齢化とともに地代は低下することが予想されるが，高齢者を対象とした農外就業機会の拡大が見込めない限り，自作地規模の大きい農家ほど定年を機に帰農する動きは当面継続することが予想される．よって，特定の経営体へ一手に農地が集積する状況を想定することもまた当面困難である．従来指摘されてきた東北における農地集積の困難性や圃場分散等の問題も，「北東北」に該当する地域については，本章で明らかになった「北東北型地域労働市場」を背景としながら生じているのである．

なお，「半周辺＝東北型」移行地域の中でも「北東北」の定義に当てはまらず，山形県，福島県にも属さない東北地域の実態および農業構造との連関についてはさらなる実態調査研究が必要である．また，若年層を中心とした今日的低賃金層の形成や，他出や単身者化に伴う直系重世代家族構成の解体といった問題は，農業のみならず農村社会全体としても看過できない問題であるが，その影響は本章の課題を超えるものである．今後の課題としたい．

注

１） 初めてこれを指摘した研究は，野中（2009）．

２） 総務省『労働力調査』によれば，雇用者に占める非正規雇用の割合は2004年に３割を超えた．雇用劣化の実態については，伍賀（2014）．農業経済学で雇用劣化に初めて触れたのは，山崎・氷見（2019）．

3）青壮年男子に限定するのは，女子は1980年代以前より農村部・都市部に関わらずパート等の低位な賃金水準で雇用されていたためである（友田1996）．

4）たとえば橋本（2019），本書第４章参照．

5）調査ができなかった４戸はいずれも非農家世帯で，うち２戸が調査拒否，２戸は連絡がとれなかった．

6）統計は農業に関するものも含め，調査時期である2018年以前のものを参照する．

7）労働力再生産費を充足できない労働者層の存在は，階級としての労働者が量・質ともに同じ労働力を再生産することが不可能な状況に結びつく以上，資本制社会の存続を脅かすものである．しかし，外国人労働力の導入，移民などを通じ，国外から不足する労働力を充填することが可能な限り，国内に労働力再生産が困難な労働者層が形成されても，これが即座にその国の資本制社会の存続を脅かすことにはならない．

8）2015年『国勢調査』（総務省）によれば，18歳未満の子供及び夫婦のいる一般世帯のうち，核家族世帯の比率は全国で86.4％，三世代世帯は13.3％であった．対して，本章の対象地域である五所川原市は同66.1％，33.5％であった．よって五所川原市は，子育てをしている夫婦のいる一般世帯のうち，核家族世帯の比率が全国平均と比較し低位であるが，三世代世帯より核家族世帯のほうが多い点は同様である．ゆえに，労働者は一般に労働力再生産を行うにあたり，核家族世帯の家計費を充足するだけの賃金所得を求めることになる．よって，子のいる核家族の勤労者世帯の家計費を次世代含めた労働力再生産費の統計上の指標とした．

9）田代による地域労働市場にかかわる一連の議論は，山崎（1996）pp.6-25で整理されている．

10）実態については，曲木（2016a），本章第４章参照．

11）年間就業日数は１年間の労働日数の限度である280日と仮定した．以下同様．

12）『労働力調査特別調査』（総務省統計局）によれば，雇用者である夫婦の世帯（「世帯男子雇用者と無業の妻からなる世帯」＋「雇用者の共働き世帯」）のうち，1980年時点の共働き世帯は35.5％であったが，以降共働き世帯の比率は年々上昇し，1997年には50.7％と逆転，2017年には65.0％に達している．

13）価値分割概念は低賃金と結びつけて用いられる場合もある（例えば，氏原

(1966))．しかし本章では，価値分割を単に労働力再生産費を複数員家族によって確保する概念として用いる．

14) 2010年代に入り，かつて「近畿型」への展開が確認された地域でも青壮年男子から非年功賃金層，単純労働賃金層が再現する雇用劣化の動きが確認されているが，ここでも低賃金は議論されていない．氷見（2020）および澁谷（2022）参照．

15) もっとも，このような簡易化が可能なのは，調査対象に青壮年女子のみかつ未成年の子を有する世帯が検出されないためである．

16) 「…東北の農村は進展の差を含みながら，第２図（女子の就業機会が限られる中，低水準な男子常勤賃金層が検出される地域労働市場：曲木）のような強固な兼業滞留構造（を引き起こすような状態：曲木）を始点，第４図（妻との所得を合算することにより家計費を充足することができる地域労働市場：曲木）のような兼業滞留の必要性がない状態を終点とする変化の途上にあると考えられる」（野中2018b，p.224）．

17) 「東北における企業進出や女子の就業機会の拡大は，短期間でドラスティックに展開するとは考えにくい．…それゆえ，東北の農村は第２図の滞留から第４図の離農条件に向かって変化しているといっても，昭和一ケタ世代のリタイアにともない劇的に変化した兼業深化地域に比べ，その変化は緩慢な速度で展開するといえる．とすれば，離農の対極に生じる農地集積も，東北では緩慢な展開にならざるをえない．加えて，離農の速度が緩慢であるということは，貸し出される農地は分散的であることを意味する」（野中2018b，p.224）．

18) 氏は山形県，福島県以外の東北地域で女子の農外就業機会が拡大しつつある可能性を示す研究として，筆者が2014年に実施した秋田県旧雄物川町を対象とした研究を挙げている（曲木2016b，本書第７章参照）．ただし前掲**表8-1**に示したように，2015年の旧雄物川町における男子就業者に占める製造業就業者の比率は17.9％と東北平均の16.6％を上回っている．よって，旧雄物川町の事例が「北東北」で女子の農外就業機会が拡大しつつある状況を示すものであるかは議論の余地がある．

19) ただし，承認を受けたのは青森県内の４市２町２村を対象地域としたものであり，五所川原市のみを対象としたものではない．詳細は，田中（1995）参照．

20) もっとも，市内は排水不良の土地が多い中でT集落は比較的排水が良く，麦の作付けが多い．T集落の転作作物のうち49.0％が麦であるが，「五所川原市水田台帳」（五所川原市）によれば，市内全体では2016年時点で同8.7％に過ぎない．ただし近年の麦転作率低下は，加工用米・備蓄米や飼料用米による転作が急増したここ数年の出来事であり，2010年時点では市内でも転作の47.4％が麦であった．よって，このことがT集落を特異な集落とする要因とはならないと判断した．

21）2016年「出稼労働者送出状況報告」（五所川原ハローワーク資料）によれば，同市の出稼ぎ労働者数は128名で，うち農林漁業兼業者は43名（33.6％）であった．

22）五所川原ハローワーク資料，『一般職業紹介状況』（厚生労働省）参照．

23）農業委員会への聞き取りによれば，五所川原市は現在も地代を俵数で換算するのが一般的である．

24）農業委員会の資料によれば，旧五所川原市の2017年１月～12月にかけての平均地代は，基盤整備済みの田で平均2.04万円/10a（最高額3.4万円/10a）であった．ただし，これには水利費・土地改良費は入っていない．仮にこれをT集落同様7,000円とすると，2017年度産まっしぐら（１万円/俵）で俵数換算した地代は2.74俵/10aとなる．よって，T集落の地代は旧五所川原市の平均よりもやや高いが大きく乖離はしていない．なお，地価は2016年時点で水田10aあたり30～40万円程度である．

25）男子は市内他出被雇用者が８名，うち賃金が判明しているのが３名，推計可能が３名（いずれも正規雇用の公務員１名，郵便局員２名．『賃金構造基本統計調査』（厚生労働省）から推計）であった．また女子は市内他出被雇用者が６名，うち賃金判明が２名であった．

26）平成26年『就業形態の多様化に関する総合実態調査の概況』（厚生労働省）によれば，ボーナス制度の対象となる割合は正社員が86.1％であるのに対し，非正規は31.0％であった．後ほど見るように，青壮年男子の多くが常勤の正規雇用者であることを鑑みて，男子常用者の賃金を年収換算するにあたっては賞与を加味した．『毎月勤労統計調査』（厚生労働省）によれば，平成30年度の一般労働者の「特別に支払われた給与」（賞与相当）は現金給与総額の19.8％を占めているため，賞与は年間給与の２～３か月分が平均的に支払われるものと推計した．また，『屋賃』については，非正規の男子軽作業員を想定しているため，年収換算額にボーナスを加味していない．

27）なお，今回の調査では農地から得られる収入が世帯員の誰に帰属するかについて聞き取りを行っていないが，仮に40歳以下の男子正規雇用者，女子非正規雇用者の組み合わせの非農家世帯員の青壮年夫婦が，地代収入によって家計費を補填する状況を想定した場合について若干の補足を行う．というのも，この組み合わせの青壮年夫婦が地代収入によって家計費を充足することが可能であれば，農業と結びついた低賃金が成立する可能性があるためである．なお，農地を売却した世帯からは40歳以下の同居青壮年夫婦を有する世帯員が検出されないため，ここでは言及しない．40歳以下の青壮年女子非正規雇用者の賃金は100万円代前半であり，男子単純労働賃金の258万円と合算すると，年間100万円程度地代収入があれば家計費を充足することが可能となる．しかし農地の貸付がある非農家世帯員の地代所得（地代収入から水利費・経常賦課金を差し引いた額）を試算すると，2018年度産米の平均が25万円（中央値20万円，最高額69万円），2017年度産米の平均が20万円（同16万円，55万円）であった．よって，地代所得を加味しても，上記の組み合わせの青壮年夫婦が家計費を充足することは困難である．

28） このデータの世帯構成は，平均世帯人員3.42人，18歳未満人員0.86人であることから，子のいる核家族世帯の家計費に近似した指標として用いた．

29） 農外就業状況は過去1年間の状況について聞き取りを行ったため，66歳以上とした．

30） 既に退職している者については，年金の種類やその水準，およびヒアリングから過去の就業状況の把握を試みた．

31） 農業委員会によると，市内の農地移動の約半分は購入によるものであるが，購入する場合も数年間は所有者から借地または作業受託することが一般的であることから，借地による規模拡大を想定するのが現状と整合的である．

【引用文献】

氏原正治郎（1966）『日本労働問題研究』東京大学出版会．

伍賀一道（2014）『「非正規大国」日本の雇用と労働』新日本出版社．

澁谷仁詩（2022）「雇用劣化下における「近畿型地域労働市場」の賃金構造」『農業経済研究』93(4)，pp.373-376.

田代洋一（1984）「日本の兼業農家問題」松浦利明・是永東彦編『先進国農業の兼業問題』農業総合研究所，pp.165-250.

田中利彦（1995）「テクノポリスと地域密着型技術開発」伊東維年・中野元・田中利彦・鈴木茂『検証・日本のテクノポリス』日本経済評論社，pp.147-181.

友田滋夫（1996）「直系家族制農業は日本の賃金構造を規定しているか？：吉田義明著『日本型低賃金の基礎構造　直系家族制農業と農家女性労働力』を読んで」

『農業問題研究』42，pp.61-70.
野中章久（2009）「東北地域における低水準の男子常勤賃金の成立条件」『農業経済研究』81（1），pp.1-13.
野中章久（2018a）「南東北における農外賃金の特徴と兼業滞留構造の後退」『農業経済研究』90（1），pp.1-15.
野中章久（2018b）「東北における農地集積主体の展開条件と兼業滞留構造」『農業経済研究』90（3），pp.1-15.
橋本健二（2019）「現代日本における階級構造の変容」『季刊経済理論』56（1），pp.15-27.
氷見理（2018）「不安定就業の増大と農業構造変動」『農業問題研究』50（1），pp.3-15.
氷見理（2020）「雇用劣化地域における農業構造と雇用型法人経営」『農業経済研究』92(1)，pp.1-15.
曲木若葉（2016a）「地域労働市場の構造転換と農家労働力の展開―長野県宮田村35年間の事例分析―」『農業経済研究』88（1），pp.1-15.
曲木若葉（2016b）「東北水田地帯における高地代の存立構造」『農業問題研究』47（2），pp.1-12.
山崎亮一（1996）『労働市場の地域特性と農業構造』農林統計協会.
山崎亮一・氷見理（2019）「地域労働市場構造の収斂化傾向について」『農業問題研究』51（1），pp.12-23.
山崎亮一（2021）『地域労働市場－農業構造論の展開』筑波書房.

終章
総括と展望

本書の課題は，地域労働市場構造の移行の実証と，移行後の地域労働市場構造に今日も地域差が存在することを明らかにすること，及びその地域性が農業構造，地域農業システム等に与える影響の解明にあった．その総括的展望を示す前に，各章の要約を以下に示す．

第１章では，今日の地域労働市場構造について，青壮年男子について複雑労働賃金が一時的にせよ一般化した地域と，一般化を経なかった地域が存在することを実証し，その上で，地域労働市場構造の展開の地域性を発展段階差ではなく類型差として捉える視点を提起した．また，この地域差を把握するにあたっては，地域をまたいだ農業と農外資本の再生産的連関を把握する視点が必要不可欠であるとした上で，「中心－周辺」概念を地域労働市場論に導入し，「周辺型地域労働市場」，「中心＝近畿型地域労働市場」，「半周辺＝東北型地域労働市場」の３つを提起した．また「周辺型」からの移行後の地域労働市場構造に類型差が生じる要因として，農村工業化の開始時期によって高蓄積が可能か否かが決まることが影響していることを主張した上で，これに基づいた地域労働市場の地帯類型を提示した．

第２章では，「中心＝近畿型」移行地域として長野県上伊那地域を，「半周辺＝東北型」移行地域として秋田県横手市雄物川町を対象としながら，両地域の農外資本，とりわけ製造業の展開を動態的に比較分析した．上伊那地域には地域労働市場内に立地する中堅的企業や中小企業が域外大企業からの下請地元企業への発注元の両方の機能を担っており，さらにその下に大量の下請企業を有する「下請ピラミッド構造」とも呼ばれる裾野の広い重層的な下請企業群が形成された．また2010年代も生き残る下請企業は，取引先を主体的に模索することが可能な自己資本と，新たな取引先の要望に柔軟に対応し商品化する技術蓄積・営業力を有する「独立下請中小企業」として展開していた．一方，横手市雄物川町へ進出した企業は上伊那地域のような下請企業群を形成する主体としては位置付いておらず，開発・営業・発注機能を持たず親資本への従属性が極めて強い，典型的な「分工場」として展開していた．また，前者は不況期にあっても複雑労働を担う正社員の雇用は一貫して守られていたのに対し，後者は進出企業自体が親資本の意向のもと，倒産・再編・規模縮小などに見舞われ，これに伴う大量離職が発生し，また男子正社員も不安定・単純労働力の一端を担っていることに言及した．

第３章では，2015年にかけ急増した，都府県の常雇を有する組織経営体が農地（田）の受け手として今日どの程度重要性を高めているのかを，農林業センサスより分析した．分析から，都府県の地域ブロックを，①法人組織の田のシェアが高い北陸，東山～山陽，②なお非法人組織のシェアが高い東北と北九州，③組織経営体の展開自体が弱い北関東，南関東，四国，南九州の３つに分類した．①の多くは集落営農組織の展開がいち早く見られた「中心＝近畿型」移行地域にあたり，常雇の導入を進めた法人組織による田の集積が他地域よりも進展していた．一方，②は「半周辺＝東北型」移行地域にあたるが，常雇を有する法人組織による田の集積は①よりも遅れていた一方で，今日も５ha以上の販売農家による集積が活発に行なわれていたことが明らかとなった．

第４章では，「中心＝近畿型」移行地域である長野県宮田村の過去35年間にわたる集落悉皆調査データの分析より，地域労働市場構造の「東北型」（「周辺型」）から「近畿型」（「中心＝近畿型」）への移行を実証した．分析から，対象地域では，男子について，1930年以前か以後に生まれたかによって農外就業条件に世代間就業格差が存在していることが明らかになった．すなわちこれ以前に生まれた世代は農業と「切り売り労賃」の合算で生計を立て，以降に生まれた世代は農外で複雑労働者として常勤化したことが明らかになった．また前者が高齢化に伴い地域労働市場から退出する1980年代後半～90年代前半，地域労働市場構造は青壮年男子農家世帯員から「切り売り労賃」層が検出される「東北型」から，複雑労働賃金が一般化する「近畿型」へと移行した．

第５章では，同じく宮田村を舞台としながら，青壮年期の農外就業条件によって，農外就業リタイア後（高齢者帰農後）の農業の位置づけや水田保全に果たす役割が大きく変わることを明らかにした．すなわち「切り売り」的就業形態をとっていた世代は帰農後に農業を拡大する傾向にあり，また年金水準が低位な高齢者ほど規模拡大に意欲的であった．一方，複雑労働賃金が一般化した世代は，年金水準が低位な者は農外で再雇用される形で農外就業を継続し，むしろ高額年金受給者がボランティア的に水田保全を担っていた．

第６章では，宮田村で取り組まれてきたユニークな地域農業システム「宮田方式」の分析から，宮田方式は，1980年代当時の「東北型地域労働市場」（「周辺型地域労働市場」）のもとで，兼業滞留構造が今後も続くことを前提に「自作農による稲作農業の維持を事実上の目的としながら集団的転作対応を構想した」地域農業システムであることを明らかにした．そしてこのことが，借地展開での大規模化をいち早く図った農家の経営展開にブレーキをかけることになった．一方で，「東北型」から「近畿型」への移行に伴い，対象地域の農地市場は貸し手市場から借り手市場へと移行し，これに伴い宮田方式も水田保全の担い手を支援する制度へとシフトしたことが明らかとなった．

第７章では，「半周辺＝東北型」移行地域である秋田県横手市雄物川町O集落の分析から，対象地域では青壮年男子私企業正規雇用者から単純労働賃金層を検出できるのみならず，農外で常勤的に共働きしているにもかかわらず家計費が充足できていない青壮年夫婦の事例を検出した．彼らは親の所得との合算で家計費を充足していると考えざるを得なかったが，このような青壮年夫婦が順調に再生産されているとはいえず，むしろ後継者世代は他出し，地域労働市場内で次世代の労働力含めた再生産を試みること自体回避される傾向にあった．結果，後継者不在の高齢者世帯の高齢化に伴い，農地の貸し手層が形成されていたが，にもかかわらず特定の経営体に農地が集積する状況にはなかった．これは，対象地域における高齢者の年金水準の低位性と農外就業機会の乏しさを背景に，元々私企業に常勤的に勤めていた者含め，複数の高齢者が農業に就業の場を見い出していることに起因しており，このことが，対象地域において高地代がなお維持されている要因であると結論付けた．また補論では，雄物川町の組織経営体の調査から，対象地域における組織経営体の目的は集落営農組織含め農地保全にはなく，組織の構成員がいかに各々の所得水準を向上させるかにあることを指摘した．

第８章では，同じく「半周辺＝東北型」移行地域に類型される青森県五所川原市T集落の調査結果から，男子賃金構造より50～60歳から古典的不安定就業層が検出されたが，41～60歳の正規雇用者は複雑労働賃金が一般化していたことが明らかとなった．ただし20～40歳は正規雇用者であっても単純労働賃金が一般化する雇用劣化現象が確認されるとともに，対象地域においては青壮年男子に複雑労働賃金の一般化がみられなかったことを確認した．また20～40歳の青壮年女子は正規雇用者としての就業機会自体が大きく限られていた．結果，この世代は夫婦共働きでも賃金所得のみで労働力再生産費を確保することが困難な中，農家・非農家に関わらず，他出や単身者化など，地域労働市場内での次世代を含めた労働力再生産自体を当面回避する傾向にあった．このような雇用劣化により形成され，農業等の自営部門とは結びつかない低賃金を今日的低賃金と規定し，これが層として検出される地域労働市場構造（賃金構造類型）を「北東北型地域労働市場」と規定した．また今日的低賃金で就業する農家世帯員の自営農業への従事は限定的であり，農家層全体としても離農をベースとした農業構造変動が進展していたが，雄物川町の事例と同様，高齢者の一部で規模拡大意向が見られ，貸し手市場および高地代構造が形成されていた．

なお，本書では南東北を対象とした事例分析は行っていないが，野中（2018）は福島県川俣町を対象とした調査から，青壮年世代より低水準の男子農外賃金層を検出した一方で，当該地域では夫婦で正社員として共働きする状況が標準化しており，これによって家計費が充足可能であることを指摘している．またここでは賃金所得のみで家計費を充足できることから農業所得が不要となり，農業継承に至らないとの視点が示されている．であるとすれば，青壮年男子常勤者の賃金水準が単純労働賃金の水準にとどまるとしても，このことは必ずしも低賃金であることを意味しない．このような地域労働市場構造を仮に「南東北型地域労働市場」と呼称するが，これは「半周辺＝東北型」移行地域に含まれるのか，「近畿型の崩れ」や「北東北型」との質的な差が認められるのか，といった諸点についてはさらなる研究が求められる．

以上，本書では「切り売り労賃」層が検出される「周辺型地域労働市場」への移行後の形態に地域差が存在すること，すなわち青壮年男子について複雑労働賃金の一般化を経た「中心＝近畿型地域労働市場」と，これを経ることのなかった「半周辺＝東北型地域労働市場」という新たな地域労働市場類型を示した．以下ではここまでの分析結果を踏まえながら，「中心＝近畿型」移行地域と「半周辺＝東北型」移行地域における農業構造変動とその地域性について総括する．

まず，「中心＝近畿型」移行地域では，青壮年男子農家世帯員について，複雑労働賃金の一般化を一時的にせよ経る結果，農家の大半は賃金所得のみで家計費を充足できる家計構造へとシフトするため，家計費充足のための農業所得は不要となる．一方で，とりわけ土地利用型農業において他産業並みの所得水準，つまりは複雑労働賃金を設けることは困難化する結果，農業構造は「上向展開を志向する農家層を検出することは難しく，そこでの階層分化は全般的落層の様相を呈しながら進行」（山崎1996，p.226）することになる．また農家の大半は農地の出し手へと転化することに伴い，「中心＝近畿型」への移行と連動し農地の借り手市場化が急速に進展することになる．こうした中にあっては，「中心＝近畿型」移行地域における農業構造問題は，まずもって放出される農地を保全する担い手を見いだすことが重要となる．この観点から改めて第２部の分析結果を整理すると以下の通りである．

長野県上伊那郡宮田村で取り組まれる地域農業システムである宮田方式は，「周辺型」にあった1980年代の開始当時は，その担い手を零細兼業自作農と

「切り売り」的就業形態をとる昭和一桁以前生まれに見い出しており，彼らの維持存続を前提とした制度設計となっていた．しかし「切り売り」的就業形態を取る世代は次世代に再生産されず徐々に規模を縮小し，零細兼業自作農も年々農地の貸し手へと転化する中，「中心＝近畿型」への移行に伴い当該地域では急速な地代の低下が進んだ．こうした中，2000年代に至っては，対象地域における水田保全は，高齢化し規模縮小しつつある専業農家（元酪農家）と常勤的農外就業先から定年した高額年金受給者がボランティア的に担うものへと変貌していた．ただし，近年の高齢者を対象とした農外就業機会の拡大と年金受給開始年齢の引き上げに伴い，今後，ボランティア的な高齢者の労働力確保は難航する可能性があることが示唆された．

さて，集団的自作農制として名を馳せた宮田方式であるが，その複雑な地域農業システムは他地域に波及することはなく，「中心＝近畿型」移行地域における水田保全の担い手としては地権者集団として組織された集落営農組織が主として位置付いてきた．とはいえ，「中心＝近畿型」移行地域における集落営農組織内の労働力構成とその変遷は宮田村のそれと大きく変わらないものであるとするならば，「中心＝近畿型」移行地域で展開する集落営農組織もまた，組織内でボランティア的に農地保全を担ってきた高額年金受給者が農業に還流する動きが停滞することが危惧される．であるならば，「中心＝近畿型」地帯の集落営農組織は，労働力確保問題に直面せざるを得ない．

その解を考えるにあたっては，対象地域における2010年代以降の雇用劣化の進展を踏まえる必要がある．本書で「中心＝近畿型」移行地域の分析を行った第２部では，雇用劣化が顕在化した2010年代以降を対象時期としていないが，たとえば氷見（2021）は，雇用劣化進行下では兼業農家への追加所得稼得の機会として地域で取り組まれる農業生産活動が位置付いていることを明らかにしている．また常雇の導入という観点から考えると，青壮年男子にも単純労働賃金層が形成され，農業にとってはある意味では相対的に青壮年世代にとっても農業が就業先として選ばれやすい条件が整いつつあるともいえる．一方で，高齢者労働力を確保する場合も，従来のようなボランティア的労働力確保が困難化する中にあっては，他産業並みの賃金，つまり再雇用者が標準的に受け取る賃金水準を提示することが求められることになるであろう．さらには技能実習生等の外国人労働力の存在も想定しなければならないが，いずれにしても，新たな不安定・単純労働力層の形成は，ある意味でかつて山崎（1996）が「近畿型」における農業生産の担い手として展望した，他産業並みの労働条件を設ける法人組織を，土地利用型農業の農業生産の担い手としても現実に展望しうる状況が地域労働市場側で醸成されつつあることを意味し，また構成員数の減少と高齢化が進む組織側もこれを希求せざるをえない状況下になりつつあるものと考えられるのである．

他方で，雇用労働力導入に伴い，非営利的な集落営農組織がやむをえず収益性を追求するようになれば，このことは「中心＝近畿型」移行地域における集落営農組織の多くが掲げてきた農地保全という目的と矛盾することにもなりうる．そしてその両立が困難な中にあっては，農地保全機能が部分的に切り捨てられるか，あるいは組織経営体の存立そのものが危機的状況となる形で「解決」されることになりかねない事態が危惧される．

次に，「半周辺＝東北型」移行地域については，本書で取り上げた「北東北型地域労働市場」地域に限定しつつ言及する．まずここでは，農村工業化の進展が遅れたことから，「切り売り」的就業形態をとる世代が「中心＝近畿型」移行地域と比較し，より遅い時期まで営農を継続することになる．一方で，農外で常勤化するこれ以降の世代も，青壮年男子について複雑労働者としての就業機会の乏しさから単純労働賃金での就業を余儀なくされる層が農家・非農家問わず形成され，さらに青壮年女子の農外就業機会は男子よりもさらに狭隘であることから，夫婦で常勤的に共働きをしても家計費を充足できないケースが一定数形成されざるをえず，このことが今日的低賃金層の形成に結びついていた．しかし彼らは「切り売り」的就業形態をとる世代とは異なり，農業＋農外就業という就業形態をとらず，地域労働市場圏内での次世代含めた労働力再生産それ自体を断念する傾向にあった．結果，親世代の体力的限界に伴う離農により農家層の一部は農地の出し手へと転化し，これを原動力とした農業構造変動が進展していた．つまり，ここでの農地の出し手層の形成は，「中心＝近畿型」移行地域のような複雑労働賃金の一般化ではなく，低賃金層さえ検出される低位な農外就業条件の中で進展しているのである．

一方で，複雑労働者としての就業機会の乏しさは農業に活路を見いだす専業農家層の登場を喚起し，さらに近年の年金受給開始年齢の引き上げにもかかわらず高齢者の農外就業機会の展開も乏しいことから，青壮年期には私企業常雇者であった者含め，経営耕地面積規模が一定以上ある経営体については農業経営を維持し，中には借地拡大を志向するケースさえあった．つまり，ここでは確かに後継者世代の他出と親世代の高齢化による離農をベースとした農業構造変動は進展しているものの，一方で農家の中から上向展開を図る農家層が形成される両極分解傾向を呈していた．

以上の点は，「半周辺＝東北型」移行地域における農地需要と農地獲得競争，ひいては高地代構造を引き起こす要因となりうる．実際，平場水田地帯の青森県五所川原市T集落では，土地利用型農業中心の経営では高地代が農業所得を圧迫するため，後継者世代を引き込む機会費用に相当する単純労働賃金の実現さえも困難な状況にあった．もっとも，地代水準も「切り売り」的就業形態をとっていた世代が高齢化し農業をリタイアするにつれて低下すると考えられるが，一方で農地の受け手層の厚さから，農地確保の過酷さは「中心＝近畿型」移行地域の比ではなく，地代水準も「中心＝近畿型」移行地域ほどには低下せず，大規模化を図ろうとすれば農地の分散は避けられないだろう．こうした中で青壮年労働力を確保しながら上向展開しうる主体は，複合経営か，あるいは土地利用型農業中心であれば，高地代や農地分散といった過酷な農地市場条件をものともしない高い農業生産力を有する経営体が想定されるが，その存立形態の解明については今後の課題である．

では，組織経営体についてはどうか．まず，2010年代の秋田県横手市雄物川町における組織経営体の展開は，集落営農組織含め，「中心＝近畿型」移行地域のような農地保全を目的としたものとしては展開せず，その目的は構成員がいかに各々の所得を向上させるかにあった．すなわち，政府助成金の受け皿，機械や施設の共同利用による費用の圧縮，構成員への就業機会の提供，地代等を通じた再分配などである．雄物川町では見られなかったが，集団的転作対応（ブロックローテーション等）による収量向上等もここに入るだろう．逆に，このような構成員への寄与がなければ，組織からの脱退が相次ぐ事態になりかねない点，その維持存続は決して容易ではない．組織経営体が農地の受け手として積極的に位置付くには，構成員への所得向上等を中心としたメリットの提供と，それが可能なだけの生産力の発展が求められることになる．今後，東北においても組織経営体が農業生産の担い手として展開するのか，またその条件はいかなるものかは，実態調査研究を通じたさらなる調査研究が求められよう．

さて，2020年センサスでは全国的な農業経営体数，経営耕地面積，基幹的農業従事者の減少率の上昇から，農業の解体傾向が指摘されている（安藤2021）．これは農家経営の衰退という文脈で捉えればその通りであるが，一方で，「中心＝近畿型」移行地域では，雇用劣化の結果ではあるが他産業並みの労働条件を設け雇用を導入する法人組織を展望しうる条件が成立し，「半周辺＝東北型」移行地域もかつての滞留的な農業構造から，農地市場面での制約を抱えつつも，ともかく農業構造変動が進展し，高い生産力を有した経営体であれば大規模経営体の形成も展望可能な農業構造へとシフトしていると捉えることもできる．とりわけ「中心＝近畿型」移行地域で実際に法人化と常雇導入が進展しているとすれば，かつての「切り売り労賃」や集落営農組織を担ってきたボランティア的労働力を主とした労働力構成から，労働者として自立可能な他産業並みの雇用条件を設ける常雇を中心とした労働力構成への移行は，他産業との質的な差異が縮小している，つまりは農業においても資本・賃労働関係の下での資本制的生産様式が本格化しつつあるという点で発展的と捉えることもできる．

しかしながらこの動きは，一方で農業にとって最も重要な生産手段である農地の選別を伴いながら進展する危うさを孕んでおり，実際，2020年センサスでは経営耕地面積減少率が高まる傾向にあった．さらに，第３章で見たように常雇を有する法人組織による田の集積は2020年センサスで早々にブレーキがかかっていると考えられ，このことはこのような法人組織のみを農地の受け手として位置づけることの難しさを反映しているように思われる．農地の維持保全と次世代への継承は，国民への安定的な農産物供給という点において非常に重要な課題である．その展望を示すにあたっては，農業構造の地域性，ならびにその背後にある地域労働市場の地域性を踏まえた調査研究が今後も求められよう．

なお，本書の分析結果からは，地域労働市場・農業構造問題に留まらない論点も示された．たとえば第１章，第２章で分析した農外資本の発展の地域性と農業からの労働力供給との連関や，「半周辺＝東北型」移行地域における地域労働市場の縮小や今日的低賃金層の形成，他出の進展といった農村社会問題がそれである．これらの諸点は本書の課題の範囲外であるが，他の研究分野との交流の中でその展望を描くことが求められよう．

【引用文献】

安藤光義（2021）「2020年農林業センサスを読み解く：農業解体傾向の深化」『経済』313，pp.110-127.
野中章久（2018）「南東北における農外賃金の特徴と兼業滞留構造の後退」『農業経済研究』90（1），pp.1-15.
氷見理（2021）「雇用劣化進行下における農地維持の担い手：長野県宮田村を事例として」『農業問題研究』53（1），pp.1-11.
山崎亮一（1996）『労働市場の地域特性と農業構造』農林統計協会.

引用・参考文献

青野壽彦（1982）「上伊那・農村地域における下請工業の構造」中央大学経済研究所編『兼業農家の労働と生活・社会保障：伊那地域の農業と電子機器工業実態分析』中央大学出版部，pp.159-209.

新井祥穂・山崎亮一・山本昌弘・中澤高志（2022）「農業経済学と経済地理学の対話」『経済地理学年報』68（3），pp.216-227.

新井祥穂・鈴木晴敬（2024）「「近畿型の崩れ」下における土地利用型法人の経営展開ー長野県飯島町田切農産を事例に」山崎亮一・新井祥穂・氷見理編『伊那谷研究の半世紀：労働市場から紐解く農業構造』筑波書房，pp.214-229.

安藤光義編著（2013）『日本農業の構造変動　2010年農業センサス分析』農林統計協会.

安藤光義（2021）「2020年農林業センサスを読み解く：農業解体傾向の深化」『経済』313，pp.110-127.

池田正孝（1978）「不況下における農村工業と地方労働市場の変動」中央大学経済研究所編『農業の構造変化と労働市場』中央大学出版部，pp.331-396.

池田正孝（1982）「電子部品工業の生産自動化と農村工業再編成」中央大学経済研究所編『兼業農家の労働と生活・社会保障：伊那地域の農業と電子機器工業実態分析』中央大学出版部，pp.241-286.

磯辺俊彦（1985）『日本農業の土地問題―土地経済学の構成―』東京大学出版会.

今井健（1984）「農家世帯員の農外就業実態」農業研究センター農業計画部・経営管理部『長野県宮田村における地域農業再編と集団的土地利用（第２報)』，pp.122-132.

今井健（1994）『就業構造の変化と農業の担い手：高度経済成長期以降の農村の就業構造と農業経営の変化』農林統計協会.

ウォーラーステイン I. 責任編集，山田鋭夫（他）訳（1991）『叢書世界システム　１　ワールド・エコノミー新装版』藤原書店，pp.97-153.

ウォーラステイン　I.（1995）Historical capitalism with capitalist civilization, Verso, London.［日本語版：ウォーラーステイン I.，川北稔訳（1997）『新版史的システムとしての資本主義』岩波書店］.

宇佐美繁（1982）「東北地方の兼業農家」『農村文化運動』88，pp.36-65.

宇佐美繁編著（1997）『1995年農業センサス分析　日本農業―その構造変動―』農林統計協会.

氏原正治郎（1966）『日本労働問題研究』東京大学出版会.

江口英一（1976）「分析視覚」中央大学経済研究所編『中小企業の階層構造―日立

製作所下請企業構造の実態分析―』中央大学出版部，pp.1-19.
江口英一（1985）「新規学卒労働力と地域労働市場：その“二階建”労働市場構造の形成と賃金」中央大学経済研究所編『ME技術革新下の下請工業と農村変貌』中央大学出版部，pp.101-165.
王倩（2012）「農地価格と小作料の下落の動向とその要因」『日本地域政策研究』10，pp.27-34.
大川健嗣（1979）『戦後日本資本主義と農業』御茶の水書房.
岡橋秀典（1990）「「周辺地域」論と経済地理学」『経済地理学年報』36（1），pp.23-39.
小田切徳美編（2008）『日本の農業：2005年農業センサス分析』農林統計協会.
カール・マルクス（1982）『資本論：第1巻』資本論翻訳委員会，新日本出版社.
鹿嶋洋（2016）『産業地域の形成・再編と大企業』原書房.
神田健策（1997）「円高による工場海外移転が農村社会に与える影響に関する実証的研究」『平成7年度～平成8年度科学研究費補助事業（基盤研究（C））研究成果報告書』.
木下武男（1997）「日本的労使関係の現段階と年功賃金」渡辺治・後藤道夫編『講座現代日本3　日本社会の再編と矛盾』，大月書店，pp.125-219.
粂野博行（2024）『地方産業集積のダイナミズム：長野県上伊那地域を事例として』同友館.
栗原源太（1982）「農村工業と兼業農家」中央大学経済研究所編『兼業農家の労働と生活・社会保障：伊那地域の農業と電子機器工業実態分析』中央大学出版部，pp.211-239.
伍賀一道（2014）『「非正規大国」日本の雇用と労働』新日本出版社.
笹倉修司（1984）「個別経営の類型とその実態」農業研究センター農業計画部・経営管理部『長野県宮田村における地域農業再編と集団的土利用（第2報）』，pp.97-121.
澤田守（2003）『就農ルート多様化の展開論理』農林統計協会.
澤田守（2008）「農家労働力の変容と農家就業構造を巡る新しい動向」農業問題研究学会編『労働市場と農業　地域労働市場構造の変動と実相』筑波書房，pp.47-62.
澤田守（2023）「農業労働力の変化と経営継承」『農業問題研究』54（2），pp.17-27.
澁谷仁詩（2022）「雇用劣化下における「近畿型地域労働市場」の賃金構造」『農業経済研究』93（4），pp.373-376.
神代和俊（1992）「季節出稼労働者の地域別移動」『エコノミア』43（3），pp.33-61.
末吉健治（1999）『企業内地域間分業と農村工業化』大明堂.
菅原正昭（2007）「東北地域における製造業の概況と今後の方向性」『東北学院大学東北産業経済研究所紀要』26，pp.5-14.

高木督夫（1974）『日本資本主義と賃金問題』法政大学出版会.
田代洋一（1976）「長野県宮田村中越集落」関東農政局『昭和50年度農業構造改善基礎調査報告』，pp.49-91.
田代洋一（1980）「兼業農家論をめぐる諸問題」『農林金融』33（5），pp.296-305.
田代洋一（1981）「総括と提言」農村工業地域工業導入促進センター『農村地域工業導入実施計画市町村における農用地の利用集積等に関する調査報告書』，pp.7-20.
田代洋一（1984）「日本の兼業農家問題」松浦利明・是永東彦編『先進国農業の兼業問題』農業総合研究所，pp.165-250.
田代洋一（1985）「高蓄積＝格差構造下の農業問題」梶井功編『昭和後期農業問題論集④農民層分解論Ⅱ』農山漁村文化協会，pp.297-321.
田代洋一（1986）「高齢化問題と農地保有―その地域性把握―」『農林金融』35（12），pp.844-853.
田代洋一（2006）『集落営農と農業生産法人』筑波書房.
田中利彦（1995）「テクノポリスと地域密着型技術開発」伊東維年・中野元・田中利彦・鈴木茂著『検証・日本のテクノポリス』日本経済評論社，pp.147-181.
徳田博美（1984）「わい化リンゴ団地とその担い手農家」農業研究センター農業計画部・経営管理部『長野県宮田村における地域農業再編と集団的土地利用（第２報）』，pp.79-96.
友澤和夫（1999）『工業空間の形成と構造』大明堂.
友田滋夫（1996）「直系家族制農業は日本の賃金構造を規定しているか？：吉田義明著『日本型低賃金の基礎構造　直系家族制農業と農家女性労働力』を読んで」『農業問題研究』42，pp.61-70.
友田滋夫（2001）「失業率増大下の就業移動」『農業問題研究』48，pp.13-22.
友田滋夫（2006）「農村労働力基盤の枯渇と就業形態の多様性」安藤光義・友田滋夫『経済構造転換期の共生農業システム：労働市場・農地市場の諸相』農林統計協会，pp.19-108.
豊田尚（1982）「上伊那地域経済の構造的特質」中央大学経済研究所編『兼業農家の労働と生活・社会保障：伊那地域の農業と電子機器工業実態分析』中央大学出版部，pp.13-35.
中村攻（1987）「農業・農村からみる地域開発政策」『農林統計調査』37（12），pp.17-20.
中村剛治郎編著（2008）『基本ケースで学ぶ地域経済学』有斐閣.
中安定子（1982）「低成長下の兼業農家―80年センサス分析を中心として―」『農業経済研究』54（2），pp.55-62.
並木正吉（1960）『農村は変わる』岩波新書.
野中章久（1996）「農協の地域営農集団育成を通じた生産過程への関与の形態とその効果」『農業経営研究』34（1），pp.11-21.

野中章久（2009）「東北地域における低水準の男子常勤賃金の成立条件」『農業経済研究』81（1），pp.1-13.
野中章久（2018a）「南東北における農外賃金の特徴と兼業滞留構造の後退」『農業経済研究』90（1），pp.1-15.
野中章久（2018b）「東北における農地集積主体の展開条件と兼業滞留構造」『農業経済研究』90（3），pp.1-15.
橋本健二（2019）「現代日本における階級構造の変容」『季刊経済理論』56（1），pp.15-27.
氷見理（2018）「不安定就業の増大と農業構造変動」『農業問題研究』50（1），pp.3-15.
氷見理（2020a）「雇用劣化地域における農業構造と雇用型法人経営」『農業経済研究』92（1），pp.1-15.
氷見理（2020b）「地域労働市場構造の地域性と長期的変遷」『農業問題研究』52（2），pp.1-11.
氷見理（2021）「雇用劣化進行下における農地維持の担い手：長野県宮田村を事例として」『農業問題研究』53（1），pp1-11.
フレーベル F.（1982）“The Current Development of the World-Economy: Reproduction of Labor and Accumulation of Capital on a World Scale”, Review, V-4, pp.507-555.［日本語版:I. ウォーラーステイン責任編集, 山田鋭夫（他）訳（1991）『叢書世界システム1　ワールド・エコノミー新装版』藤原書店，pp.97-153］
保志恂（1975）『戦後日本資本主義と農業危機の構造』御茶の水書房.
曲木若葉（2015）「宮田方式の展開とその今日的問題点：二極化する複合部門の担い手に着目して」星勉・山崎亮一編著『伊那谷の地域農業システム：宮田方式と飯島方式』筑波書房，pp.25-50.
曲木若葉（2016a）「地域労働市場の構造転換と農家労働力の展開―長野県宮田村35年間の事例分析―」『農業経済研究』88（1），pp.1-15.
曲木若葉（2016b）「東北水田地帯における高地代の存立構造」『農業問題研究』47（2），pp.1-12.
曲木若葉（2024）「「北東北」における今日的低賃金層の形成と農業構造：青森県五所川原市を事例に」『歴史と経済』66（2），pp.21-40.
松久勉（2023）「減少が続く中での農業労働力の変容と経営作目別の特徴」農林水産政策研究所編『農業・農村構造プロジェクト【センサス分析】研究資料　激動する日本農業・農村構造―2020年農業センサスの総合分析―』，pp.54-79.
美崎皓（1979）『現代労働市場論：労働市場の階層構造と農民分解』農山漁村文化協会.
村山貴俊（2007）「東北地方における工場撤退の背景とその影響について―岩手県の電気機械産業の事例を中心に」『東北学院大学東北産業経済研究所紀要』26,

pp.15-24.
盛田清秀（1984）「土地利用調整の実態と論理―果樹団地計画終了をふまえて」農業研究センター農業計画部・経営管理部『長野県宮田村における地域農業再編と集団的土地利用（第２報）』，pp.30-78.
盛田清秀（1998）『農地システムの構造と展開』養賢堂.
八木宏典・安武正史（2019）「企業形態別・規模別にみた大規模経営の特徴」八木宏典・李哉泫編著『変貌する水田農業の課題』日本経済評論社，pp.64-101.
山崎亮一（1996）『労働市場の地域特性と農業構造』農林統計協会.
山崎亮一（2008）「地域労働市場論の展開過程」農業問題研究学会編『労働市場と農業　地域労働市場構造の変動と実相』筑波書房，pp.1-24.
山崎亮一（2010）「戦後日本経済の蓄積構造と農業」山崎亮一編『現代「農業構造問題」の経済学的考察』農林統計協会，pp.18-60.
山崎亮一（2013）「失業と農業構造：長野県宮田村の事例から」『農業経済研究』84（4），pp.203-218.
山崎亮一（2015）「宮田村における労働市場」星勉・山崎亮一編著『伊那谷の地域農業システム：宮田方式と飯島方式』筑波書房，pp.63-111.
山崎亮一・佐藤快（2015）「宮田村N集落の農業組織」星勉・山崎亮一編著『伊那谷の地域農業システム：宮田方式と飯島方式』筑波書房，pp.141-162.
山崎亮一・氷見理（2019）「地域労働市場構造の収斂化傾向について」『農業問題研究』51（1），pp.12-23.
山崎亮一（2021）『地域労働市場―農業構造論の展開』筑波書房.
山崎亮一・新井祥穂・氷見理編（2024）『伊那谷研究の半世紀：労働市場から紐解く農業構造』筑波書房.
山田信行（1999）「「ポスト新国際分業」とジャパナイゼーション―国際分業の転換と労使関係のグローバルな編成―」『日本労働社会学会年報』10，pp.11-31.
山田信行（2012）『世界システムという考え方―批判的入門』世界思想社.
山田盛太郎（1934）『日本資本主義分析』岩波文庫.
山本潔（1967）『日本労働市場の構造：「技術革新」と労働市場の構造的変化』東京大学出版会.
山本昌弘（1997）「労働市場再編下の農業構造―秋田県の水田地帯を事例として―」『鯉淵研報』13，pp.10-25.
山本昌弘（2004）「1990年代の離農構造：群馬県玉村町を事例として」『農業問題研究』55，pp.32-41.
吉田義明（1995）『日本型低賃金の基礎構造：直系家族制農業と農家女性労働力』日本経済評論社.
渡部岳陽（2015）「集落営農組織における雇用創出力の規定要因―秋田県平坦水田地帯の組織を対象に―」『秋田県立大学ウェブジャーナルB（研究成果部門）』２，

pp.105-110.
渡部岳陽（2024）『枝番集落営農の展開と政策課題』筑波書房.
JA伊南・JA長野開発機構（1995）『宮田村農業の現状と課題：宮田地区における土地利用型大型複合法人の育成手法に関する開発研究：調査報告書』，資料No.238.

あとがき

本書の章節の多くは筆者が修士課程在学時から今日に至るまで発表してきた論文に加筆・再構成したものである．中には原著となった論文から大幅な書き換えを行ったものもあるが（特に第７章），原文となる論文を示すと以下の通りとなる．なお，序章，第１章，第２章，第７章補論，終章は書き下ろしであるが，第１章，第２章については，2022年10月に政治経済学・経済史学会秋季学術大会パネル・ディスカッション（論題　地域労働市場論の再検討：形成，展開とビジョン）第２報告にて筆者が報告した内容が元となっている．

第３章　曲木若葉（2023）「水田農業における農業構造変動とその地域性：組織経営体による常雇いの導入状況に着目して」『農業問題研究』54（2），pp.7-16.

第４章　曲木若葉（2016a）「地域労働市場の構造転換と農家労働力の展開―長野県宮田村35年間の事例分析―」『農業経済研究』88（1），pp.1-15.

第５章　曲木若葉（2013）「高齢者帰農の展開過程：長野県宮田村を事例として」『共生社会システム学会』7（1），pp.94-114.

第６章　曲木若葉（2015）「宮田方式の展開とその今日的問題点：二極化する複合部門の担い手に着目して」星勉・山崎亮一編著『伊那谷の地域農業システム：宮田方式と飯島方式』筑波書房，pp.25-50.曲木若葉（2012）「一酪農家の展開からみた「宮田方式」の問題点：1959～2011年について」『2012年度日本農業経済学会論文集』，pp.85-92.

第７章　曲木若葉（2016b）「東北水田地帯における高地代の存立構造」『農業問題研究』47（2），pp.1-12.

第８章　曲木若葉（2024）「「北東北」における今日的低賃金層の形成と農業構造：青森県五所川原市を事例に」『歴史と経済』66（2），pp.21-40.

2025年3月3日

曲木 若葉

著者紹介

曲木　若葉（まがき　わかば）

東京農工大学農学研究院　講師

1988年東京都出身．2011年東京農工大学農学部卒．2016年東京農工大学大学院連合農学研究科博士後期課程修了後，農林水産省農林水産政策研究所入省．農林水産政策研究所研究員，同調査官を経て，2024年より現職．博士（農学）．

地域労働市場の今日的地域性と農業構造

2025年3月27日　第１版第１刷発行

著　者　曲木 若葉
発行者　鶴見 治彦
発行所　筑波書房
東京都新宿区神楽坂２－16－５
〒162－0825
電話03（3267）8599
郵便振替00150－3－39715
http://www.tsukuba-shobo.co.jp

定価はカバーに示してあります

印刷／製本　平河工業社

ISBN978-4-8119-0697-3 C3061